Pocket Reference

Nginx

ポケットリファレンス

鶴長鎮一・馬場俊彰——著

技術評論社

●**本書をお読みになる前に**

　本書は Nginx に関する情報の提供のみを目的としています。本書を用いた運用は、必ずお客様自身の責任と判断によって行ってください。

　また、掲載されているプログラムの実行結果につきましては、万一障碍等が発生しても、技術評論社および著者はいかなる責任も負いません。

　本書記載の情報、ソフトウェアに関する記述などは、特に記した場合を除き 2015 年 8 月時点での各バージョンをもとにしています。ソフトウェアはアップデートされる場合があり、本書での説明とは機能内容や動作結果などが異なる場合があります。

　以上の注意事項をご承諾いただいた上で、本書をご利用願います。これらの注意事項をお読みいただかずに、お問い合わせいただいても、技術評論社および著者は対処しかねます。あらかじめ、ご承知おきください。

● **本文中に記載されている社名、商品名、製品等の名称は、関係各社の商標または登録商標です。**
● **本文中に ™、®、© は明記していません。**

はじめに

　筆者がはじめてWebサーバを構築したのは大学在学中の1994年です。手作りのホームページを表示させるため、NCSA HTTPdを研究室のワークステーションにインストールしたのがはじめてでした。日頃使用していたワークステーションが、小さなプログラムをインストールしただけで、コンテンツを自由に配信できるようになり、世界中のユーザがアクセスしてくるといった状況に身震いしたのを今も憶えています。20年を経た現在、Webシステムは単なるコンテンツ配信にとどまらず、プログラム間のインターフェースや電話会議のようなリアルタイムコミュニケーションにも使われるようになっています。20年前Webサーバとして広く普及していたNCSA HTTPdは、その後Apache HTTPDに置き換わり、2000年台後半の軽量Webサーバブームを経て、現在はNginx（エンジンエックスと発音）がその地位に就こうとしています。Nginxが支持される理由はシンプルさです。軽量高速と称されながら、そのプログラムは小さく、インストールや設定は極めてシンプルです。目の前に転がっていたPCサーバを高速Webサーバに変えてしまうNginxは、まさに筆者が20年前に覚えた"小さなプログラムによる感動"を呼び起こします。そうした感動を多くの方が味わえるよう、本書がその一助となることを願っています。

本書の構成と対象読者

　本書はリファレンス形式となっており、目的に応じたページを引いて読むことができます。一方、普段サーバ構築に携わっていないような初心者の方でも読み進められるように、冒頭はNginxの基礎をはじめとした解説形式となっています。Nginxの基本と運用管理の勘所を押さえた上で読み進めることをお勧めします。解説形式の誌面を第1章〜第7章と第18章〜第20章にまとめ、第8章〜17章はリファレンス形式の誌面で構成します。

　本書はサーバの運用管理やインフラ構築に日々勤しまれれている方を対象にしています。NginxはLinuxやWindowsをはじめさまざまなプラットフォームで動作可能ですが、本書ではLinuxを主なプラットフォームに使用しています。Linuxの操作に通じている必要がある箇所が一部あります。

謝辞

　Nginxを開発されているIgor SysoevさんやNGINX, Inc.、オープンソースを支えている世界中の開発者やコミュニティのみなさんに心より感謝申し上げます。また筆者に執筆の機会を与えてくれた技術評論社の高屋さんには、筆者の遅筆ですっかり出版が遅くなってしまったことをお詫びするとともに、出版にあたり随所でご尽力いただいたことに心よりお礼申し上げます。共著の馬場さんには、株式会社ハートビーツで培われたノウハウを惜しみなく本書にしたためていただきました。ご長女が誕生されるという一大事の中、本書に注力いただいたおかげで完成度を飛躍的に上げることができました。馬場さんとともに、支えられた奥様にも感謝申し上げます。それから最後まで執筆を支えてくれた妻の美紀子と息子の韻、本当にありがとう。

著者を代表して
2015年8月 鶴長鎮一

本書の使い方

ディレクティブ解説

❶ **deny**

❷ http、server、location、limit_except

❸ **構文** deny address | CIDR | unix: | all;

❹
パラメータ	説明
address	IPアドレス（例 192.168.1.1、2001:0db8::）
CIDR	IPアドレス範囲指定（例 192.168.1.0/24;）
unix:	UNIXドメインソケット（例 unix:/tmp/nginx.sock）
all	すべて

❶**ディレクティブ名**
❷**コンテキスト**
　設定可能なコンテキストを表記。
❸**構文**
　ディレクティブの構文。省略可能な項目は[]で囲んで表記。変数は斜体で表記。
❹**パラメータ**
　ディレクティブのパラメータとその説明。デフォルトや設定例を（　）で表記。パラメータのオプションについても一部記載。

コマンド解説

コマンドライン

❶ **構文❶** nginx -t

　構文❷ nginx -c file

❷
パラメータ	説明
-t	設定ファイル（デフォルトパス）のテスト
-c file	設定ファイルfileのテスト

❶構文

コマンドラインの構文。

❷パラメータ

コマンドのパラメータ。

用例解説

ディレクティブの使用例

設定ファイルに記述するディレクティブなどの例です。

```
http {
...
    server {
    ...
        location / {
            allow 127.0.0.1;        ← ローカルホストを許可
```

コマンドラインの使用例

コマンドラインから実行するコマンドや出力例です。

```
# nginx -t -c /home/test/test.conf
```

そのほか

注意

「注意」には、解説内でも特に注意すべき点について記載しています。

> **注意** SSLサーバ証明書のインストールはリバースProxyだけで済みますが、認証局によってはバックエンドサーバの台数分購入が必要になる場合があるため注意します。

参考

「参考」には、補足情報を記載しています。

> **参考** 有償版のNGINX Plusでは、より詳細なステータスを出力できるngx_http_status_moduleが提供されています。

参照

「参照」には、解説と関連する項目とページ数を記載しています。

> **参照** リクエストスループット制限 P.297

目次

本書の使い方 ……………………………………………………………………………………… iv

Part 1 | 基礎編

第 1 章 イントロダクション … 1

高速・軽量・高機能なWebサーバ「Nginx」… 2
社会インフラを支えるWebシステム … 2
第3のWebサーバとして注目を集めるNginx … 4
Nginxの誕生から現在までの経緯 … 4
Nginxのライセンス … 5
Nginxの特徴 … 5
高速処理の秘訣はイベント駆動 … 6
ノンブロッキング・非同期 I/O … 7
メモリ消費量が少ない … 7
リバースProxyサーバとしても動作可能 … 8
モジュールで機能を追加 … 9
動的コンテンツに対応 … 9
Nginxの性能を確認する … 10
Nginxのバージョン … 12

第 2 章 インストール … 15

Linuxへのインストール … 16
インストールの概要 … 16
ディストリビューション提供パッケージを利用してインストール … 17
Nginx公式パッケージを利用してインストール (Ubuntu) … 18
Nginx公式パッケージを利用してインストール (CentOS (RHEL)) … 20
ソースファイルをビルドしてインストール … 21
モジュールの有効化／無効化 … 23
configureオプションを確認する … 24

Windows OSへのインストール……25
- ダウンロード……25
- インストール……25

第 3 章　基本構文……27

基本構文……28
- ディレクティブ……28
- コンテキスト……28
- コメント……30
- 単位……31
- 文字列……32
- 変数……32

正規表現……36
- メタ文字……36
- エスケープシーケンス……37
- 位置指定……37
- 文字クラスと集合……38

Webサーバとしての設定……39
- mainディレクティブのコンテキスト設定……39
- eventsディレクティブのコンテキスト設定……40
- httpディレクティブのコンテキスト設定……40
- serverディレクティブのコンテキスト設定……41
- locationコンテキストの設定……42

第 4 章　URLとURI……43

URL、URIの基礎……44
- URI/URL/URN……44
- URIのフォーマット……45
- URLエンコーディング（%エンコーディング）／日本語URL……47

locationパスの設定……49
- 正規化……49
- プレフィックスの利用……50
- パス評価の優先順番……51

locationコンテキストのネスト ･･･ 53
　　名前付きlocation ･･･ 54

第 5 章　SSLの基礎 ･･ 55

HTTPSとは ･･･ 56
　　暗号化通信でセキュアに ･･･ 56
　　TLS/SSL暗号化通信のしくみ ･･ 56
　　サーバの実在を証明するSSLサーバ証明書 ･･ 57

SSLサーバ証明書の作成 ･･ 58
　　事前準備 ･･ 58
　　プライベート認証局で自己発行する方法 ･･･ 60
　　秘密鍵とSSLサーバ証明書を即席で作成する方法 ････････････････････････････････････ 64
　　SSLサーバ証明書の確認 ･･ 65
　　Nginxの基本設定 ･･･ 66

第 6 章　バーチャルサーバ ･･･ 67

バーチャルサーバの設定 ･･ 68
　　名前ベースの検索 ･･･ 69
　　IPアドレスベースの検索 ･･ 72
　　名前ベースとIPアドレスベースを組み合わせる ･････････････････････････････････････ 74

第 7 章　キャッシングの基礎 ･･･ 77

キャッシングの基礎 ･･･ 78
　　クライアントサイドキャッシング
　　（HTTPレスポンスヘッダを使ったキャッシュ制御）･････････････････････････････････ 78
　　サーバサイドキャッシング ･･･ 82

Part 2 ｜ リファレンス

第 8 章　基本操作 ･･･ 85

Nginxの起動（Linuxでnginxコマンドを使用する場合）･･････････････････････････ 86

サービスの起動／再起動／停止（CentOS [RHEL] 6系の場合）･････････････････ 87

サービスの起動／再起動／停止 (CentOS [RHEL] 7系の場合) ·················88

サービスの起動／再起動／停止 (Ubuntuの場合) ·····························89

プロセスを確認 (Linux) ··90

プロセスの管理 (Linux) ··92

設定ファイルを取り込む ··93

デーモンの起動 (Windows) ··95

プロセスを確認 (Windows) ··96

プロセスの管理 (Windows) ··97

第9章 基本設定 ··99

nginx.confの記述方法 ··· 100

最大同時接続数の上限を変更する ···101

CPU数 (コア数) や最大プロセス数を確認する ····································· 102

サーバ情報を隠蔽する ··· 103

アクセス制限 ·· 104

設定ファイルのテスト ·· 105

設定ファイルのテストとダンプ ·· 106

第10章 HTTPサーバの設定 ·· 107

ワーカープロセスを実行するユーザ権限を設定する ···························· 108

ワーカープロセスの数を設定する ·· 109

エラーログの出力先のファイル名とロギングレベルを設定する ···················110

プロセスIDを保存するファイルの出力先を設定 ····································111

最大コネクション数の設定 ··112

外部の設定ファイルの読み込み ··113

ix

デフォルトMIMEタイプを設定 … 114
アクセスログの書式を設定 … 115
アクセスログ名やパスを設定 … 117
クライアントへのレスポンス送信にsendfileシステムコールを使う … 118
より少ないパケット数で効率よく転送する … 119
キープアライブタイムアウト時間の設定 … 120
圧縮転送の設定 … 121
リクエストを受け付けるIPアドレスやポート番号を設定 … 122
バーチャルサーバのホスト名を設定 … 123
レスポンスコードごとにエラーページを設定 … 124
ドキュメントルートを設定 … 126
インデックスファイル名を設定 … 127

第11章 リバースProxyサーバ／ロードバランサ … 129

リバースProxyとして利用したい … 130
リクエストされたURIに応じてバックエンドサーバを切り替えたい … 133
転送先サーバの指定 … 137
バックエンドサーバにクライアントのIPアドレスを渡したい … 139
ロードバランサとして利用する … 141
バックエンドサーバを指定する … 145
重み付けラウンドロビン方式の設定 … 146
最少コネクション方式を設定したい … 147
セッション情報を維持した重み付け … 148
タイムアウト時間、最大試行回数を設定したい … 151
バックエンドサーバを停止することなく除外したい … 152

バックアップサーバを設定しSorryページを表示したい ... 153
ダウン検知ポリシーを変更したい ... 154
Keep-Aliveでコネクションを再利用したい ... 157
バッファサイズの確認 ... 159
バッファサイズの変更 ... 160
巨大なサイズのレスポンスに対応したい ... 162

第12章 キャッシングの設定 ... 163

キャッシングを併用したい ... 164
キャッシングゾーンの指定 ... 166
ヘッダ情報の書き換え ... 168
キャッシュのキー名にする文字列の組み合わせを指定 ... 169
キャッシュするHTTPレスポンスコードと保持期間を指定 ... 170

第13章 TLS/SSLの設定 ... 171

http_ssl_moduleの確認 ... 172
HTTPSの有効化 ... 173
サーバ名の指定 ... 174
サーバ証明書と秘密鍵の指定 ... 175
TLS/SSLセッションキャッシュとセッションタイムアウトを設定する ... 176
TLS/SSLセッションチケットを設定する ... 178
使用する暗号スイートを設定する ... 180
サーバ側が指定した暗号スイートを優先するには ... 182
バーチャルサーバでSSLを利用する
(IPアドレスベースのバーチャルサーバ編) ... 183
バーチャルサーバでSSLを利用する (名前ベースのバーチャルサーバ編) ... 184

1つのバーチャルサーバでHTTPとHTTPSを共存する ······························ 186
ディレクティブの共通化、ワイルドカードSSLサーバ証明書の利用 ·········· 187
リバースProxyでHTTPSリクエストを終端したい ································ 188
バックエンドサーバとHTTPSで通信したい ··· 190

第14章　セキュリティ対策 ·· 191

クライアントのIPアドレスでアクセスを制限する ································· 192
ユーザエージェントタイプでアクセスを制限する ································· 194
HTTPメソッドを制限する ·· 195
ユーザ認証を設定する（Basic認証） ··· 196
複数のアクセス制限を組み合わせる（AND条件） ································ 199
複数のアクセス制限を組み合わせる（OR条件） ·································· 201
ホットリンク（直リンク）を禁止する ·· 202
X-Frame-Optionsヘッダ対策 ··· 204
X-Content-Type-Optionsヘッダ対策 ··· 205
X-XSS-Protectionヘッダ対策 ··· 206
Content-Security-Policyヘッダ対策 ··· 207
不要なモジュールの見直し ·· 209
バージョン情報を隠蔽する ··· 210
ソースを修正しサーバ情報を隠蔽する ··· 212
DoS／DDoS攻撃によるメモリ枯渇に備える ······································· 213
ソースファイルをビルドしてModSecurityをインストールする ··············· 215
自家製RPMファイルを作成してModSecurityをインストールする
（CentOS） ·· 217
ModSecurityを有効にするNginxの設定 ·· 219

CRS (ModSecurity Core Rule Set) の活用 ········ 225
- 1.CRSのダウンロード ········ 225
- 2.CRSの読み込み ········ 225
- 3.ルールの選択と有効化 ········ 226
- 4.Nginxの再起動 ········ 226

iptablesでパケットフィルタリング ········ 227

IPアドレスレベルでコネクション数を制限する ········ 231

SELinuxを利用する ········ 232
- 1.設定の確認 ········ 232
- 2.設定の変更 ········ 233
- 3.コンテキストの表示 ········ 233
- 4.ポリシー設定ツールのインストール ········ 234

待ち受けポートの変更 (SELinux) ········ 235

ファイルアクセス制限の解除 (SELinux) ········ 237

使用可能なディレクトリの確認 (SELinux) ········ 239

マウントオプションの変更 ········ 240

SYN flood攻撃対策 ········ 241

ブロードキャストpingに応えない (Smurf攻撃対策) ········ 242

RFC1337に準拠させる ········ 243

TIME-WAIT ソケットを高速にリサイクル ········ 244

DoS攻撃対策 ········ 245

Ping of Death (PoD) 攻撃対策 ········ 246

ICMPリダイレクトパケットを拒否する ········ 247

IPスプーフィング攻撃対策 ········ 248

ソースルーティングされたパケットを拒否する ········ 249

HTTPSを強制する ········ 250

HTTPSを強制する (HTTP Strict Transport Security) ········ 252

DHパラメータを強固にする 254

暗号化プロトコルの設定 255
1. 使用するTLS/SSLのバージョンを限定する
  （SSlv2、SSLv3を使用しない) 255
2. 使用する暗号スイートを限定する 255
3. サーバ側が指定した暗号スイートを優先する 255

第15章 運用／管理 257

logrotateでログローテーションする 258
syslogでログ出力する 260
syslogでデバッグログを出力する 261
cookieの情報をアクセスログに出力する 262
ログ出力をバッファリングする 264
ログ出力時に圧縮する 266
バーチャルサーバのコンテキストを指定してログを分ける 268
変数を利用してログを分ける 270
変数を指定してログ出力しない 272
特定ディレクティブでアクセスログを無効にする 274
リソースモニタリング 275
ファイルオープン数の上限を変更する 277
ワーカープロセスが利用するCPUや優先度を指定する 278
大容量データ受信時のメモリ使用量を変更する 281
ファイルオープンキャッシュのサイズを変更する 282
あらかじめ圧縮済みのデータをgzip転送する 284
クライアントとの接続をKeep-Aliveする 285
スレッドプールによるチューニング 286

OCSP staplingによるSSL高速化 ································· 287

無停止バージョンアップ ·· 289
 プロセスの操作 ·· 289
 1. 新しいバイナリを配置 ····································· 289
 2. マスタープロセスにUSR2シグナルを送信 ···················· 290
 3. 古いほうのマスタープロセスをQUITで停止···················291

安全性を考慮したSSLのバージョン・暗号スイート設定 ············· 292

ngx_http_limit_conn_moduleを用いた接続数制限 ················· 294

IPアドレスを指定して接続数を制限する ··························· 295

リクエストスループット制限 ······································ 297

接続元IPアドレスごとの同時リクエスト数を制限 ··················· 298

帯域利用量制限 ··· 300

第16章　応用テクニック ································ 301

環境変数を設定ファイル上で利用する ···························· 302

SSIを活用した一部動的化 ······································· 304

変数の設定 ·· 306

Virtual Document Rootを実現する ······························ 308

第17章　トラブルシューティング ························ 309

認証またはアクセス制御のいずれかを満たしたらアクセスを許可する ········310

リクエストが途中で切断される ··································· 311

ヘッダが欠損する ·· 312

ロードバランサ配下のnginxに接続元IPアドレスが正しく取得できない ···314

文字化けする・CSSが適用されない ······························ 315

リライトのデバッグ方法 ·· 316

ifがうまく適用できない ·· 318

locationがうまく適用できない……………………………………………………… 319

rewriteがうまく適用できない……………………………………………………… 321

Part 3 | 実践編

第18章 アプリケーションサーバとの連携 ……………………… 323

Webアプリケーション連携の概要 ………………………………………………… 324

Nginx＋Apache（HTTP）……………………………………………………… 325
ApacheとPHPのインストールと設定 ………………………………………325
PHPアプリケーションの準備 ………………………………………………326
Nginxの設定 …………………………………………………………………326
Nginxの起動とHTTP接続 …………………………………………………327

Nginx＋php-fpm（FastCGI）………………………………………………… 328
PHPアプリケーションのインストールと設定 ……………………………… 329
php-fpmのインストールと設定 …………………………………………… 329
Nginxの設定 ………………………………………………………………… 330

Nginx＋php-fpm（UNIXドメインソケット）………………………………… 331
php-fpmの設定 ……………………………………………………………… 332

Nginx＋starman（HTTP）…………………………………………………… 333
Perlアプリケーションのインストールと設定 ……………………………… 333
Nginxの設定 ………………………………………………………………… 335

Nginx＋starman（UNIXドメインソケット）………………………………… 336
starmanの設定 ……………………………………………………………… 336
Nginxの設定 ………………………………………………………………… 337

Nginx＋Unicorn（HTTP）…………………………………………………… 338
Rubyアプリケーションのインストールと設定 ……………………………… 338
Nginxの設定 ………………………………………………………………… 339

Nginx＋Unicorn（UNIXドメインソケット）………………………………… 340
Unicornの設定 ……………………………………………………………… 340
Nginxの設定 ………………………………………………………………… 340

Nginx + Gunicorn (HTTP) ... 341
- Pythonアプリケーションのインストールと設定 ... 342
- Nginxの設定 ... 343

Nginx + Gunicorn (UNIXドメインソケット) ... 344
- Gunicornの設定 ... 344
- Nginxの設定 ... 344

Nginx + uwsgi (uWSGI) ... 345
- Pythonアプリケーションのインストールと設定 ... 345
- Nginxの設定 ... 346

Nginx + Tomcat (HTTP) ... 347
- Javaアプリケーションのインストールと設定 ... 347
- Nginxの設定 ... 348

Memcachedとの連携 ... 349
- Memcachedのインストールと設定 ... 349
- Nginxの設定 ... 349

第19章 Apache HTTPDからの乗り換えポイント ... 351

乗り換え時の注意点 ... 352
- 動的機能の対応 ... 352
- コンテンツキャッシュのストレージ ... 353
- allow、denyでのホスト名指定 ... 353
- コンテンツレベルでの設定上書き ... 353
- ログフォーマットの互換性 ... 354
- CPU・メモリなどのリソース、キャパシティ ... 354

設定ファイルのコンバート ... 355
- SSL中間証明書の設定方法 ... 355
- Apache設定ファイルの秘匿 ... 355
- mod_rewrite の書き換え ... 356

設定ファイル以外の変更 ... 357
- ログローテーション ... 357
- Apacheのキャッシュデータ定期削除を止める ... 358

第20章 サードパーティモジュールの活用 … 359

3rdPartyModules … 360

ngx_cache_purgeモジュールによるキャッシュの削除（PURGE） … 360
インストール … 360
削除用のURLを用意しない方法 … 361
削除用のURLを用意する方法 … 362
使用方法 … 362

ngx_pagespeedモジュールを利用した最適化 … 364
インストール … 364
使用方法 … 365

ngx_luaモジュールを利用した動的な機能追加 … 366
インストール … 366
設定 … 367
使用方法 … 367

OpenResty … 369
CentOS 7にインストール … 369
Ubuntu 14.10にインストール … 370

索引 … 371

Part 1 | 基礎編

第 1 章

イントロダクション

この章では、Nginxの概要について解説します。
Nginxの歴史やWebサーバとしての特徴にふれ、
急速にシェアを拡大するようになったその注目の
機能を紹介します。

イントロダクション > Nginxの概要

高速・軽量・高機能なWebサーバ「Nginx」

社会インフラを支えるWebシステム

　2015年6月現在、世界中に9億[1]を超えるWebシステムがあると言われています。Webシステムは、仕事や勉強はもちろん、日々の生活にも広く浸透し、社会インフラとして欠かせないものとなっています。

多様化するWebサーバ

　Webシステムでは、Webブラウザを操作してサーバにアクセスし、データの閲覧や入出力を行います。最近はソーシャルゲームやSNSに時間を投じている方も少なくないでしょう。そうした分野でも、Webシステムをベースにした技術が使われています。

　Webシステムでコンテンツの配信を担うのが**Webサーバ**です。**HTTP**（*Hypertext Transfer Protocol*）と呼ばれるネットワークプロトコルを使って、主にHTML（*HyperText Markup Language*）によって記述されたドキュメントを配信するため、**HTTPサーバ**とも呼ばれています。近年は、HTMLドキュメント以外にも動画や画像といったマルチメディアコンテンツを扱ったり、サーバ内にあらかじめ用意された「静的コンテンツ」のほかに、リクエストに応じてその都度コンテンツを生成する「動的コンテンツ」と呼ばれるデータの作成と配信も担うなど、サーバの役割が多様化しています。そのため、総称としてWebサーバと呼ぶようになっています。

注1　米ネットクラフト社調べ http://news.netcraft.com/archives/category/web-server-survey/)

▼ Webサーバのしくみ

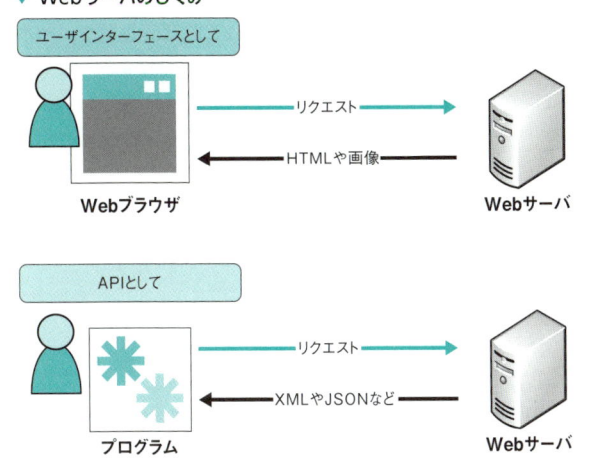

ユーザインターフェースとして

Webブラウザ　──リクエスト──▶　Webサーバ
　　　　　　　◀──HTMLや画像──

APIとして

プログラム　──リクエスト──▶　Webサーバ
　　　　　　◀──XMLやJSONなど──

アプリケーションプロトコル「HTTP」

　インターネットで通信を行うには、送信側と受信側で通信方式を取り決めておく必要があります。この取り決めを**プロトコル**と呼びます。Webシステムでは、アプリケーションプロトコルに**HTTP**を使用します。従来HTTPは、HTMLによって記述されたハイパーテキストやサムネイル画像といった、比較的容量の少ないデータを転送するのに利用されていましたが、Webサービスが高度になるにつれ、より複雑で大容量のコンテンツを扱うようになっています。

　HTTPはクライアントからのリクエストに対して、処理単位で通信を切断する**ステートレスプロトコル**です。リクエストが発生し、サーバがレスポンスを返すと処理が完結し、TCPコネクションを切断します。そのため、同じクライアントが再度Webページをリクエストしても、別の通信として処理されます。このままではサーバ側でクライアントのセッション（状態）を保持できないため、オンライン・バンキングやネットショップのように、ユーザIDを使ってログインするようなページでログイン状態を維持できません。それを解決するため、Webシステムでは**Cookie**を使ってセッション（状態）を管理します。クライアント側でCookieを保存することでセッションを維持し、一連の通信に関連性を持たせる処理を可能にしています。

　Webページのリクエストには、「http://www.example.jp/index.html」のような**URL**（*Uniform Resource Identifier*）を使用します。**HTTP/1.0**が登場する以前は、URLを使ったファイル転送にしか対応していませんでしたが、

HTTP/1.0でヘッダ情報を扱えるようになり、Cookieをはじめ、より多くの機能をサポートできるようになりました。さらに**HTTP/1.1**では、複数データを効率よく転送するための「キープアライブ（Keep-Alive）」やプロキシ、仮想ホストなど、より高度な機能を備えるようになっています。ただし、HTTP/1.0しかサポートしていないサーバやクライアントもあるため、互換性に注意する必要があります。

第3のWebサーバとして注目を集めるNginx

近年急速にシェアを拡大しているWebサーバが「Nginx（エンジンエックス）」です。HTMLドキュメントや画像ファイルといった静的コンテンツを高速で配信し、消費メモリが少なく、リバースProxyやロードバランサといった機能を備えた注目の**軽量Webサーバ**です。**Apache HTTP**や**Microsoft IIS**といったWebサーバが久しくシェアを二分していましたが、第3のWebサーバとしてNginxが急速に注目を集めており、1日に数億アクセスを処理する大規模サイトをはじめ、中小規模のサイトでも採用されるようになっています。

Nginxの誕生から現在までの経緯

Nginxは、2002年頃にロシアの**Igor Sysoev**氏によって、1日に5億リクエストを処理するWebサイトのHTTPサーバとして開発されました。2004年に一般公開され、LinuxやBSD系OSをはじめとするさまざまなプラットフォームで利用できるようになっています。Nginxの名前が知られるようになったのは、**C10K問題（クライアント1万台問題）**が叫ばれるようになった2000年代後半です。いくらハードウェアスペックが高くなっても、Apache HTTPのように1リクエストを処理するのに1プロセスや1スレッドを割り当てていると、プロセス番号やスレッドスタックのようなソフトウェアリソースが枯渇し、万単位のクライアントを処理できなくなるといった問題が現実味を帯び始めていたのです。その解決策の1つとして注目されるようになったのがNginxをはじめとする軽量Webサーバです。当時はNginxのほかにも、**lighttpd**[注2]や**Boa**[注3]のような軽量Webサーバも使われていましたが、現在はNginxが軽量Webサーバの有望株となっています。

注2　http://www.lighttpd.net/
注3　http://www.boa.org/

Nginxのライセンス

Nginxはオープンソースプロジェクトとして公開されており、現在はIgor Sysoev氏が中心となって設立された米Nginx, Inc.が開発を行っています。Nginxのライセンスは**BSDライクライセンス**です。オリジナルのBSDライセンスから、「書面上の許可なく開発者の名称を派生物の推奨や販売促進に使用しない」という項目を削除した**二条項BSDライセンス**が適用されています。二条項BSDライセンスの条件下でなら、改変の有無にかかわらず、ソースやバイナリの利用と再配布が認められます。詳細は次のURLで確認できます。

http://nginx.org/LICENSE

商用サポートも提供されており、国内では米Nginx, Inc.と提携しているサイオステクノロジーが日本語によるテクニカルサポートや、Nginxをベースにいくつかの拡張機能を搭載した商用版**NGINX Plus**の国内販売とサポートサービスを手掛けています。

Nginxの特徴

Nginxの特徴は高速処理だけではありません。ほかにも優れた機能を持っています。Nginxの主な機能は次の通りです(以下、「http://nginx.org/ja/」より抜粋)。

基本的なHTTP機能
- スタティックなインデックスファイルの提供、自動インデクシング、オープンなファイルディスクリプタキャッシュ
- キャッシングで高速化されたリバースProxy、シンプルなロードバランシングとフォールトトレランス
- リモートのFastCGIサーバのキャッシングによる高速化サポート、シンプルなロードバランシングとフォールトトレランス
- モジュールアーキテクチャ
- SSLとTLS SNIサポート

ほかのHTTP機能
- ホスト名ベースとIPベースの仮想サーバ
- Keep-Aliveとパイプライン接続のサポート
- 柔軟な設定

- クライアント処理を中断させることなく再構成、オンラインアップグレード
- アクセスログフォーマット、バッファされたログ書き込み、素早いログローテーション
- 3xx-5xxエラーコードのリダイレクト
- rewriteモジュール
- クライアントのIPアドレスをベースにしたアクセスコントロールとHTTPベーシック認証
- 参照元（HTTP Referer）規制
- PUT、DELETE、MKCOL、COPY、MOVEメソッド
- FLVストリーミング
- 速度制限
- 同一アドレスからの同時接続もしくは同時リクエストの制限
- 組み込みPerl

メールプロキシサーバ機能

- 外部のHTTP認証サーバを利用したIMAP/POP3バックエンドへのユーザリダイレクト
- 外部のHTTP認証サーバと内部SMTPバックエンドへの接続リダイレクトを利用したユーザ認証
- 認証メソッド
  - POP3: USER/PASS, APOP, AUTH LOGIN/PLAIN/CRAM-MD5
  - IMAP: LOGIN, AUTH LOGIN/PLAIN/CRAM-MD5
  - SMTP: AUTH LOGIN/PLAIN/CRAM-MD5
- SSLサポート
- STARTTLSとSTLSのサポート

TCPプロキシサーバ機能

- TCPストリームのSSLターミネーションや汎用的なプロキシ
- TCPストリームの負荷分散と耐障害性の実現

高速処理の秘訣はイベント駆動

　Nginxが大量のリクエストでも同時に高速処理できるのは、**イベント駆動方式**を採用しているためです。Webサーバのように同時に複数の処理を行うシステムでは、ディスクやネットワークといった**I/Oの多重化**が必要不可欠です。I/O多重化を実装するには、**select**や**poll**といったシステムコールが従来から使われています。select／pollでは、プログラムがアクセスするファイルやネット

ワークソケットなどのファイルディスクリプタを1つ1つチェックします。ファイルディスクリプタとは、OSが識別するためのファイル記述子です。入出力ファイルやソケットの管理に使用され、1つ開くとそれに対して一意な数値が割り当てられます。チェックするディスクリプタが増えれば処理にかかる時間も比例して多くなり、同時リクエスト数が2倍になれば処理にかかる時間は2倍に膨らみます。処理数nに比例して計算量が増えるため、計算時間は$O(n)$となります。

Nginxのようなイベント型では、I/O多重化を実装するのにepollシステムコールを使用します。epollではディスクリプタの状態がkernel内で管理されるため、プログラムはディスクリプタを1つ1つチェックする必要がなくなります。この場合、処理にかかる時間はリクエストによらず一定です。処理数によらず計算量が一定のため計算時間は$O(1)$となり、万単位のリクエストも高速に効率よく処理することができます。

ノンブロッキング・非同期I/O

Nginxはイベント駆動とともに**ノンブロッキング・非同期I/O**により、高いスケーラビリティを実現しています。Nginx側でシステムコールの終了を待つ必要がなく、I/Oリクエストを発行した直後から別の処理を実行できます。そのため、比較的小さいデータを大量に配信したり、ハードディスクの代わりにメモリを使ってキャッシュしたりするリバースProxyやロードバランサといった用途に適しています。

メモリ消費量が少ない

メモリの消費量が少ないのもNginxの特徴です。Apache HTTP（プロセスベースやスレッドベースのMulti Processing Module）では、リクエストを処理するのにプロセスやスレッドを起動するため、使用するメモリもリクエスト数に応じて増加します。一方Nginxは単一プロセスですべてのリクエストを処理するため、メモリはリクエスト数に比例しません。数万単位のリクエストを処理するような大規模サイトでも、Nginxが消費するメモリはわずかです。またわずかなメモリしか搭載していない組み込みPCやマイクロサーバにもNginxは有効です。

リバースProxyサーバとしても動作可能

Nginxが数ある軽量Webサーバの中で注目されている理由の1つに、**リバースProxy**として動作できる点があげられます。中規模以上のサイトでは、Webサーバ上で直接PHPやJavaのようなWebアプリケーションを実行する代わりに、リバースProxyでリクエストを終端し、バックエンドにアプリケーションサーバを配置する構成が一定のパターンとなっています。

▼ リバースProxyを使ったサイトWebサイト構成例

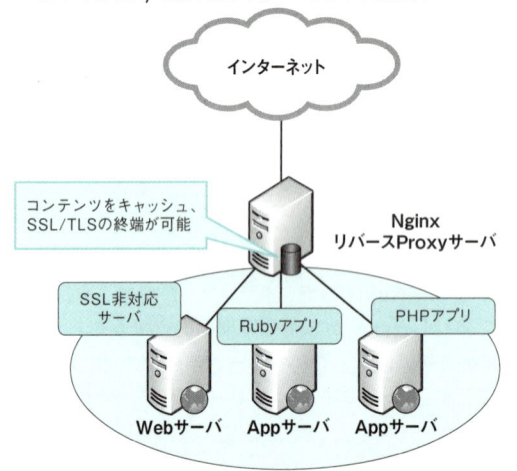

フロントにNginxを、バックエンドにアプリケーションサーバを配置することで、NginxをリバースProxyとして動作させることができます。また、バックエンドサーバを複数台配置し、Nginxでバランシングさせることで、**ロードバランサ**として機能させることもできます。

NginxはHTTPSのTLS/SSLにも対応しています。HTTPSに対応していないアプリケーションサーバの代わりにHTTPSリクエストを終端することで、**TLS/SSLアクセラレータ**として使用することができます。さらに、画像やHTMLテキストといった静的コンテンツを**キャッシュ**することも可能です。

NginxはHTTPやHTTPS以外にも、SMTP、IMAP、POP3といったアプリケーションプロトコルやTCPストリームのバランシングも可能です。

モジュールで機能を追加

Nginxは軽量Webサーバでありながら、リバースProxyやキャッシングといった高い機能も併せ持っています。こうした付加機能は、モジュールによって追加できるようになっています。必要なモジュールだけを組み込むことで、無駄な機能によるプログラムの肥大化と、パフォーマンスの劣化を防ぎます。

Nginxで提供されているモジュールは大きく次の3種類に分類されます。

- 標準で組み込まれているモジュール
- オプションで追加可能なモジュール
- サードパーティによって提供されているモジュール

次のURLでモジュールを確認できます。

Nginx標準／オプションモジュール
http://wiki.nginx.org/Modules

サードパーティモジュール
http://wiki.nginx.org/3rdPartyModules

トラフィックやコネクションを制限するモジュールから、動画配信を最適化したり、画像のサイズやフォーマットを変換するような変わり種まで、さまざまなモジュールが用意されています。

Nginxにモジュールを追加するには、ソースファイルを再ビルドしコアプログラムに組み込む、いわゆる**静的組み込み**を行う必要があります。Apache HTTPは、コアプログラムとモジュールを別々にビルドしておき、必要に応じてロードする**動的組み込み**に対応しています。2015年6月現在Nginxは動的組み込みに対応していませんが、今後対応が予定されています。静的組み込みのほうが、モジュールのロードにかかる負担が少なく、プログラムの最適化がしやすくなります。Nginxをバイナリパッケージでインストールする場合、組み込まれたモジュールの違いで、パッケージも複数用意されていることがあるため、インストールの前に確認しておくようにします。

動的コンテンツに対応

Nginxは、HTMLドキュメントや画像ファイルといった静的コンテンツは扱えるものの、Webアプリケーションのような動的コンテンツはSSI（**Server**

Side Include）以外扱えません。動的コンテンツに対応させるには、Nginxとは別プロセスでアプリケーションプログラムを稼働させ、そのプロセスとUNIXドメインソケットで連携させるようにします。Nginxとアプリケーションプログラムを別々のサーバで稼働させる場合は、TCP通信を使って連携させます。

▼ PHPアプリケーションに対応した場合のサーバ構成

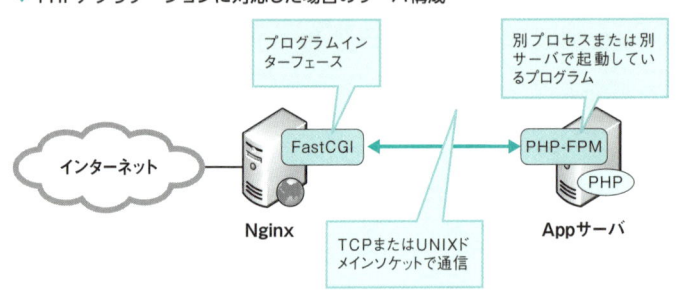

Nginxにはさまざまなアプリケーションのためのインターフェースが用意されています。PHPをはじめとするインタラクティブなプログラミングのための**FastCGI**、プログラミング言語のPythonやPHPで書かれたWebアプリケーションと連携するための**uWSGI**といったものがあります。

Nginxの性能を確認する

Nginxは高速処理に加え、大量処理にも優れています。Nginxの性能をApache HTTPと比較してみましょう。

評価環境

Webサーバとクライアントを同一ネットワーク上に構築し、クライアントからサーバに対して大量のリクエストを行い、その処理時間を比較します。サーバやクライアントはクラウドサービスのDigital Ocean[注4]を使って作成し、Apache HTTPのベンチマークソフト**ApacheBench**で性能を評価します。ApacheBenchに含まれるabコマンドを次のように実行することで大量のリクエストを生成し、処理にかかった時間を計測できます。

```
$ ab -n 総リクエスト数 -c 同時接続数 http://対象URL
例）$ ab -n 10000 -c 100 http://サーバのアドレス/test.html
```

注4　https://www.digitalocean.com

オプション-nで総リクエスト数を、-cで同時接続数を指定します。abコマンドによるベンチマークが完了すると、レポートが表示されます。今回は1秒あたりの処理リクエスト数の平均を表す「Requests per second」に注目することにします。

サーバ／クライアントに使用したマシンのスペックは表の通りです。

▼ マシンスペック

CPU	1CPU
メモリ	1GB
ストレージ	30GB SSD
OS	CentOS 7.0.1406 (64bit)

Nginxには「Nginx 1.9.3」を、Apache HTTPには「Apache 2.4.6 (prefork MPM)」を使用します。設定はどちらもデフォルトのままです。なお、ここでの結果は、コンテンツの種類、ネットワーク環境やサーバ構成などで変わるため、参考値としてとらえてください。

単位時間あたりの処理数を比較

コンテンツとして1KBのHTMLドキュメントを用意し、総リクエストを10,000、同時接続数を100とした場合、次のグラフのような結果になりました。グラフを見るとNginxのほうが1.4倍ほどのリクエストを処理しているのがわかります。

▼ 同時接続数：100、総リクエスト；10000の場合の平均リクエスト数／秒

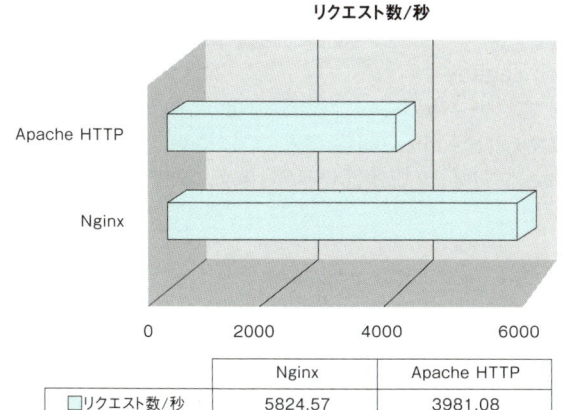

リクエスト数／秒

	Nginx	Apache HTTP
□リクエスト数／秒	5824.57	3981.08

同時リクエストによる性能劣化を比較

　次に、同時接続数を上げた場合の変化を見てみましょう。Nginxはリクエスト1つ1つに対するパフォーマンスが高いだけでなく、同時に大量のリクエストが発生した場合の処理能力の高さでも優れています。ApacheBenchで同時接続数を変えるには、abコマンドの-cオプションに指定する値を変えます。同時接続数を100から500まで変えながら計測したところ、次のグラフのような結果になりました。Nginxは同時接続数が増えても大きな性能劣化は見られませんが、Apache HTTPは同時接続数が増えるほど性能が悪化しているのがわかります。

▼ 同時接続数を変更した場合の平均リクエスト数/秒の変化

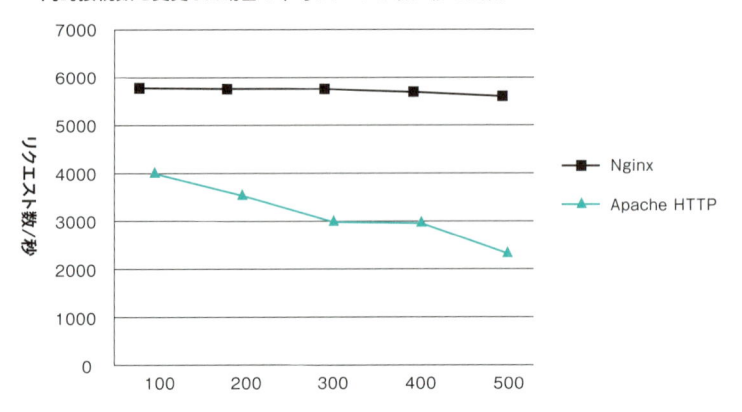

同時接続数	Nginx	Apache HTTP
100	約5800	約4000
200	約5750	約3550
300	約5750	約3000
400	約5700	約3000
500	約5600	約2350

Nginxのバージョン

Mainline、Stable、Legacy

　Nginxには、オープンソース版のほかに商用版の **Nginx Plus**[注5] があります。有償サポートが必要であればNginx Plusを購入してください。

　無償利用可能なオープンソース版は2015年6月現在、次の3バージョンが配布されています。

注5　http://www.atmarkit.co.jp/ait/articles/1406/18/news043.html

▼ バージョン

バージョン名称	概要	内容
Mainline version	最新版	最新の機能が盛り込まれたバージョン
Stable version	安定版	バグ修正やセキュリティ対応のみ行われているバージョン
Legacy version	レガシー版	開発が終了した旧バージョン

　最新のNginxを使用したい場合、**Mainline version**を選択します。最新版は安定性に欠けると思われる方も多いかもしれません。しかし、米Nginx, Inc.の共同創設者でCTOを務めるIgor Sysoev氏は、「本番サーバに使用しても問題がないように十分テストしています。」と明言しています。そのため最新機能が不要な場合でもMainlineを利用することが推奨されています。ただし、偶発的な不具合さえも許されないミッションクリティカルな用途では、**Stable version**を選択してください。

2015年6月時点の開発状況

　2015年4月にバージョンアップが行われ、それまでMainlineとして開発されていた1.8系はStableに移行し、新たに1.9系がリリースされました。

▼ 最新のバージョン状況

バージョン名称	Nginxのバージョン
Mainline version	1.9系
Stable version	1.8系

　1.9では、商用版でしかサポートされていなかった**TCP Load Balancing**機能が、オープンソース版でもサポートされるようになり、データベースのMySQLやストリーミング配信のRTMPといったTCPを使ったストリームのロードバランシングにも対応しています。

　また2015年下期中には、HTTPの新バージョンとなる**HTTP/2**のサポートを予定しています。HTTP/2をサポートすることで、ストリームによる多重化、ヘッダの圧縮、リクエストとレスポンスのパイプライン化、バイナリフレームの採用など、プロトコルレベルで多くの機能をサポートするようになり、通信の効率化やパフォーマンスの改善が見込まれています。なお、HTTP/2に対応するには、Webサーバだけでなく、クライアント側の対応も必要になります。2015年6月時点で、NginxはHTTP/2のベースになった**SPDY/3.1**には対応しています。

パフォーマンス面では**スレッドプール**が改良され、9倍早くなったと公称されています。時間のかかるI/O処理にスレッドプールを利用することで、ワーカープロセスが占有される状況を回避することができるようになっています。
　動的組み込み可能なモジュールの対応やさらなるパフォーマンス向上など、精力的な開発が続けられています。

Part 1 | 基礎編

第 2 章

インストール

ここでは、LinuxとWindowsにNginxをインストールする方法を解説します。インストール方法には、それぞれ一長一短があるので、適切な方法を選択してください。

インストール > Linuxへのインストール

Linuxへのインストール

LinuxにNginxをインストールする方法を、次の3パターンに分けて解説します。インストールするプラットフォームはUbuntuとCentOSです。なお、Red Hat EL（以降、RHEL）についても一部補足します。

- ディストリビューション提供パッケージを利用する方法
- Nginx公式パッケージを利用する方法
- ソースファイルをビルドする方法

> **注意** ここで紹介しているソフトウェアやディストリビューションのバージョンは、2015年6月時点のものです。コマンド実行は、$プロンプトを一般ユーザ権限によるもの、#プロンプトを管理者権限によるものとしています。CentOSでは、suコマンドで事前に管理ユーザにスイッチしておき、Ubuntuでは各コマンドの前にsudoを付けて実行してください。

> **注意** 本パートの作業手順は、Ubuntu 14.10とCentOS 7（1503）で検証しています。

インストールの概要

Nginxをインストールするには、バイナリパッケージを利用するか、ソースファイルをビルドします。バイナリパッケージを使えば、インストールやアップデートが簡単になり、パッケージ管理ツールを使うことでバージョン管理も可能になります。ただし、バイナリの最適化やインストールパスのカスタマイズはできません。なお、Linuxディストリビューションによっては、Nginx社の公式パッケージを使ってインストールすることもできます。

バイナリパッケージには、Linuxディストリビュータが提供しているものと、米Nginx, Inc.が提供している公式なものの2種類があります。Linuxディストリビューションのほうはコマンド1つでインストールできますが、Stable versionか**Legacy version**しか用意されていないことがあり、最新のNginxを利用できるようになるのには時間がかかります。米Nginx, Inc.の公式パッケージはリポジトリを追加するなど少々手間がかかりますが、最新バージョンのMainline versionを使用でき、必要であれば先行開発版もインストールできます。

ソースファイルを使ってインストールすると、無駄なモジュールを省いてバイナリを最適化できたり、インストールパスや設定ファイルのパスをカスタマイズできたりしますが、ビルド環境を用意する必要があり面倒です。

　次の表のように、インストール方法にはそれぞれ一長一短があるため、用途に応じて適切な方法を選択してください。

▼ Nginxインストール別の長所・短所

インストール方法	長所	短所
ディストリビューション提供パッケージ	インストールやアップデートが手軽 パッケージ管理ツールで一元管理できる	バージョンが古い
Nginx公式パッケージ	インストールやアップデートが手軽 パッケージ管理ツールで一元管理できる 最新版や開発版をインストールできる	リポジトリを別途追加する必要がある
ソースファイルをビルド	無駄なモジュールを省いてバイナリを最適化できる インストールパスや設定ファイルのパスをカスタマイズできる	ビルド環境を用意する必要がある パッケージ管理ツールでバージョン管理できない

　一般的な用途のWebサイトであれば、バイナリパッケージで十分です。特別な最適化を施したり、先行開発版を使用しなくても十分なパフォーマンスが得られます。

ディストリビューション提供パッケージを利用してインストール

　ディストリビューション提供パッケージを利用すれば、複雑な手順を踏まなくても、コマンド1つでオンラインにインストールできます。ただし、安定版しか提供されておらず、2015年6月現在、Ubuntu 14.10に提供されているのはLegacy versionのNginx 1.6.2です。CentOSの場合、バージョン6系にはディストリビューション提供パッケージが提供されていませんが、7以降なら拡張リポジトリのEPELを使ってNginx 1.6.3をインストールできます。

パッケージのインストール (Ubuntuの場合)

　パッケージをapt-getコマンドでオンラインインストールし、設定ファイルの/etc/nginx/nginx.confを修正後、Nginxを起動します。

```
$ sudo apt-get install nginx         ← インストール
$ sudo service nginx start           ← サービス開始
$ sudo service nginx stop            ← サービス停止
```

インストールは以上です。Webコンテンツを置くドキュメントルートは/usr/share/nginx/html/ディレクトリになります。

パッケージのインストール（CentOS 7の場合）

管理者権限でyumコマンドを実行しEPELレポジトリを追加したあと、パッケージをオンラインインストールします。設定ファイルの/etc/nginx/nginx.confを修正後、Nginxを起動します。

```
# yum install epel-release      ← EPELレポジトリの追加
# yum install nginx             ← インストール
# systemctl start nginx.service ← サービス開始
# systemctl stop nginx.service  ← サービス停止
```

インストールは以上です。Webコンテンツを置くドキュメントルートは/usr/share/nginx/html/ディレクトリになります。

> **参照** サービスの起動／再起動／停止（CentOS［RHEL］7系の場合） P.88
> nginx.confの記述方法 P.100

> **参考** Nginx社が公式にサポートしているディストリビューションは、2015年6月現在、RHEL ／ CentOS ／ Debian ／ Ubuntuですが、それ以外のディストリビューションも利用できます。

Nginx公式パッケージを利用してインストール（Ubuntu）

PGP鍵の登録

Nginx社のリポジトリを登録することで、最新版のStableまたはMainline versionをインストールできます。最初にNginx社のPGP鍵を登録します。PGP鍵はパッケージの正当性を確認することに使用されます。

```
$ wget -O - http://nginx.org/keys/nginx_signing.key | sudo apt-key add -
```

リポジトリを追記してインストール

次に、パッケージをどこから取得するか記された/etc/apt/sources.listにNginxのリポジトリを追記します。Stable version（2015年6月現在、1.8.0）をUbuntu 14.10にインストールする場合は次を実行します。

```
$ sudo sh -c 'echo "deb http://nginx.org/packages/ubuntu/ ⏎
```

```
utopic nginx" >> /etc/apt/sources.list'
$ sudo sh -c 'sudo echo "deb-src http://nginx.org/packages/ubuntu/
utopic nginx" >> /etc/apt/sources.list'
```

 Mainline version（2015年6月現在、1.9.2）をインストールする場合は次を実行します。

```
$ sudo sh -c 'echo "deb http://nginx.org/packages/mainline/ubuntu/
utopic nginx" >> /etc/apt/sources.list'
$ sudo sh -c 'echo "deb-src http://nginx.org/packages/mainline/ubuntu/
utopic nginx" >> /etc/apt/sources.list'
```

 引数にあるutopicは、Ubuntu 14.10の開発コードです。旧バージョンのUbuntuを使用している場合、次の表を参考にUbuntuのバージョンと対応した開発コードを指定してください。

▼ Ubuntuのバージョンと開発コードの対応表

Ubuntuのバージョン	開発コード
15.04	vivid
14.10	utopic
14.04 LTS	trusty
13.10	saucy
12.10	quantal
12.04 LTS	precise
10.04 LTS	lucid

注意 2015年6月末現在、Nginx公式リポジトリは15.04には対応していません。

パッケージリストの更新

 リポジトリの登録が完了したら、パッケージリストを更新し、Nginxをオンラインインストールします。

```
$ sudo apt-get update            ← パッケージリスト更新
$ sudo apt-get install nginx     ← Nginxのインストール
```

 設定ファイルの/etc/nginx/nginx.confを修正後、Nginxサービスを開始します。なお、Webコンテンツを置くドキュメントルートは/usr/share/nginx/html/ディレクトリになります。

参照	プロセスを確認（Linux）	P.90
	nginx.confの記述方法	P.100

Nginx公式パッケージを利用してインストール（CentOS（RHEL））

リポジトリを登録してインストール

CentOSの場合も、Nginx社のリポジトリを登録することで最新版のStableまたはMainline versionをインストールできます。

リリースパッケージのインストール

公開されているNginxのリリースパッケージをオンラインインストールします。作業は管理者権限で行い、CentOS 7では次のようにします。

```
# rpm -ivh http://nginx.org/packages/centos/7/noarch/RPMS/nginx-release-centos-7-0.el7.ngx.noarch.rpm
```

CentOS 6.5では次のようにします。

```
# rpm -ivh http://nginx.org/packages/centos/6/noarch/RPMS/nginx-release-centos-6-0.el6.ngx.noarch.rpm
```

RHEL 7の場合は、次を使用してください。

http://nginx.org/packages/rhel/7/noarch/RPMS/nginx-release-rhel-7-0.el7.ngx.noarch.rpm

RHEL 6系の場合は、次を使用してください。

http://nginx.org/packages/rhel/6/noarch/RPMS/nginx-release-rhel-6-0.el6.ngx.noarch.rpm

RHEL 5系やCentOS 5系の場合は、次を参考にします。

http://nginx.org/en/linux_packages.html

デフォルトでは、Stable version（2015年6月現在、1.8.0）がインストールされます。Mainline（2015年6月現在、1.9.2）をインストールするには、/etc/yum.repos.d/nginx.repoファイルの内容を修正する必要があります。CentOS 7では次のように修正します。

```
#修正前
baseurl=http://nginx.org/packages/centos/7/$basearch/
#修正後
baseurl=http://nginx.org/packages/mainline/centos/7/$basearch/
```

CentOS 6系では次のように修正します。

```
#修正前
baseurl=http://nginx.org/packages/centos/6/$basearch/
#修正後
baseurl=http://nginx.org/packages/mainline/centos/6/$basearch/
```

オンラインインストール

リポジトリを無事登録できたら、Nginxをオンラインインストールします。

```
# yum install nginx
```

設定ファイルの/etc/nginx/nginx.confを修正後、Nginxを起動します。Webコンテンツを置くドキュメントルートは/usr/share/nginx/html/ディレクトリになります。

ソースファイルをビルドしてインストール

ソースファイルをビルドしてインストールすれば、Nginxを最適化できます。無駄なモジュールを省いて高速型にしたり、モジュールを追加して多機能型にしたりできます。また、インストールパスや設定ファイルのパスをカスタマイズすることも可能です。そのほかにも、サードパーティ製モジュールを組み込むのにソースファイルが必要になります。

ビルド環境の準備 (Ubuntuの場合)

ソースファイルをビルドするにはgccやmakeなどのビルド環境を用意する必要があります。ここで、Ubuntu上にビルド環境を用意する方法を解説します。基本的な開発環境のほかに、Perl互換正規表現ライブラリ、圧縮転送に必要なzlibライブラリ、HTTPSに必要なOpenSSLライブラリといった約200MBのパッケージが必要になります。

```
$ sudo apt-get install build-essential            ← 基本的な開発環境
$ sudo apt-get install libpcre3 libpcre3-dev      ← Perl互換正規表現ライブラリ
$ sudo apt-get install zlib1g zlib1g-dev          ← 圧縮転送に必要なzlibライブラリ
$ sudo apt-get install openssl libssl-dev         ← HTTPSに必要なOpenSSLライブラリ
```

このあとの手順はUbuntu、CentOSともに共通です。

ビルド環境の準備 (CentOSの場合)

CentOS上にビルド環境を用意する方法を解説します。基本的な開発環境のほかに、Perl互換正規表現ライブラリ、圧縮転送に必要なzlibライブラリ、HTTPSに必要なOpenSSLライブラリといった約250MBのパッケージが必要になります。

```
# yum groupinstall "Development Tools"     ← 基本的な開発環境
# yum install pcre pcre-devel              ← Perl互換正規表現ライブラリ
# yum install zlib zlib-devel              ← 圧縮転送に必要なzlibライブラリ
# yum install openssl openssl-devel        ← HTTPSに必要なOpenSSLライブラリ
```

このあとの手順はUbuntu、CentOSともに共通です。

Nginxソースファイルのビルド (Ubuntu・CentOS共通)

最新のNginxソースアーカイブをダウンロードするには、http://nginx.org/en/download.htmlにアクセスします。サイトが表示されたら、ダウンロードしたいバージョン名をクリックします。なお、nginx/Windows-1.○.○ファイルはWindows OS用のバイナリファイルです。

▼ Nginxソースファイルのダウンロードページ

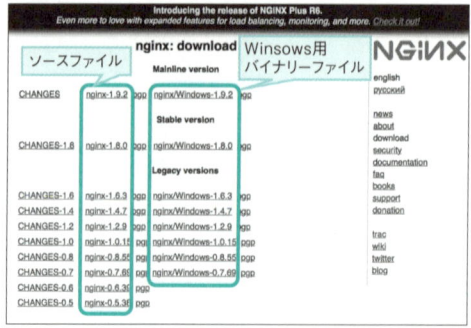

Webサイトを介さずに直接ファイルをダウンロードすることもできます。次の

URLにアクセスします。

http://nginx.org/download/

ダウンロードしたソースアーカイブは圧縮されています。tarコマンドで展開し、configure/makeを実行します。次はNginx 1.9.2のダウンロード例です。ほかのバージョンはバージョン名を変えるだけで同じ手順です。

```
$ curl -O http://nginx.org/download/nginx-1.9.2.tar.gz
$ tar xvfz nginx-1.9.2.tar.gz
$ cd nginx-1.9.2/
$ ./configure
$ make
```

インストール（Ubuntu・CentOS共通）

ビルドに成功したら、管理者権限でmake intallを実行し、ファイルを/usr/local/ディレクトリ下に配置します。

```
# make install          ←──── CentOSの場合
$ sudo make install     ←──── Ubuntuの場合
```

ビルドとインストールに成功すると、/usr/local/ディレクトリ配下に各ファイルが配置されます。

```
/usr/local/nginx/
├── conf
│   ├── nginx.conf           ←──── 主設定ファイル
│   └── そのほかの設定ファイル
├── html                     ←──── ドキュメントルート
│   ├── 50x.html
│   └── index.html
├── logs                     ←──── logディレクトリ
└── sbin
    └── nginx                ←──── nginx本体
```

モジュールの有効化／無効化

モジュールの有効や無効、インストールパスの変更といったデフォルト値を変更するには、ビルドする際のconfigureで、指定のオプションを付加します。たとえば、各ファイルのパスの指定には--○○-path=パスを、モジュールの

有効化には--with-○○を、無効化には--without-○○を付加します。

configure実行時にhttp_ssl_moduleモジュールを有効化、http_proxy_moduleモジュールを無効化するには、次の手順を実行します。

```
$ ./configure \
        --prefix=/etc/nginx \
        --sbin-path=/usr/sbin/nginx \
        --conf-path=/etc/nginx/nginx.conf \
        --sbin-path=/usr/local/nginx/nginx \
        --conf-path=/usr/local/nginx/nginx.conf \
        --with-http_ssl_module \
        --without-http_proxy_module
```

configureオプションを確認する

configureに指定可能なオプションは$ ./configure --helpで確認できます。すでにインストールされているNginxのバージョンとどんなconfigureオプションでビルドされているか確認するには、nginxに-Vオプションを付加し実行します。

```
$ /usr/sbin/nginx -V    ← Nginx公式パッケージのconfigureオプション
nginx version: nginx/1.8.0
built by gcc 4.9.1 (Ubuntu 4.9.1-16ubuntu6)
built with OpenSSL 1.0.1f 6 Jan 2014
TLS SNI support enabled
configure arguments: --prefix=/etc/nginx --sbin-path=/usr/sbin/nginx --conf-
path=/etc/nginx/nginx.conf --error-log-path=/var/log/nginx/error.log --http-
log-path=/var/log/nginx/access.log --pid-path=/var/run/nginx.pid --lock-
path=/var/run/nginx.lock --http-client-body-temp-path=/var/cache/nginx/
client_temp --http-proxy-temp-path=/var/cache/nginx/proxy_temp --http-
fastcgi-temp-path=/var/cache/nginx/fastcgi_temp --http-uwsgi-temp-path=/
var/cache/nginx/uwsgi_temp --http-scgi-temp-path=/var/cache/nginx/scgi_temp
--user=nginx --group=nginx --with-http_ssl_module --with-http_realip_module
--with-http_addition_module --with-http_sub_module --with-http_dav_module
--with-http_flv_module --with-http_mp4_module --with-http_gunzip_module
--with-http_gzip_static_module --with-http_random_index_module --with-http_
secure_link_module --with-http_stub_status_module --with-http_auth_request_
module --with-mail --with-mail_ssl_module --with-file-aio --with-http_spdy_
module --with-cc-opt='-g -O2 -fstack-protector-strong -Wformat -Werror=
format-security -Wp,-D_FORTIFY_SOURCE=2' --with-ld-opt='-Wl,-Bsymbolic-
functions -Wl,-z,relro -Wl,--as-needed' --with-ipv6
```

インストール > Windows OSへのインストール

Windows OSへのインストール

　NginxはWindows OS上でも動作します。開発環境としてWindowsを使用している場合や、簡易な目的でWebサーバを利用したい場合に便利です。インストールや実行は一般ユーザの権限でも可能ですが、初回起動時に管理者権限が必要になります。

ダウンロード

　Windows版Nginxは公式サイトで配布されており、Linux版と同じようにMainline version ／ Stable version ／ Legacy versionがそれぞれ用意されています。

　http://nginx.org/en/download.htmlにアクセスし、インストールしたいバージョンのnginx/Windows-バージョンのリンクをクリックし、zipファイルをダウンロードします。サイズは1.3MBほどです。

インストール

　ダウンロードしたzipファイルを任意のフォルダに解凍するだけでインストールが完了します。たとえば、C:\直下にインストールするには、zipファイルの中身をC:\に解凍します。

▼ WindowsにNginxをインストール

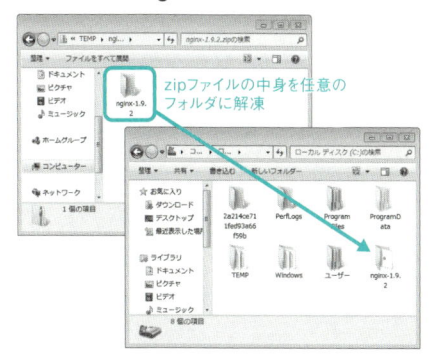

C:¥Program　Fileのようにファイルパスにスペースを含むような場所にコピーすることもできますが、あとあと設定する際に面倒になったり、問題が発生する場合があるため注意します。

　C:\nginx-1.9.2に解凍すると、次のように各フォルダやファイルが配置されます。

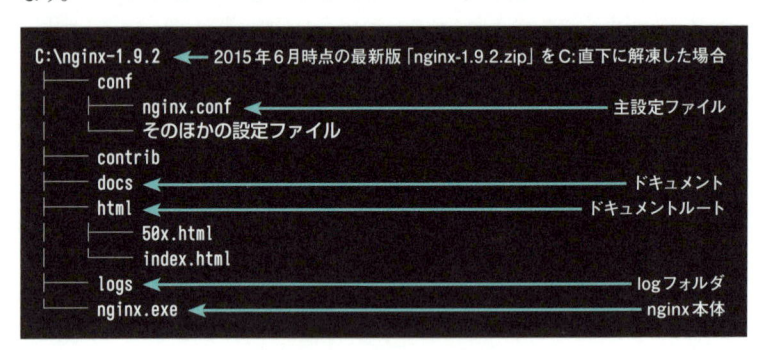

```
C:\nginx-1.9.2  ← 2015年6月時点の最新版「nginx-1.9.2.zip」をC:直下に解凍した場合
├── conf
│   ├── nginx.conf   ←                                          主設定ファイル
│   └── そのほかの設定ファイル
├── contrib
├── docs  ←                                                      ドキュメント
├── html  ←                                                      ドキュメントルート
│   ├── 50x.html
│   └── index.html
├── logs  ←                                                      logフォルダ
└── nginx.exe  ←                                                 nginx本体
```

参照 デーモンの起動／停止／再起動（Windows） P.95

Part 1 | 基礎編

第 3 章

基本構文

ここでは、Nginxの基本構文について解説します。
設定ファイルの基本的な構造と正規表現を使った
記述方法が理解できます。

基本構文

ディレクティブ

nginx.confでは、**ディレクティブ**を使って各設定項目を指定します。ディレクティブ名に続けて値を指定し、行末に;(セミコロン) を付ける**シンプルディレクティブ**と、{...}を使う**ブロックディレクティブ**があります。

- シンプルディレクティブ

```
ディレクティブ 値;
```

- ブロックディレクティブ

```
ディレクティブ {...}
```

特定のモジュールに依存する設定は、ブロックディレクティブを使って設定します。たとえば、HTTPモジュールに関連する設定はhttp{...}を、Mailモジュールに関連する設定はmail{...}を使用します。モジュールがインストールされていなければ無視されます。

```
http {
    HTTPモジュールの設定
}

mail {
    Mailモジュールの設定     ← Mailモジュールがインストールされていなければスキップ。
}
```

コンテキスト

{...}の中にさらにディレクティブを指定できるものを**コンテキスト**と呼びます。

▼ コンテキスト

```
ディレクティブ {

    ディレクティブ 値
    ……

    ディレクティブ {
        ディレクティブ 値
        ……
    }
    ……

}
```
(右側の波括弧で囲まれた範囲が)コンテキスト

先ほどのhttp{...}やmail{...}もコンテキストです。Webサーバの設定でコンテキスト指定ができるのは、主に最上位階層のmainと次の4つのディレクティブです。

- main（設定ファイルの最上位階層。ディレクティブではありません。）
- httpディレクティブ
- serverディレクティブ
- locationディレクティブ
  - 入れ子になったlocation
  - location内のif
  - limit_except
- ifディレクティブ

ディレクティブは、どのコンテキスト内に記述するかあらかじめ決められています。Nginxでは、コンテキストとディレクティブを使って設定します。

```
user nobody;    ← mainコンテキストの設定 (1)

events {
    events コンテキストの設定 (2)
}

http {

    http コンテキストの設定 (3)

    server {
        server コンテキストの設定 (4)
        server_name hoge;

        location /foo {
            location のコンテキスト設定 (URI が「/foo」) (5)
```

（次ページへ続く）

```
        }
        location /bar {
            locationのコンテキスト設定(URIが「/bar」)(6)
        }
    }

    server {
        serverコンテキストの設定(7)
        server_name hogehoge;

    }
}
```

 どのコンテキストにも属さないディレクティブは、mainコンテキストに属します。上の例では、設定(1)がmainコンテキストの設定になります。また、コンテキストは階層構造で記述され、上の例では、eventsコンテキストとhttpコンテキストがmainコンテキストの配下に、serverコンテキストがhttpコンテキストの配下に、locationコンテキストがserverコンテキストの配下にあります。

 設定は上位階層から下位階層に受け継がれます。たとえば、http://...に対するリクエストには設定(1)(2)(3)が働き、http://hoge/fooには設定(1)(2)(3)に加え設定(4)(5)が働きます。コンテキスト設定の対応は次の表のようになります。

▼ コンテキスト設定の対応表

サーバへのリクエスト	対応する設定
http://...	(1) (2) (3)
http://hoge/foo	(1) (2) (3) (4) (5)
http://hoge/bar	(1) (2) (3) (4) (6)
http://hogehoge/	(1) (2) (3) (7)

 なお、下位階層の設定が上位階層に影響することはありません。

コメント

 Nginxの設定ファイルの中にコメントを挿入するには、文頭に#を付けます。#から文末までがコメント行と見なされます。また、コメントは文の途中に挿入することもできます。ディレクティブのあとにコメントを入れるには次のようにします。

```
# コメント
worker_process    auto;   # 文の途中からコメント
```

単位

ディレクティブで指定する値には、数値または文字列を指定します。数値を指定する場合、単位を付けることができます。

```
client_max_body_size    4m;
```

上の例では、client_max_body_sizedディレクティブに対して4mを指定し、サーバへのアップロードの最大値を4MBに設定しています。サイズの指定には次の表の単位を使用します。なお、単位が省略されたときは**バイト**が設定されます。

▼ サイズの指定

単位	意味
kまたはK	KB（キロバイト）
mまたはM	MB（メガバイト）

時間の指定にも単位が使用できます。次の例では、proxy_cache_validディレクティブに対し2hを指定し、Proxyのキャッシュ時間を2時間に設定しています。

```
proxy_cache_valid    200 2h;
```

時間の指定には次のような単位が使用できます。

▼ 時間の指定

単位	意味
ms	ミリ秒
s	秒
m	分
h	時
d	日
w	週
M	月（30日）
y	年（365日）

単位が省略された場合のデフォルトは**秒**です。Nginxで指定できる時間の精度は秒までです。また、ディレクティブによっては時／分が使えず、秒しか設定できないものもあります。さらに、単位を組み合わせて1h 30mのような指定もできます。単位を組み合わせる場合は、間に空白を入れます。また、大きな単位を先に指定します。30m 1hはエラーになります。

```
proxy_cache_valid    200 1h 30m;    ←──── 90mや5400sと同義
```

文字列

ディレクティブで指定する値には、数値または文字列を指定します。文字列を指定する場合は直接文字列を記述するほか、'...'（シングルクォート）や"..."（ダブルクォート）で囲みます。空白や特殊な文字を含むときに使用します。

```
ディレクティブ    文字列
ディレクティブ    '文字列 文字列'
ディレクティブ    "文字列 文字列"
```

変数

Nginxはディレクティブの引数として**変数**を使用できます。変数は頭に$を付けて$変数名といった書式を使用します。変数を使用することで、サーバや接続中のクライアントに関するさまざまな情報を取得でき、Nginxをより柔軟に設定できるようになります。たとえば、$remote_addrを使うとクライアントのIPアドレスが、$hostを使うとリクエストヘッダのHost値が取得できます。ディレクティブの引数に変数を指定し、設定を動的なものにします。

```
proxy_set_header X-Real-IP $remote_addr;
proxy_set_header Host $host;
```

Nginxのコアモジュールには次のようなビルトイン変数が用意されています。

▼ ビルトイン変数

変数名	意味	例
$arg_name	リクエストパラメータ中のname変数	リクエストURIがhttp://サーバ/foo?name=barの場合はbar
$arg_○○	リクエストパラメータ中の○○変数	リクエストURIがhttp://サーバ/foo?&bar=hogeの場合、$arg_barの値はhoge
$args	GETリクエストのクエリパート	リクエストURIがhttp://サーバ/foo?name=barの場合はname=bar
$binary_remote_addr	クライアントのIPアドレスを4バイトのバイナリで表したもの	
$body_bytes_sent	レスポンスボディ（ヘッダを含まない）のバイト数	
$bytes_sent	クライアントに送信されるバイト数	
$connection	コネクションのシリアルナンバー	
$connection_requests	1つのコネクションによって作成された現在のリクエスト数	
$content_length	Content-Lengthリクエストヘッダの値	
$content_type	Contety-Typeリクエストヘッダの値	
$cookie_name	nameという名前のCookieの値	
$cookie_○○	○○という名前のCookieの値	
$document_root	現在のリクエストに対するrootまたはaliasディレクティブの値	
$document_uri	$uriと同じ	
$host	リクエストURI中のホスト名、なければHostリクエストヘッダの値、さらになければ処理しているサーバ名	
$hostname	クライアントのホスト名（gethostnameシステムコールを使用）	
$http_○○	任意のリクエストヘッダの値（ヘッダ名を小文字化し、-（ハイフン）は_（アンダーバー）に変換しておく）	User-Agentリクエストヘッダの値を得るには$http_user_agentを、Refererリクエストヘッダの値を得るには$http_refererを使用
$https	SSLで接続している場合はon、そうでなければ空文字	
$is_args	リクエストURIに引数（パラメータ）があれば?に、そうでなければ空文字	

（次ページへ続く）

(ビルトイン変数の続き)

変数名	意味	例
$limit_rate	コネクション制限がある場合の値 (limit_rateディレクティブを参照)	
$msec	ミリ秒精度での現在日時をタイムスタンプで表記したもの	2015年06月10日22時31分37.121秒なら1433943097.121
$nginx_version	使用しているNginxのバージョン	
$pid	workerプロセスのPID (masterプロセスのPIDではない)	
$pipe	リクエストがパイプラインされている場合はp、そうでなければ. (ピリオド)	
$proxy_protocol_addr	Proxyプロトコルヘッダ中のクライアントアドレス、なければ空文字列 (listenディレクティブのproxy_protocolパラメータを有効化しておく必要がある)	
$query_string	$argsと同じ	
$realpath_root	rootまたはaliasディレクティブの値を実際の絶対パス名に変換したもの (シンボリックリンクも実際のパス名に置き換わる)	
$remote_addr	クライアントアドレス	
$remote_port	クライアントのポート番号	
$remote_user	Basic認証時のユーザ名	
$request	完全なオリジナルのリクエストURI	
$request_body	リクエストボディ	
$request_body_file	リクエストボディが保存されている一時ファイル名	
$request_completion	リクエストが完了した場合はOK、そうでなければ空文字	
$request_filename	リクエストURIのファイルパス (rootおよびaliasディレクティブ、URIにもとづき作成)	
$request_length	リクエストのサイズ (ヘッダやボディを含む)	
$request_method	リクエストに使用されたメソッド	GETやPOSTなど
$request_time	リクエストの処理にかかった時間 (精度はミリ秒)	
$request_uri	クライアントから受け取ったオリジナルのリクエストURI	
$scheme	リクエストURIのHTTPスキーム	httpやhttps

変数名	意味	例
$sent_http_○○	任意のレスポンスヘッダの値 (ヘッダ名を小文字化し、- (ハイフン) は _ (アンダーバー) に変換しておく)	Cache-Controlレスポンスヘッダの値を得るには$sent_http_cache_controlを、Content-Typeレスポンスヘッダの値を得るには$sent_http_content_typeを使用
$server_addr	リクエストを受け付けたサーバのアドレス	
$server_name	リクエストを受け付けたサーバの名前	
$server_port	リクエストを受け付けたサーバのポート番号	
$server_protocol	リクエストのプロトコル	HTTP/1.0やHTTP/1.1
$status	レスポンスのステータスコード	
$tcpinfo_rtt、$tcpinfo_rttvar、$tcpinfo_snd_cwnd、$tcpinfo_rcv_space	クライアントのTCPコネクション情報 (TCP_INFOソケットオプションがサポートされている場合のみ)	
$time_iso8601	ISO8601形式のローカルタイム	2015-06-10T23:15:42+09:00
$time_local	Common Log形式のローカルタイム	10/Jun/2015:23:15:42 +0900
$uri	正規化されたリクエストURIからパラメータを除いたもの	

変数は自分で設定することもできます。それには、setディレクティブを使用します。

```
set $ 変数名 値;

# 例
set $foo "Hello World!";
```

ほかの変数を利用して新たな変数を定義することもできます。

```
set $bar "$server : $uri";
```

ビルトイン変数を上書きすることもできます。

```
set $args "foo=3&bar=4";
```

基本構文 > 正規表現

正規表現

NginxはPCRE (*Perl Compatible Regular Expressions*) をサポートしており、Perl互換の正規表現を用いて、ディレクティブの引数やコンテキストの引数を指定できます。たとえば、locationのURIの指定に正規表現を使うと次のようになります。

```
location ~ ^/example/(.*\.php)$ {
    処理内容
}
```

上の例では、URIのパスに/example/を含み、末尾が.phpで終わっているものに対して処理が行われます。ほかにもimage123.jpgとimage4.gifに一致させるには、^image[0-9]+\.(jpg|gif)$のように指定します。

メタ文字

正規表現では、**メタ文字**と呼ばれる特殊な意味を持った文字を使用します。たとえば、^/example/(.*\.php)$では、メタ文字として^ (. * \ ) $が使われています。利用可能なメタ文字と、その意味は次のとおりです。

▼ メタ文字

メタ文字	意味
\	直後の文字をエスケープ
^	先頭にマッチ
$	末尾にマッチ
.	改行を除くすべての文字にマッチ
[	文字クラス定義の開始
]	文字クラス定義の終了
|	選択
(	サブパターンの開始
)	サブパターンの終了
?	0または1回の繰り返し

メタ文字	意味
*	0回以上の繰り返し
+	1回以上の繰り返し
{	量指定子の開始
}	量指定子の終了

エスケープシーケンス

メタ文字を文字として指定したい場合には、その前に\(バックスラッシュ)を付けます。

\\ \^ \$ \. \[\] \| \(\)\? * \+ \{ \}

バックスラッシュを付けることで特殊な意味を持つ文字列もあります。たとえば、非表示文字をパターンとして使用できるようになります。

▼ 非表示文字

表記	意味
\t	タブ文字
\n	改行文字
\r	復帰文字
\d	10進数の数字 (0...9)
\D	10進数の数字以外
\s	空白類 (タブ、改行、復帰) 文字
\S	空白類文字以外
\w	英数字と _ (アンダースコア)
\W	英数字と _ (アンダースコア) 以外
\xhh	16進コードでhhの文字

位置指定

文字列中の位置を指定するには、表のような**アンカ**と呼ばれるメタ文字を使用します。

▼ アンカ

メタ文字	意味
^	先頭
$	末尾
\b	単語境界
\B	非単語境界

たとえば、^hogeは先頭がhogeで始まる行にマッチし、hoge$は末尾がhogeで終わる行にマッチします。

単語境界とは、単語を構成する文字（a-z、A-Z、0-9、_）とそうでない文字との境目です。たとえば、Hello World!の単語境界は次のようになります。

- 先頭とHの間
- oと空白の間
- 空白とWの間
- dと!の間

\bWorld\bとした場合はWorldにマッチし、\BWorld\Bとした場合はTheWorldcupのように前後を単語で囲まれた文字列にマッチします。

文字クラスと集合

正規表現で文字の種類を指定するには**文字クラス**を使用します。

▼ 文字クラス

文字クラス	内容
[a-z]	英小文字のいずれか1文字にマッチ
[A-Z]	英大文字のいずれか1文字にマッチ
[0-9]	数字1文字にマッチ
[a-zA-Z0-9]	英数字のいずれか1文字にマッチ
[^a-zA-Z]	英字以外にマッチ
[^0-9]	数字以外にマッチ

また、文字の集合は[...]で表します。たとえば、a〜fのいずれか1文字とマッチさせたい場合は[abcdef]、または範囲指定の-を使って[a-f]と指定します。集合の中のどれにもマッチしない場合は、補集合の^を使って、[^...]と指定します。特殊文字にマッチさせる場合は\を使って、[\]\-]のように指定します。この場合、]または-にマッチします。

基本構文 > Webサーバとしての設定

Webサーバとしての設定

NginxをWebサーバとして利用させるのに必要な基本設定について解説します。次の設定を例に各項目を解説します。

▼ Webサーバとしての基本設定

```
user  nginx;
worker_processes 1;                        ← mainディレクティブのコンテキスト
                                              （設定ファイルの最上位階層）
error_log  /var/log/nginx/error.log warn;
pid        /var/run/nginx.pid;

events {
  worker_connections 1024;                 ← eventsディレクティブ
}                                             のコンテキスト

http {
  include       /ect/nginx/mime.types;     ← httpディレクティブ
  default_type application/octet-stream;      のコンテキスト

  log_format main '$remote_addr-$remote_user[$time_local] "$request"'
        '$status $body_bytes_sent "$http_referer"'
        '"$http_user_agent" "$http_x_forwarded_for"';

  access_log /var/log/nginx/api-access.log main;

  sendfile on;
  tcp_nopush on;

  keepalive_timeout 65;

  gzip on;

  server {
    listen 80;                             ← serverディレクティブ
    error_page 404      /404.html;            のコンテキスト

    location /{
      root /usr/share/nginx/html;          ← locationディレクティブ
      index index.html index.htm;             のコンテキスト
    }
  }
}
```

mainディレクティブのコンテキスト設定

Nginxの動作全般に関するコア機能はmainディレクティブのコンテキストで設定します。 mainディレクティブのコンテキスト内に最低限必要なWebサーバ

の設定は次のとおりです。

```
user  nginx;
worker_processes  1;

error_log  /var/log/nginx/error.log warn;
pid        /var/run/nginx.pid;
```

> **参照**
> ワーカープロセスを実行するユーザ権限を設定する P.108
> ワーカープロセスの数を設定する P.109
> エラーログの出力先のファイル名とロギングレベルを設定する P.110
> プロセスIDを保存するファイルの出力先を設定 P.111

eventsディレクティブのコンテキスト設定

eventsディレクティブのコンテキストでは、**Eventsモジュール**に関する設定を記述します。最大コネクション数や、リクエストを同時に受け付けられるようにするかどうかといったパフォーマンスに関わる項目を設定します。

> **参照** 最大コネクション数の設定 P.112

httpディレクティブのコンテキスト設定

httpコンテキストでは、HTTPモジュールまたはHTTP_○○モジュールに関する設定を記述します。Webサーバとしての設定を行います。

```
http {
    include       /etc/nginx/mime.types;
    default_type  application/octet-stream;

    log_format  main  '$remote_addr - $remote_user [$time_local] "$request" '
                      '$status $body_bytes_sent "$http_referer" '
                      '"$http_user_agent" "$http_x_forwarded_for"';

    access_log  /var/log/nginx/access.log  main;

    sendfile        on;
    tcp_nopush      on;

    keepalive_timeout  65;
```

```
    gzip  on;

    server {
        server コンテキストの設定
    }
}
```

参照	外部の設定ファイルの読み込み	P.113
	デフォルトMIMEタイプを設定	P.114
	アクセスログの書式を設定	P.115
	アクセスログ名やパスを設定	P.117
	クライアントへのレスポンス送信にsendfileシステムコールを使う	P.118
	より少ないパケット数で効率よく転送する	P.119
	キープアライブタイムアウト時間の設定	P.120
	圧縮転送の設定	P.121

serverディレクティブのコンテキスト設定

serverコンテキストではバーチャルサーバの設定を記述します。バーチャルサーバが複数ある場合は、対応するserverコンテキストを複数記述します。各バーチャルサーバはIPアドレスベースで区別するか、名前ベースで区別します。

バーチャルサーバは1台のWebサーバ上で複数のWebサイトを運用するのに使われますが、NginxではWebサーバ上に1サイトしかなくても、バーチャルサーバを使って設定します。

```
server {
    listen      80;
    error_page  404            /404.html;

    location / {
        location コンテキストの設定
    }
}
```

参照	locationパスの設定	P.49
	リクエストを受け付けるIPアドレスやポート番号を設定	P.122
	バーチャルサーバのホスト名を設定	P.123

locationコンテキストの設定

locationコンテキストでは、URIのパスに応じて設定を記述します。リクエストされたURIのパスがこのlocationで指定されたパスの条件に一致した場合に、locationコンテキスト内の設定が適用されます。パスの指定方法については後述します。設定例では、リクエストURIのパスが/で始まっている場合、すなわちすべてのパスについて適用されます。

```
location / {
    root   /usr/share/nginx/html;
    index  index.html index.htm;
}
```

> **参照**
> ドキュメントルートを設定 P.126
> インデックスファイル名を設定 P.127

Part 1 | 基礎編

第 4 章

URLとURI

ここではURLとURIの基礎やNginxの設定のlocationコンテキストでURIを指定する方法を解説します。

URLとURI > URL、URIの基礎

URL、URIの基礎

URI/URL/URN

本書では、Webサイトのアドレスとして一般的に使われる**URL**に代わって、より広義の**URI**(*Uniform Resource Identifier*)で説明しています。URIはURLに**URN**(*Uniform Resource Name*)の概念を加えたものの総称です。

▼ URI/URL/URNの関係

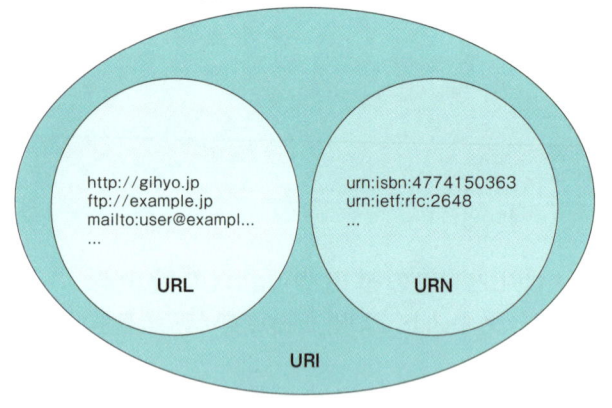

- URL
  - http://gihyo.jp
  - ftp://example.jp
  - mailto:user@exampl...
  - ...
- URN
  - urn:isbn:4774150363
  - urn:ietf:rfc:2648
  - ...
- URI

URLはサイトがどこにあり、どのリソースをダウンロードすればいいのかという場所や位置を示すのに対し、URNは識別に用いられます。たとえば、書店に並んでいる本には**ISBN**(*International Standard Book Number*)と呼ばれる一意のコード(国際標準図書番号)が振られており、ISBN番号で書籍を特定できます。ISBNをURNで表すと次のようになります。

```
urn:isbn:4774150363
(「ISBN:4774150363」は拙著の「サーバ構築の実際がわかる Apache[実践]運用/
管理（Software Design plus）」)
```

URLは、サイトやリソースがどこにあるかはわかりますが、サイトが移動すると新たなURLを振り直すことになります。そこで、世界でただ1つのIDを割

り振り、永続的にアクセスできるようにするためにURNが考案されましたが、現状でも普及に至っていません。

WWWで使用される各種技術の標準化を行っている**W3C**がまとめた**RFC3305**（http://www.ietf.org/rfc/rfc3305.txt）では、用語としてURLやURNを使わず、統一的にURIを用いるよう提案されています。

URIのフォーマット

構文や使用可能な文字といったURIのフォーマットについては、**RFC3986**（http://www.ietf.org/rfc/rfc3986.txt）で定義されています。RFCはインターネットに関わるさまざまな技術の仕様を取り決めているIETF（*Internet Engineering Task Force*）によって標準化されたドキュメントです。

URIは次の図のようなパートで構成されています。最初に指定するのが、通信方式を表した「スキーム（Scheme）」です。

▼ URIの構文
一般的なURI

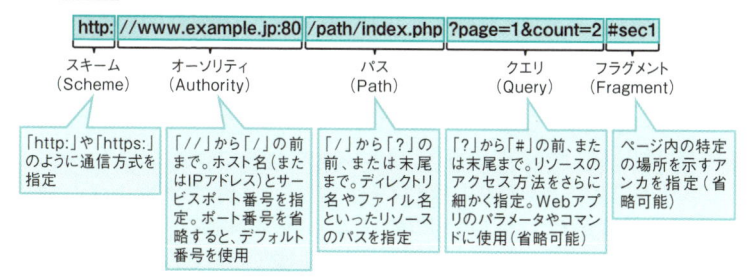

http:	//www.example.jp:80	/path/index.php	?page=1&count=2	#sec1
スキーム (Scheme)	オーソリティ (Authority)	パス (Path)	クエリ (Query)	フラグメント (Fragment)

- 「http:」や「https:」のように通信方式を指定
- 「//」から「/」の前まで。ホスト名（またはIPアドレス）とサービスポート番号を指定。ポート番号を省略すると、デフォルト番号を使用
- 「/」から「?」の前、または末尾まで。ディレクトリ名やファイル名といったリソースのパスを指定
- 「?」から「#」の前、または末尾まで。リソースのアクセス方法をさらに細かく指定。Webアプリのパラメータやコマンドに使用（省略可能）
- ページ内の特定の場所を示すアンカを指定（省略可能）

ユーザ認証情報を含むURI

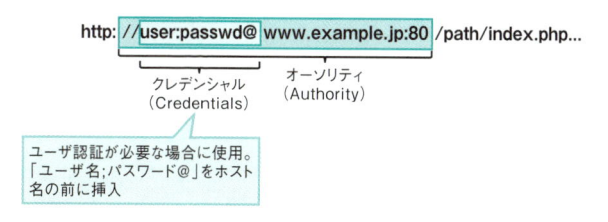

http: //user:passwd@ www.example.jp:80 /path/index.php...

- クレデンシャル（Credentials）
- オーソリティ（Authority）

ユーザ認証が必要な場合に使用。「ユーザ名:パスワード@」をホスト名の前に挿入

Webシステムでは、スキームにhttp:またはセキュアプロトコルのhttps:を使用しますが、ほかにファイル転送サービスのftp:や、電話サービスのtel:といったスキームもあります。インターネットで使われるIPアドレスやポート番号の割

り当てを行っている**IANA**（*Internet Assigned Numbers Authority*）には、2015年6月現在、Permanent（永久的）、Provisional（暫定的）、Historical（歴史的）といったものを含め、190個以上のスキームが登録されています[注1]。

　Webサイトのアドレスをはじめ、よく目にするのが**オーソリティ（Authority）**です。//で始まり、サーバ名、サービスポート番号まで含まれます。またhttp:やftp:のように、ユーザ認証が必要なサービスをスキームに指定した場合、ユーザ名:パスワード@の形式で**クレデンシャル（認証情報）**を挿入できます。URIをブックマークするのに認証情報をURIに含めておくと、アクセスのたびにいちいちユーザ名やパスワードを入力しなくても済みます。なお、URIに挿入されたパスワードは、サーバに送信する際にブラウザが暗号化するため、インターネット経路上で盗み見られる心配はありませんが、直接ブックマークを開けられてしまったり、アドレスバーにそのまま表記してしまう古いブラウザを使ったりすると、パスワードが見られてしまう危険性があるため注意が必要です。

　特定のリソースを識別するのに使用する**パス（Path）**には、Webサービスなら/path/index.htmlのように、ディレクトリ名とファイル名を指定します。パスのあとにはアクセス内容を細かく指定する**クエリ（Query）**や**フラグメント（Fragment）**が続きますが、どちらも省略できます。Webシステムではクエリに Web アプリケーションのパラメータやコマンドを指定します。フラグメントは同じページ内にリンクを張る**アンカ**に使用します。フラグメントはブラウザ内部の処理に利用し、サーバには送信しません。

　RFC3986では、URIに次の表の文字を使用します。:や@のように区切り文字として予約されている文字も使用できます。構成要素文字とは、URI一般の部分で使われている区切り文字のことで、副構成要素文字はそれ以外の区切り文字です。

▼ URIに使用される文字

タイプ	使用される文字
アルファベット	A-Z　a-z
数字	0-9
記号	-　.　_　~
構成要素文字	:　/　?　#　[　]　@
副構成要素文字	!　$　&　'　(　)　*　+　,　;　=

注1　http://www.iana.org/assignments/uri-schemes/uri-schemes.xhtml

区切り文字以外のクエリやパスの一部として使う場合には、**%エンコーディング**でエスケープ処理をする必要があります。%エンコーディングはブラウザが自動で行うため、ユーザが意識する必要はありませんが、Webアプリケーションのパラメータを設計するときは気を付けてください。なお、%もエスケープ文字として特別な意味を持つため、そのまま文字として使うことはできません。また、日本語のような多バイト文字も直接使用できません。ただし、%エンコーディングでエスケープ処理した文字列ならURLに挿入できます。

　ここまで、RFC3986をベースに使用可能な文字を解説しましたが、RFC3986は発行が2005年と比較的新しく、それ以前の1998年に発行されたRFC2396に準拠したブラウザやWebサーバも一部残っています。そうした古いWebサーバやブラウザが問題を引き起こすことがあります。RFC3986では%エンコーディングが新しく定義されたため、使える文字の範囲が従来のものと異なっています。Webアプリケーションを作成した際に、ライブラリのバージョンが古くて、新しいURLに対応していないといったケースも起こりえます。

　URLにパラメータを埋め込むとURLが長くなります。ホストパートは255文字未満とされているものの、URLの最大文字数はRFCで規定されていません。そのため、ブラウザやサーバに依存します。Microsoft社のInternet Explorerでは2083文字[注2]、Mac OSのSafariやLinuxのFirefoxは1MBに対応しています。Apache HTTPDは標準で8,190B、Nginxは4,096（または8,192）Bまで扱うことができます。過去には、長過ぎるURLが原因でサービス停止に陥ったWebサーバもあり、長過ぎるURLは現在は敬遠されています。またメールにURLを貼り付けたり、印刷物に掲載したりするのに長過ぎるURLは非効率です。

URLエンコーディング（%エンコーディング）／日本語URL

　%エンコーディングは、URLに使えない文字を扱えるようにするためのエスケープ処理です。たとえば、半角スペースをパスやクエリに含めるには、%エンコーディングした%20に置き換えます。一般に、**URLエンコード**とも呼ばれています。%エンコーディングで変換された文字列は%と2桁の16進数文字の計3文字に置き換わります。

注2　http://support.microsoft.com/?id=208427

▼ ％エンコーディングされたURL（Wikipediaで「技術評論社」を検索した場合）

表示上のURL

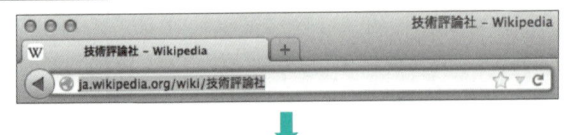

技術評論社 - Wikipedia
ja.wikipedia.org/wiki/技術評論社

実際のURL

http://ja.wikipedia.org/wiki/%E6%8A%80%E8%A1%93%E8%A9%95%E8%AB%96%E7%A4%BE

　URLに日本語のような多バイト文字を含む場合も、％エンコーディングで文字列を置き換えます。最近は**国際化ドメイン名**（*IDN：Internationalized Domain Name*）が普及し、漢字やアラビア文字といった非ASCII（*American Standard Code for Information Interchange*）文字をサーバ名に使うことも珍しくなくなっています。また、上のWikipediaの例のように、パスに日本語を用いることも一般的になっています。

　％エンコーディングされたURLは長くなります。日本語のような多バイト文字は2バイトまたは3バイトで1文字を表現しています。％エンコーディングはバイト単位で変換するため、結果的にURLが長くなります。たとえば、UTF-8の「あ」を％エンコーディングすると「%E3%81%82」の9文字に置き換わります。「技術評論社」の5文字では、45文字にまで膨らみます。

　Linuxのコマンドラインで％エンコーディングを実行できます。

```
nkf コマンドをインストール
$ sudo apt-get install nkf（Debian 系の場合）
$ suod yum install nkf（Red Hat 系の場合）

^「技術評論社」を％エンコーディング（「nkf -wNQ」で MIME エンコード、
 「tr = %」で = を % に置き換え）
$ echo 技術評論社 | nkf -wMQ | tr = %
%E6%8A%80%E8%A1%93%E8%A9%95%E8%AB%96%E7%A4%BE
```

URLとURI > locationパスの設定

locationパスの設定

locationコンテキストでは、リクエストURIのパスに応じて設定を適用します。パスの評価は前方一致で行われ、最長一致の法則により、より多く一致したものが優先されます。次の例では/index.htmlリクエストには設定Aが、/documents/document.htmlリクエストには設定Bが適用されます。

```
location / {
    設定 A
}

location /documents/ {
    設定 B
}
```

正規化

NginxはURIに対してパスマッチングを行う前に、URIパスを正規化します。正規化は次の手順で行われます。

1. %エンコードされた文字列をデコード
2. 相対パス（.や..を使ったもの）を解決
3. 隣接した2つ以上の/（スラッシュ）を1つに

たとえば、次の表のように正規化されます。

▼ URIの正規化

URIパスの正規化	ブラウザに入力された正規化前のパス	正規化後のパス
%エンコードされたURIのデコード	日本語	/\xE6\x97\xA5\xE6\x9C\xAC\xE8\xAA\x9E
クエリやフラグメントの削除	/cgi-bin/test.cgi?param1=value&param2=value	/cgi-bin/test.cgi
相対パスの解決	/test/../	/test/
隣接した2つ以上の/（スラッシュ）を1つに	//test//	/test/

NginxでURIパスがどのように正規化されるか確認したい場合は、変数の$uriを使ってアクセスログなどに出力することで確認できます。

```
http {
...
    log_format  main  '$uri $remote_addr - $remote_user [$time_local] ↵
"$request" '    ←──────────────  $uriを追加
                      '$status $body_bytes_sent "$http_referer" '
                      '"$http_user_agent" "$http_x_forwarded_for"';

    access_log  /var/log/nginx/access.log  main;
...
```

プレフィックスの利用

パスの評価には前方一致のほかに**完全一致**と**正規表現**が利用できます。それには、次のようにして**プレフィックス**を使用します。

```
location プレフィックス URI のパス {
    ...
    設定
    ...
}
```

次は、プレフィックスが表す意味です。

▼ プレフィックスの意味

プレフィックス	意味
なし	前方一致 (後方参照)
^~	前方一致 (後方不参照)。正規表現より優先順位が高い
=	完全一致。パスが等しい場合
~	正規表現 (大文字/小文字を区別する)
~*	正規表現 (大文字/小文字を区別しない)

プレフィックスを使って次のように設定します。プレフィックスの設定はlocation =に続けて書きます。

▼ プレフィックスを使った正規表現

目的	設定例	説明
「/」にだけ一致	location = /	「/」にだけ一致
「/data」にだけ一致	location = /data	1文字でも異なると一致しない。「/data/」には一致しない
「/」で始まるすべてのパスに一致	location /	ただし、パス評価の優先順位により、完全一致、より多く一致したもの（最長一致）、正規表現が優先される
「/data/」で始まるパスに一致	location /data/	一致したあともほかのlocationを検索し、正規表現に一致するものがあれば、そちらが優先される。正規表現に一致するものがない場合のみ一致とみなされる
「/data/」で始まるパスに一致	location ^~ /data/	一致したあと、ほかのlocationを検索しない
「/example/○.php」に一致（○は任意の文字列）	location ~ ^/example/(.*\.php)$	大文字／小文字を区別するため「/EXAMPLE/○.PHP」には一致しない
末尾が「.png/.ico/.gif/.jpg/.jpeg」で終わるものに一致	location ~* \.(png|ico|gif|jpg|jpeg)$	大文字／小文字を区別しないため、「.PNG/.ICO/.GIF/.JPG/.JPEG」にも一致

パス評価の優先順番

1つのserverコンテキスト内に複数のlocationコンテキストを記述できます。locationコンテキストが複数ある場合、すべての条件が評価され、パス評価の優先順位や最長一致により一致するものが決まります。

パス評価の優先順位は次の表のとおりです。上から順に優先して評価されます。

▼ パス評価の優先順位

優先順位	プレフィックス
1	=（完全一致）
2	^~（前方検索）
3	~（正規表現）
4	~*（正規表現）
5	なし（前方検索）

具体的には次のように評価されます。

1. 完全一致を評価。一致したら評価を終了し、ほかのパス評価を行わない

2. 前方検索（プレフィックス：^~）を評価。一致したら設定を適用し、評価終了。複数の前方検索に一致する場合は、最長一致の法則により最も多くの文字列が一致したものが適用される

3. 前方検索（プレフィックスなし）を評価。一致した場合も評価を継続し、次のパス評価（正規表現）で一致するものがなければ適用される

4. 正規表現（プレフィックス：~ ~*）を評価。一致したら設定を適用し、評価終了。複数の正規表現がある場合、設定された順番で評価され、最初に一致したものが適用される

具体的な設定例を使って解説します。次のようにlocationコンテキストを設定した場合を考えます。

```
location = / {   条件1
    設定1
}

location / {    条件2
    設定2
}

location /documents/ {    条件3
    設定3
}

location ^~ /images/ {    条件4
    設定4
}

location ~* \.(gif|jpg|jpeg)$ {    条件5
    設定5
}
```

条件と適用される条件の詳細は次のようになります。

- リクエストURIのパスが / の場合
  1. locationコンテキストのパス評価を上から順に行う
  2. 最初の条件1（= /）に一致した場合、一致した時点で評価を終了し、**設定1を適用**する

- リクエストURIのパスが/index.htmlの場合
  1. locationコンテキストのパス評価を上から順に行う
  2. 条件1は不一致
  3. 条件2（/）に一致。ただし、プレフィックスなし前方検索のため評価を継続
  4. 条件3、条件4、条件5とも不一致。最後に一致した条件2を適用し、**設定2を適用**

- リクエストURIのパスが/documents/document.htmlの場合
  1. locationコンテキストのパス評価を上から順に行う
  2. 条件1、条件2に不一致
  3. 条件3（/documents/）に一致。ただし、プレフィックスなし前方検索のため評価を継続
  4. 条件4、条件5ともに不一致。最後に一致した条件3を適用し、**設定3を適用**

- リクエストURIのパスが/images/1.gifの場合
  1. locationコンテキストのパス評価を上から順に行う
  2. 条件1に不一致。条件2に不一致。条件3に不一致
  3. 条件4（^~ /images/）に一致。一致した時点で評価を終了し、**設定4を適用**

- リクエストURIのパスが/documents/1.jpgの場合
  1. locationコンテキストのパス評価を上から順に行う
  2. 条件1に不一致。条件2に不一致。条件3に不一致。条件4に不一致
  3. 条件5（~* \.(gif|jpg|jpeg)$）に一致。**設定5を適用**

なお内部リダイレクトが発生すると、パス評価をもう一度やり直します。

locationコンテキストのネスト

locationコンテキスト内部にlocationディレクティブを記述するような**ネスト**ができます。ネストでは、上位階層のlocationコンテキストの設定が下位階層にも引き継がれます。下のような設定では、リクエストURIのパスが/の場合は設定Aが適用され、リクエストURIのパスが/fooの場合は、設定AとBの両方が適用されます。

```
location / {
    設定A
        location /foo {
            設定B
        }
}
```

名前付きlocation

locationでは、URIパスの代わりに@名前のようにして、**名前付きlocation**を作ることができます。

```
location @名前 {
    設定
}
```

名前付きロケーションは内部リダイレクトのために使用されます。たとえば、エラーページのリダイレクト先として名前付きlocationを使うと次のようになります。

```
location / {
    error_page 404 @error;    ← エラーページを@errorに内部リダイレクト
}

location @error {    ← 名前付きlocation
    設定
}
```

なお、名前付きlocationはserverディレクティブのコンテキスト内にしか記述できません。入れ子になったlocationディレクティブのコンテキスト内に記述することはできません。

Part 1 | 基礎編

第 5 章

SSLの基礎

HTTPSは、SSL（Secure Sockets Layer）やTLS（Transport Layer Security）を用いて送受信データを暗号化し、ネットワーク経路上での盗聴を防ぐことができます。また、サーバ／クライアント認証にも対応しているため、「なりすまし」を防ぎ、外部からの攻撃を防ぎます。NginxでHTTPSを利用する方法を解説する前に、HTTPSの基本について説明します。

SSLの基礎 > HTTPSとは

HTTPSとは

暗号化通信でセキュアに

　HTTPで送受信されるデータは、平文のままネットワーク上に流れます。そのため、ネットワーク経路上でパケットを盗み見られてしまい、データの内容を第三者に知られてしまう危険性があります。また、サーバの**なりすまし**でIDやパスワードが盗まれてしまい悪用されるといった事態もたびたび発生しています。こうした問題を解決し、安全にHTTP通信を行うには、**HTTPS (HTTP over TLS/SSL)**を使って、クライアント／サーバ間のデータを暗号化します。HTTPSでは、**SSL (Secure Sockets Layer)**や**TLS (Transport Layer Security)**といったセキュアプロトコルで送受信データを暗号化し、ネットワーク経路上での盗聴を防ぐことができます。また、クライアント／サーバ認証にも対応しているため、サーバのなりすましを防ぐことも可能です。

TLS/SSL暗号化通信のしくみ

　TLS/SSL暗号化通信は、次の図のような**TLS/SSLハンドシェイク**と呼ばれる手順でセッションを確立します。通信データの暗号化に**共通鍵**を使用し、共通鍵の交換手順に**公開鍵暗号方式**を使用します。TLS/SSL暗号化通信では、まずサーバ側で**秘密鍵**と**公開鍵**を作成し、クライアントからのリクエストに対し公開鍵付き**SSLサーバ証明書**を送信します。次に、クライアントは**共通鍵**を作成し、サーバに渡します。ただし、そのまま送信するとネットワーク経路上で共通鍵が盗聴される危険性があるため、サーバの公開鍵で暗号化します。これを元に戻せるのはサーバの秘密鍵だけです。暗号化された共通鍵を受け取ったサーバは秘密鍵で復号化し、共通鍵を取り出します。これでサーバとクライアントの間で共通鍵を使った暗号化通信が可能になります。

　通常のHTTPでは、クライアントとサーバ間の接続を確立するのに必要な手順はTCP 3ウェイハンドシェイクだけですが、HTTPSではセッションを確立するのにさらにTLS/SSLハンドシェイクが必要になるため、サーバへの負担が大きくなり通信速度が遅くなります。

▼ TLS/SSL暗号化通信のしくみ

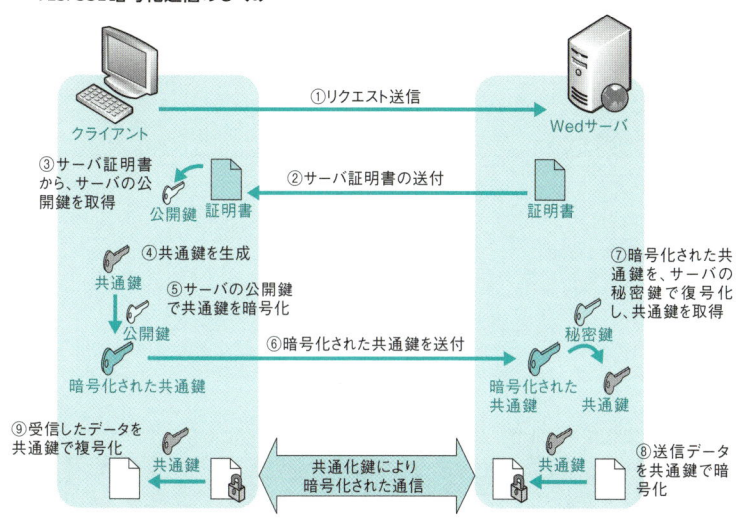

```
クライアント                    ①リクエスト送信                  Wedサーバ
③サーバ証明書           ②サーバ証明書の送付
から、サーバの公
開鍵を取得         公開鍵  証明書                              証明書

     ④共通鍵を生成                                   ⑦暗号化された共
                                                   通鍵を、サーバの
共通鍵    ⑤サーバの公開鍵                                秘密鍵で復号化
        で共通鍵を暗号化                               し、共通鍵を取得
公開鍵                                             秘密鍵
            ⑥暗号化された共通鍵を送付
暗号化された共通鍵                                    暗号化された
                                                共通鍵    共通鍵
⑨受信したデータを
共通鍵で複号化                 共通化鍵により
           共通鍵             暗号化された通信           共通鍵    ⑧送信データ
                                                        を共通鍵で暗
                                                        号化
```

サーバの実在を証明するSSLサーバ証明書

SSLサーバ証明書は、暗号化通信を行う目的のほか、サーバの信頼性や実在性を証明書することにも使用されます。信頼できる**認証局(CA：Certification Authority)**によって発行されたサーバ証明書を使用することで、サーバの実在性をIPアドレスやホスト名レベルで保証します。また、ホスト名やIPアドレスを偽装した**なりすまし**サイトを防ぐこともできます。

証明書の内容はTLS/SSL通信を開始する際にWebブラウザで表示することができ、サーバの身元や証明書を発行した認証局の情報を確認することができます。

なおSSLサーバ証明書は、VeriSignのようなパブリックな認証局で発行されたもののほか、所有するサーバをプライベートな認証局として発行した自己署名のものも利用できます。どちらの証明書でも通信の暗号化を行うことはできますが、サーバの実在性を保証することができるのはパブリックな認証局で発行されたものに限られます。

▼ 認証局によって署名されたSSLサーバ証明書

SSLの基礎 > SSLサーバ証明書の作成

SSLサーバ証明書の作成

HTTPSでクライアントとサーバ間の通信を暗号化するには、**公開鍵／秘密鍵のペア**と**SSLサーバ証明書**が必要になります。サーバの実在を証明するには、正規の認証局で発行されたSSLサーバ証明書が必要になりますが、単に通信を暗号化するだけなら所有するサーバを認証局とした**自己署名**の証明書でも事足ります。Nginxをバイナリパッケージでインストールすると、こうしたファイルがあらかじめ用意されていることもありますが、多くの場合は別途用意することになります。ここでは、次の2通りの方法でSSLサーバ証明書を作成する方法を解説します。

- プライベート認証局で自己発行する方法
- 秘密鍵とSSLサーバ証明書を即席で作成する方法

事前準備

NginxでHTTPSを利用するには、次の3つのファイルを作成します。なお、ファイル名は任意です。ほかのファイル名を使用する場合は、Nginxを設定する際に注意してください。

- server.key（秘密鍵）
- server.csr（CSRファイル（公開鍵と、認証局での署名に必要な情報を含む））
- server.crt（SSLサーバ証明書）

各ファイルの作成には**パスフレーズ**が必要になります。パスフレーズはパスワードと同様に認証に必要な文字列です。そのほかにもサーバ証明書を作成する際には、次のような情報が必要になります。

▼ サーバ証明書に必要な情報

項目	内容	入力例
Country Name	国内であればJP	JP
State or Province Name	都道府県名	Tokyo
Locality Name	市町村名	Shinjuku-ku
Organization Name	組織名や団体名	Gijutsu-Hyoron Co., Ltd.
Organizational Unit Name	部署名	Nginx Book
Common Name	サーバのFQDNなどサーバ固有の名称	www.example.jp
Email Address	メールアドレス	foo@example.jp

とりわけ重要なのが**Common Name**です。www.example.jpのようにドメイン名を含んだFQDN形式のホスト名かIPアドレスを指定します。Nginxを設定する際、Common Nameに使用したものをserver_nameディレクティブに指定するようにします。

秘密鍵やSSLサーバ証明書の強度を決める**鍵長**や**有効期限**も事前に決めておきます。これまで鍵長には1024 bitが広く使われてきましたが、現在はより安全性の高い2048 bitへの移行が進んでいます。

▼ 秘密鍵やSSLサーバ証明書作成時のパラメータ

項目	入力例
SSLサーバ証明書の有効期限	365日
秘密鍵の鍵長	2048 bit

なお、各ファイルはセキュリティ上重要なファイルです。秘密鍵やサーバ証明書が盗まれるようなことがあると、通信データの盗聴や改ざん、サーバのなりすましといった脅威にさらされることになります。本書では詳しく解説していませんが、Nginxのデーモンや管理者以外はアクセスできないように注意してください。

プライベート認証局で自己発行する方法

HTTPSに必要な公開鍵／秘密鍵／SSLサーバ証明書は、**OpenSSL**に付属するコマンドで作成します。また、CentOSのようなRed Hat系ディストリビューションには支援ツールがインストールされているため、より簡単に作成することができます。

OpenSSLコマンドでSSLサーバ証明書を作成する

OpenSSLがインストールされた環境下では、次の手順でSSLサーバ証明書を作成することができます。

1. 秘密鍵（server.key）の作成

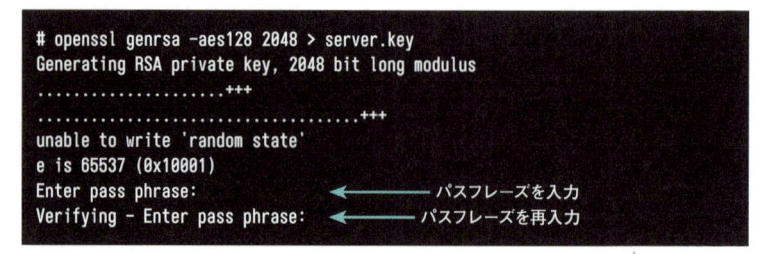

```
# openssl genrsa -aes128 2048 > server.key
Generating RSA private key, 2048 bit long modulus
......................+++
........................................+++
unable to write 'random state'
e is 65537 (0x10001)
Enter pass phrase:              ← パスフレーズを入力
Verifying - Enter pass phrase:  ← パスフレーズを再入力
```

ここで使用したopensslコマンドのオプションは次のとおりです。

▼ opensslコマンドのオプション（秘密鍵の作成時）

オプション	内容
genrsa	RSA形式の秘密鍵を作成します
-aes128	128ビットのAES方法で暗号化します
2048	2048 bit長の鍵を作成します

2. 秘密鍵からパスフレーズを削除

Nginx起動時にパスフレーズの入力を省略できるよう秘密鍵からパスフレーズを削除します。

```
# openssl rsa -in server.key -out server.key
Enter pass phrase for server.key:   ← 先ほど設定したパスフレーズを入力
```

3. server.csr（CSRファイル）の作成

CSR（*Certificate Signing Request*）ファイルには、公開鍵とともに、SSLサーバ証明書を発行するのに必要な情報を付加します。

```
# openssl req -new -key server.key > server.csr
Enter pass phrase for server.key:    ← パスフレーズを入力
You are about to be asked to enter information that will be incorporated
into your certificate request.
What you are about to enter is what is called a Distinguished Name or a DN.
There are quite a few fields but you can leave some blank
For some fields there will be a default value,
If you enter '.', the field will be left blank.
-----
Country Name (2 letter code) [AU]:JP    ← 国を入力
State or Province Name (full name) [Some-State]:Tokyo    ← 都道府県を入力
Locality Name (eg, city) []:Shinjuku-ku    ← 市区町村を入力
Organization Name (eg, company) [Internet Widgits Pty Ltd]:Gijutsu-Hyoron
Co., Ltd.    ← 会社・組織名を入力
Organizational Unit Name (eg, section) []:Nginx Book    ← 部署名を入力
Common Name (e.g. server FQDN or YOUR name) []:www.example.jp
                                    サーバのFQDNやIPアドレスを入力
Email Address []:foo@example.jp    ← 管理者のメールアドレスを入力

Please enter the following 'extra' attributes
to be sent with your certificate request
A challenge password []:    ← 空行 (エンター) を入力
An optional company name []:    ← 空行 (エンター) を入力
```

▼ opensslのオプション (CSRファイルの作成時)

オプション	内容
req	CSRファイルを作成する際に指定します
-new	新規にCSRを作成します
-key 秘密鍵ファイル	秘密鍵ファイルを指定します

4. サーバ証明書 (server.crt) の作成

自己署名では、プライベートCAを使ってサーバ証明書 (server.crt) を発行します。

```
# openssl x509 -in server.csr -days 365 -req -signkey server.key > server.crt
```

▼ opensslコマンドのオプション (サーバ証明書作成時)

オプション	内容
x509	X.509形式の証明書を作成します
-in CSRファイル	CSRファイルを指定します
-days 日数	証明書の有効期限を指定します

(次ページへ続く)

(opensslコマンドのオプション (サーバ証明書作成時) の続き)

オプション	内容
-req	入力ファイルがCSRファイルであることを明示します
-signkey 秘密鍵ファイル	自己証明書作成時に使用するオプション。秘密鍵ファイルを指定します

5.秘密鍵とSSLサーバ証明書の移動

作成した秘密鍵とSSLサーバ証明書をNginxの設定ファイルが置かれるディレクトリ (/etc/nginx) に移動します。

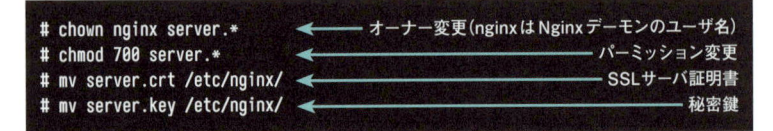

```
# chown nginx server.*          ← オーナー変更(nginxはNginxデーモンのユーザ名)
# chmod 700 server.*            ← パーミッション変更
# mv server.crt /etc/nginx/     ← SSLサーバ証明書
# mv server.key /etc/nginx/     ← 秘密鍵
```

CentOSの支援ツールでSSLサーバ証明書を発行する

SSLサーバ証明書の作成にopensslコマンドを使用すると、オプションの指定が大変面倒です。CentOSのようなRed Hat系ディストリビューションなら簡単な手順でSSLサーバ証明書を自己発行することができます。

1.ディレクトリを移動

```
# cd /etc/pki/tls/certs/
```

2.秘密鍵の作成 (鍵長は2048 bit)

```
# make server.key
umask 77 ; \
/usr/bin/openssl genrsa -aes128 2048 > server.key
Generating RSA private key, 2048 bit long modulus
............................................................................+++
............+++
e is 65537 (0x10001)
Enter pass phrase:                      ← パスフレーズを入力
Verifying - Enter pass phrase:          ← パスフレーズを再入力
```

3.秘密鍵からパスフレーズを削除

Nginx起動時にパスフレーズの入力を省略できるよう秘密鍵からパスフレーズを削除します。

```
# openssl rsa -in server.key -out server.key
Enter pass phrase for server.key:    ← 先ほど設定したパスフレーズを入力
```

4. 公開鍵と所有者情報を含んだCSRファイルの作成

```
# make server.csr
umask 77 ; \
/usr/bin/openssl req -utf8 -new -key server.key -out server.csr
You are about to be asked to enter information that will be incorporated
into your certificate request.
What you are about to enter is what is called a Distinguished Name or a DN.
There are quite a few fields but you can leave some blank
For some fields there will be a default value,
If you enter '.', the field will be left blank.
-----
Country Name (2 letter code) [XX]:JP    ← 国を入力
State or Province Name (full name) []:Tokyo    ← 都道府県を入力
Locality Name (eg, city) [Default City]:Shinjuku-ku    ← 市区町村を入力
Organization Name (eg, company) [Default Company Ltd]:Gijutsu-Hyoron Co.,↲
Ltd.    ← 会社・組織名を入力
Organizational Unit Name (eg, section) []:Nginx Book    ← 部署名を入力
Common Name (eg, your name or your server's hostname) []:www.example.jp ←
                                            サーバのFQDNやIPアドレスを入力
Email Address []:foo@example.jp    ← 管理者のメールアドレスを入力

Please enter the following 'extra' attributes
to be sent with your certificate request
A challenge password []:    ← エンターをタイプ
An optional company name []:    ← エンターをタイプ
```

5. SSLサーバ証明書を自己発行（有効期限を365日に設定）

```
# openssl x509 -in server.csr -out server.crt -req -signkey server.key -days 365
```

▼ opensslコマンドのオプション（SSLサーバ証明書の自己発行時）

オプション	内容
x509	X.509形式の証明書を作成します
-in CSRファイル	CSRファイルを指定します
-days 日数	証明書の有効期限を指定します
-req	入力ファイルがCSRファイルであることを明示します
-signkey 秘密鍵ファイル	自己証明書作成時に使用するオプション。秘密鍵ファイルを指定します

6. 秘密鍵とSSLサーバ証明書の移動

作成した秘密鍵とSSLサーバ証明書をNginxの設定ファイルが置かれるディレクトリ（/etc/nginx）に移動します。

```
# chown nginx server.*            ← オーナー変更（nginxはNginxデーモンのユーザ名）
# mv server.crt /etc/nginx/        ← SSLサーバ証明書
# mv server.key /etc/nginx/        ← 秘密鍵
```

秘密鍵とSSLサーバ証明書を即席で作成する方法

プライベート認証局でSSLサーバ証明書を自己発行した場合、通信の暗号化に使用する秘密鍵と、証明書に含まれるデジタル署名に使用する秘密鍵は同じものになり、CSRファイルは不要です。そのため、秘密鍵とSSLサーバ証明書を同時に作成することができます。次の表のようなオプションでopensslコマンドを実行します。

```
$ openssl req -x509 -nodes -days 365 -newkey rsa:2048 -keyout server.key ↵
-out server.crt
Generating a 2048 bit RSA private key
......................+++
.................................................+++
writing new private key to 'server.key'
-----
You are about to be asked to enter information that will be incorporated
into your certificate request.
What you are about to enter is what is called a Distinguished Name or a DN.
There are quite a few fields but you can leave some blank
For some fields there will be a default value,
If you enter '.', the field will be left blank.


Country Name (2 letter code) [XX]:JP                                    ← 国を入力
State or Province Name (full name) []:Tokyo                             ← 都道府県を入力
Locality Name (eg, city) [Default City]:Shinjuku-ku                     ← 市区町村を入力
Organization Name (eg, company) [Default Company Ltd]:Gijutsu-Hyoron Co.,↵
Ltd.                                                                    ← 会社・組織名を入力
Organizational Unit Name (eg, section) []:Nginx Book                    ← 部署名を入力
Common Name (eg, your name or your server's hostname) []:www.example.jp ←
                                                         サーバのFQDNやIPアドレスを入力
Email Address []:foo@example.jp                          ← 管理者のメールアドレスを入力
```

▼ opensslコマンドのオプション（秘密鍵とSSLサーバ証明書の作成時）

オプション	内容
x509	X.509形式の証明書を作成します
-nodes	出力する秘密鍵の暗号化を無効化
-days 日数	証明書の有効期限を指定します
-newkey rsa:2048	RSA形式で2048 bit長の秘密鍵を作成
-keyout 秘密鍵ファイル	出力する秘密鍵のファイル名を指定します
-out SSLサーバ証明書	出力するSSLサーバ証明書のファイル名を指定します

　作成した秘密鍵とSSLサーバ証明書をNginxの設定ファイルが置かれるディレクトリ（/etc/nginx）に移動します。

```
# chown nginx server.*          ← オーナー変更（nginxはNginxデーモンのユーザ名）
# chmod 700 server.*            ← パーミッション変更
# mv server.crt /etc/nginx/     ← SSLサーバ証明書
# mv server.key /etc/nginx/     ← 秘密鍵
```

SSLサーバ証明書の確認

　作成したSSLサーバ証明書は次の手順で確認できます。

```
$ openssl x509 -in server.crt -text -noout
Certificate:
    Data:
        Version: 3 (0x2)
        Serial Number: 16161982969967256118 (0xe04ae5e19ecfa236)
    Signature Algorithm: sha256WithRSAEncryption
        Issuer: C=JP, ST=Tokyo, L=Shinjuku-ku, O=Gijutsu-Hyoron Co., Ltd., ↵
OU=Nginx Book, CN=www.example.jp/emailAddress=foo@example.jp
        Validity
            Not Before: May  3 16:35:59 2015 GMT
            Not After : May  2 16:35:59 2016 GMT
        Subject: C=JP, ST=Tokyo, L=Shinjuku-ku, O=Gijutsu-Hyoron Co., Ltd., ↵
OU=Nginx Book, CN=www.example.jp/emailAddress=foo@example.jp
        Subject Public Key Info:
            Public Key Algorithm: rsaEncryption
                Public-Key: (2048 bit)
...省略...
```

　プライベートな認証局で自己発行したSSLサーバ証明書を使用するため、Webブラウザによって、サーバアクセス時に次のような警告が表示されます。

▼ 自己発行した証明書を使用した場合に表示されるブラウザの警告 (FireFox利用時)

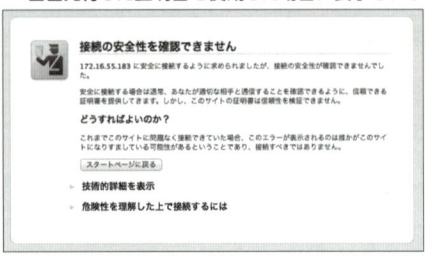

Nginxの基本設定

/etc/nginx/conf.d/default.confファイルを編集します。最低限必要な設定は次のとおりです。指定は**server**ディレクティブの中で行います。

```
server {
    listen 443 ssl;                 # HTTPS のサービスポート番号に 443 番
                                    #   を指定し HTTPS を有効に
    # ssl on;                       # HTTPS を有効に (listen ディレクティ
                                    #   ブで ssl を指定することで省略可)
    server_name www.example.jp;     # サーバ名を指定

    ssl_certificate server.crt;     # サーバ証明書を指定
    ssl_certificate_key server.key; # 機密鍵を指定

    location / {
        root   /usr/share/nginx/html;
        index  index.html index.htm;
    }
}
```

設定後Nginxサービスを再起動ます。Webブラウザを起動し、https:// サーバ/にアクセスし、動作を確認します。なお、Nginxをバイナリパッケージでインストールしている場合、/etc/nginx/conf.d/example_ssl.confファイルを使って設定することができます。

Part 1 | 基礎編

第 6 章

バーチャルサーバ

NginxでHTTPリクエストを処理するには、少なくとも1つのバーチャルサーバが定義されている必要があります。バーチャル（仮想）サーバは、1台のサーバで複数のWebサーバを稼働させる機能ですが、Nginxでは1つのWebサーバを稼働させる場合もバーチャルサーバを使います。

バーチャルサーバ > バーチャルサーバの設定

バーチャルサーバの設定

　バーチャルサーバは、serverディレクティブのコンテキスト内に定義します。serverディレクティブは、httpディレクティブのコンテキスト内に定義します。

```
http {
    server {
        バーチャルサーバの設定
    }
}
```

　HTTPリクエストを処理するには、最低1つバーチャルサーバが必要ですが、複数のバーチャルサーバを定義することもできます。serverディレクティブを複数指定する場合、server_nameディレクティブやlistenディレクティブで区別できるようにします。

```
http {
    server {
        server_name foo.example.jp;
        バーチャルサーバの設定 1
    }

    server {
        server_name bar.example.jp;
        バーチャルサーバの設定 2
    }

    server {
        listen      192.168.1.2;
        バーチャルサーバの設定 3
    }
}
```

　複数のバーチャルサーバは、server_nameディレクティブやlistenディレクティブで区別します。server_nameディレクティブは、クライアントから送信されるリクエストの**Host**ヘッダの値、すなわちサーバ名に一致した場合に設定を適用します。上の設定例では、foo.example.jpへのアクセスに対しては設定1を、bar.example.jpに対しては設定2を適用します。

サーバ名のほかに、IPアドレスやポート番号で区別することもできます。IPアドレスが192.168.1.2に対するアクセスに対しては、設定3を適用します。ただし、サーバが複数のIPアドレスを使用できるようになっている必要があります。

サーバ名で区別する方法を**名前ベース**、IPアドレスベースで区別する方法を**IPアドレスベース**と呼びます。

名前ベースの検索

サーバ名が1つだけなら、次のように指定します。

```
server_name www.example.jp;
```

複数のサーバ名を記述するには、次のようにスペース区切りで指定します。最初に記述したサーバ名はプライマリサーバ名と呼ばれます。

```
server_name foo.example.jp bar.example.jp;
```

サーバ名には、名前の最初または最後の部分に*（アスタリスク）を含ませる**ワイルドカード**指定ができます。

```
server_name example.jp *.example.jp www.example.*;
```

ワイルドカード指定は、サーバ名の開始または終わりでドット境界にのみ指定できます。ドメイン名の途中や、サーバ名の途中に挿入するようなwww.*.example.jpやw*.example.jpといった指定はできません。代わりに、正規表現を使って`^www\..+\.example\.jp$`や`^w.*\.example\.jp$`のように指定します。正規表現を使ったサーバ名の指定はこのあと解説します。なお、*は複数のパートに一致できます。たとえば*.example.jpは、www.example.jpだけでなくwww.sub.example.jpのようなサブドメインにも一致します。

.で始まる場合、特別なワイルドカード指定も使用できます。.example.jpと指定した場合、*.example.jpと同様に働くとともに、example.jpにも一致します。

```
server_name .example.jp;
```

server_nameディレクティブに正規表現を利用するには、サーバ名の前に`~`（チルダ）を付けて次のように記述します。

```
server_name ~^www\d+\.example\.jp$;
```

Nginxによって使われる正規表現は、プログラミング言語のPerlで使われるものと互換性がある**PCRE** (*Perl Compatible Regular Expressions*) です。

なお、文頭を表す^と文末を表す$といったアンカーの指定を忘れないようにします。なくてもエラーにはなりませんが、機能しません。また、ドメイン名の区切りに使われる.(ドット)は\(バックスラッシュ)でエスケープする必要があります。そのほか、{...}を使った正規表現はクォートするようにします。

```
server_name  "~^(?<name>\w\d{1,3}+)\.example\.jp$";
```

正規表現に一致する部分文字列を抜き出す**キャプチャ**を変数として利用できます。次の例では、サーバ名にwww以降のドメインを変数$domainとしてrootディレクティブの引数に使用しています。

```
server {
    server_name   ~^(www\.)?(?<domain>.+)$;

    location / {
        root   /sites/$domain;
    }
}
```

Nginxは、次の構文の名前付きのキャプチャをサポートしています。

- ?<name>
- ?'name'
- ?P<name>

またキャプチャを数字形式で利用することもできます。

```
server {
    server_name   ~^(www\.)?(.+)$;

    location / {
        root   /sites/$2;
    }
}
```

Hostヘッダが指定されていない場合に一致させるには、空を意味する""を設定します。なお、空のサーバ名はserver_nameディレクティブのデフォルト値です。

```
server_name "";
```

またはほかのサーバ名とともに指定

```
server_name www.example.jp "";
```

　古いブラウザだと、Hostヘッダを付けずにリクエストを送信するものがあります。そうしたケースには、空のサーバ名で対応するほか、IPアドレスとポート番号のペアを使って対応します。それには、**IPアドレスベース**のバーチャルサーバを使用します。

　バーチャルサーバを名前ベースで検索する際、複数の条件に一致する場合があります。そうしたケースでは、次の優先順位で対応するバーチャルサーバが選ばれます。

1. 正確な名前
2. アスタリスクで始まる最も長いワイルドカード名（例＝*.example.com）
3. アスタリスクで終わる最も長いワイルドカード名（例＝mail.*）
4. 最初に一致した正規表現（複数の正規表現に一致する場合は、設定ファイル内の順番）

　正確な名前、アスタリスクで始まるワイルドカード名、アスタリスクで終わるワイルドカード名は、検索を効率化するため、3つのハッシュテーブルに格納されます。最も早い検索は「正確な名前」です。次は「アスタリスクで始まる（または終わる）ワイルドカード名」、最も遅いのが「正規表現」です。そのため、サーバ名の検索を早くするには、よく使用される正確なサーバ名で設定します。たとえば、次のような設定の場合で、example.jpやwww.example.jpへのリクエストが頻繁に発生するようなら、正確な名前を使って最適化します。

```
#最適化前
server {
    server_name  .example.jp;
    ...
}

#最適化後
server {
    server_name  example.jp  www.example.jp  *.example.jp;
    ...
}
```

　ハッシュテーブルのサイズは、server_names_hash_max_sizeディレクティ

ブや server_names_hash_bucket_size によって変更できます。長いサーバ名を使った場合など、エラーが出るようなら設定を見直します。

```
# エラー内容 server_names_hash_bucket_size 不足
could not build the server_names_hash,
you should increase server_names_hash_bucket_size: 32

# 設定
http {
    server_names_hash_bucket_size  64;          ← または128
    ...
```

```
# エラー内容 server_names_hash_max_size 不足
could not build the server_names_hash,
you should increase either server_names_hash_max_size: 256

# 設定
http {
    server_names_hash_max_size  512;
    ...
```

IPアドレスベースの検索

IPアドレスベースの検索とは、IPアドレスとポート番号のペアを使って、対応する server ディレクティブ（バーチャルサーバ）を検索する方法です。listen ディレクティブを使って次のように設定します。

```
server {
    listen 127.0.0.1:8080;
        設定
}
```

IPアドレスやポート番号を省略したり、ホスト名やワイルドカードを使うこともできます。

```
listen 127.0.0.1:8000;
listen 127.0.0.1;
listen 8000;
listen *:8000;
listen localhost:8000;
```

IPv6アドレスを指定するには、[...]を使用します。

```
listen  [2001:db8:dead:beef::1]:80;
listen  [::]:8000;
listen  [::1];
```

同じマシン上で動いているプロセスが通信するのに利用する**UNIXドメインソケット**を指定するには、unix:を付けて次のように設定します。

```
listen unix:パス;
listen unix:/var/run/nginx.sock;
```

なお、listenディレクティブを省略すると次の設定と同義になり、Nginxを管理者権限で起動した場合はTCP 80番、一般ユーザの権限で起動した場合はTCP 8000番がデフォルトになります。

```
# Nginx を管理者権限で起動した場合
listen *:80;

# Nginx を一般ユーザ権限で起動した場合
listen *:8000;
```

listenディレクティブにdefault_serverパラメータがある場合、「IPアドレス:ポート番号」で指定された組み合わせがデフォルトになります。どのlistenディレクティブにもdefault_serverパラメータがない場合は、最初のlistenディレクティブがデフォルトになります。

```
listen    80 default_server;
```

listenディレクティブには、TCPのlistenソケットに関する追加パラメータを指定できます。

```
listen 127.0.0.1 default_server accept_filter=dataready backlog=1024;
```

listenソケットのパラメータを設定するには、ネットワークに関する深い知識が必要になります。無闇に設定を変更するとかえって非効率になる場合があります。また、OSによって指定できるものとできないもの、指定する内容が変わるものがあります。

▼ listenソケットのパラメータ

パラメータ	意味
setfib=number	listenソケットのSO_SETFIBオプションを設定。FreeBSDだけで動作
fastopen=number	listenソケットのTCP Fast Openオプションを有効にし、まだ完了していないコネクションキューの最大値を設定
backlog=number	LISTEN状態にあるソケットのためのキューであるbacklogの数を設定。デフォルトでは、FreeBSDとMac OS Xでは-1、そのほかのプラットフォームでは511
rcvbuf=size	listenソケットのための受信バッファサイズ(SO_RCVBUFオプション)を設定
sndbuf=size	listenソケットのための送信バッファサイズ(SO_SNDBUFオプション)を設定
accept_filter=filter	受信フィルタ(SO_ACCEPTFILTERオプション)の名前を設定。FreeBSDとNetBSDだけで動作。datareadyまたはhttpreadyを設定可能
deferred	TCP_DEFER_ACCEPTオプションを使用する場合に設定。Linuxでのみ動作
bind	指定されたIPアドレス:ポート番号に個別のbind()システムコールを使用する場合に設定
ipv6only=on、またはoff	IPv6のワイルドカードアドレス[::]でlistenしているIPv6ソケットがIPv6接続だけを受け付けるか、IPv6とIPv4接続の両方を受け付けるかどうかを設定。パラメータが省略された場合、OSの設定値が引き継がれる
so_keepalive=on、または off、または[keepidle]:[keepintvl]:[keepcnt]	listenソケットのTCP keepaliveの挙動を設定。パラメータが省略されるとOSの設定値が引き継がれる。ソケットごとのTCP keepaliveパラメータ(keepidle、keepintvl、keepcnt)を設定することも可能。(例=so_keepalive=30m:75:10)

名前ベースとIPアドレスベースを組み合わせる

名前ベースとIPアドレスベースを組み合わせて設定した場合、次の手順で検索が行われ、serverディレクティブ(バーチャルサーバ)が決定します。

1. listenディレクティブに対してリクエストのIPアドレスとポート番号を評価
2. IPアドレスとポート番号が一致した場合、server_nameディレクティブの値とHostヘッダの値を比較(サーバ名が見つからない場合は、デフォルトサーバを使用)

たとえば、次のような設定例の場合、192.168.1.1:80で受け取ったwww.example.comへのリクエストには設定1が適用されます。また、192.168.1.1:80で受け取ったfoo.example.comへのリクエストは一致するserver_nameがないため、デフォルトサーバ (default_serverパラメータがない場合は最初のサーバ) の設定1が適用されます。

```
server {
    listen      192.168.1.1:80;
    server_name example.com www.example.com;
    設定1
    ...
}

server {
    listen      192.168.1.1:80;
    server_name example.net www.example.net;
    設定2
    ...
}

server {
    listen      192.168.1.2:80;
    server_name example.jp www.example.jp;
    設定3
    ...
}
```

- 192.168.1.1:80で受信したwww.example.comへのリクエスト → 設定1
- 192.168.1.1:80で受信したfoo.example.comへのリクエスト → 設定1(デフォルトサーバを適用)
- 192.168.1.1:80で受信したexample.netへのリクエスト → 設定2
- 192.168.1.2:80で受信したexample.jpへのリクエスト → 設定3
- 192.168.1.2:80で受信したbar.example.jpへのリクエスト → 設定3(デフォルトサーバを適用)

上の例のように、デフォルトサーバは「IPアドレス:ポート番号」の組み合わせに対して1つです。そのため、次の設定と同義になります。

```
server {
    listen      192.168.1.1:80 default_server;      ←―― デフォルトサーバ
    server_name example.com www.example.com;
    設定1
```

(次ページへ続く)

```
    ...
}

server {
    listen      192.168.1.1:80;
    server_name example.net www.example.net;
    設定 2
    ...
}

server {
    listen      192.168.1.2:80 default_server;      ← デフォルトサーバ
    server_name example.jp www.example.jp;
    設定 3
    ...
}
```

Part 1 | 基礎編

第 7 章

キャッシングの基礎

キャッシングは、頻繁に使用するデータを蓄え、データの読み出しにかかるコストを抑えることで転送速度を改善します。ここでは、キャッシングの基本的なしくみについて解説します。

キャッシングの基礎 > キャッシングの基礎

キャッシングの基礎

キャッシングには、クライアント側でキャッシュする**クライアントサイドキャッシング**と、サーバ側でキャッシュする**サーバサイドキャッシング**があります。

クライアントサイドキャッシングでは、ブラウザやProxyサーバを使って、ユーザ側でキャッシュデータを管理します。そのため、Webサーバにできることは限られますが、コンテンツのキャッシングの可否や有効期限をHTTPレスポンスヘッダを使って指定できます。また、<meta>タグを使って、コンテンツ単位でキャッシュを設定できます。クライアント側のキャッシュデータを有効活用すれば、サーバへの問い合わせ頻度が減り、サーバの負担を軽減できます。

サーバサイドキャッシングでは、キャッシュデータをサーバ側で管理します。クライアントからの問い合わせの頻度を減らすことはできませんが、高速に読み出し可能なキャッシュデータを使用することで、問い合わせに対するレスポンスを改善できます。

クライアントサイドキャッシング(HTTPレスポンスヘッダを使ったキャッシュ制御)

HTTPプロトコルでは、コンテンツデータに対するキャッシングの有効／無効や、キャッシュ可能な期限といった情報をHTTPレスポンスヘッダに埋め込むことができます。WebブラウザやProxyサーバは、その情報をもとにキャッシュデータを保存します。コンテンツごとにキャッシングを制御できるため、鮮度が重要なコンテンツはキャッシュせず、更新頻度の少ないデータに対しては、キャッシュするといったことが可能になります。クライアントサイドでコンテンツをキャッシュするため、Webサーバへの問い合わせ回数を減らすことができます。

HTTPレスポンスヘッダは、telnetコマンドを使ったWebサーバとの対話モードで確認できます。HTTPレスポンスメッセージ中のキャッシュを制御するヘッダを見るには、次の手順を実行します。

```
$ telnet www.yahoo.co.jp 80         ← 例としてYahoo!のWebサーバを使用
Trying ...
Connected to www.yahoo.co.jp.
Escape character is '^]'.
```

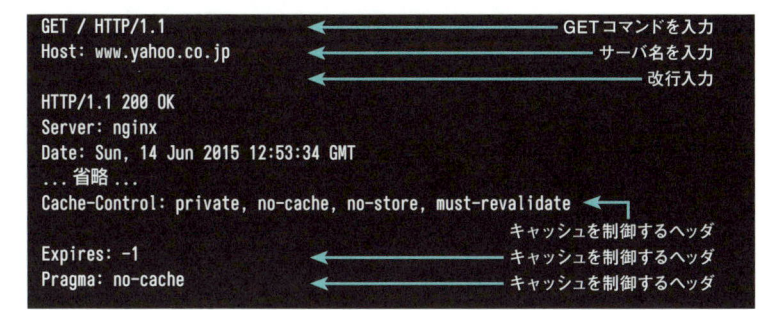

```
GET / HTTP/1.1                           ←──────── GETコマンドを入力
Host: www.yahoo.co.jp                    ←──────── サーバ名を入力
                                         ←──────── 改行入力

HTTP/1.1 200 OK
Server: nginx
Date: Sun, 14 Jun 2015 12:53:34 GMT
...省略...
Cache-Control: private, no-cache, no-store, must-revalidate ←─┐
                                                             キャッシュを制御するヘッダ
Expires: -1                              ←──────── キャッシュを制御するヘッダ
Pragma: no-cache                         ←──────── キャッシュを制御するヘッダ
```

　HTTPプロトコル・バージョン1.0（以降、HTTP/1.0）では、ExpiresやPragmaといったヘッダでキャッシュデータを制御します。HTTPプロトコル・バージョン1.1（以降、HTTP/1.1）では、Cache-Controlヘッダを使用します。通常はCache-Controlヘッダだけで十分ですが、ブラウザやProxyサーバによってはHTTP/1.1に対応していない場合があるため、互換性を重視するケースではHTTP/1.0用のExpires／Pragmaヘッダも併用します。

　「Pragma:値」「Cache-Control:値」のように、それぞれのヘッダに値を指定することで、キャッシュデータの有効性を指定します。

　Expires／Pragmaヘッダの使用例は次の表のとおりです。

▼ Expires／Pragmaヘッダの使用例

ヘッダ	説明
Pragma: no-cahe	ブラウザでもProxyサーバでもキャッシュを許可しない
Expires: Fri, 23 Dec 2011 20:51:24 GMT	コンテンツの有効期限の指定

　Cache-Controlヘッダの使用例は次の表のとおりです。

▼ Cache-Controlヘッダの使用例

ヘッダ	説明
Cache-Control: max-age=秒数	キャッシュデータの最大有効期限（単位：秒数）
Cache-Control: s-maxage=秒数	ブラウザに適用されない（Proxyにのみ適用される）点以外はmax-ageと同等（単位：秒数）
Cache-Control: public	ブラウザでのキャッシュ、Proxyサーバでのキャッシュをともに許可
Cache-Control: private	ブラウザでのキャッシュのみ許可する。Proxyサーバでのキャッシュを許可しない
Cache-Control: no-cache	ブラウザでもProxyサーバでもキャッシュを許可しない

（次ページへ続く）

（Cache-Controlヘッダの使用例の続き）

ヘッダ	説明
Cache-Control: no-store	ブラウザでもProxyサーバでもキャッシュデータを保存しない。キャッシュデータを一時的な場所に保存したとしても、使用後できるだけ早く削除する
Cache-Control: must-revalidate	キャッシュデータを使用する際に有効期限を必ず検証する
Cache-Control: proxy-revalidate	ブラウザに適用されない（Proxyにのみ適用される）点以外はmust-revalidateと同等

　コンテンツ側でキャッシュ制御タグを埋め込むには、次のように<meta>タグを記述します。コンテンツを編集するだけで設定できるため、サーバ管理者でなくてもキャッシュを制御できます。ただし、<meta>タグを使った方法はブラウザにしか適用されず、Proxyサーバには適用されません。

```
<html>
  <head>
    <meta http-equiv="Content-Type" content="text/html; charset=UTF-8">
    <meta http-equiv="Cache-Control" content="no-cache">
    <meta http-equiv="Pragma" content="no-cache">
    <meta http-equiv="Expires" content="Tue, 1 Aug 2015 05:33:54 GMT"
    <title>Cache Test</title>
  </head>
  <body>
    <h1>キャッシュテストです</h1>
    ...省略...
  </body>
</html>
```

　Nginxでクライアントへのレスポンスに、Cache-ControlとExpiresヘッダを追加できます。それには、ngx_http_headers_moduleモジュールを使って、expiresディレクティブやadd_headerディレクティブを次のように指定し、キャッシュの有効期限を設定します。

```
expires    24h;              ← レスポンスから24時間後に設定
expires    modified +24h;    ← コンテンツの最終更新日時から24時間に設定
expires    @15h30m;          ← その日の15:30に設定
expires    0;                ← 有効期限を0に設定
expires    -1;               ← 負の値を指定しキャッシュしないよう設定
                               （Cache-Controlヘッダにno-cacheを設定）
expires    epoch;            ← パラメータを使った設定
expires    $expires;         ← 変数を使った設定（Nginx 1.7.9以上）
add_header Cache-Control private;
```

expiresディレクティブは、ExpiresヘッダとともにCache-Controlヘッダも設定します。有効期限を直接設定するか、modifiedプレフィックスを使ってコンテンツの最終更新日時からの時間を設定します。パラメータには次の設定ができます。

▼ expiresディレクティブのパラメータ

パラメータ	意味
epoch	Expiresヘッダの値をThu, 01 Jan 1970 00:00:01 GMTに設定
max	Expiresヘッダの値をThu, 31 Dec 2037 23:55:55 GMTに、Cache-Controlの値を10年に設定
off	Expires/Cache-Controlヘッダを変更しない

　Nginx 1.7.9以上なら、expiresディレクティブのパラメータに変数を指定できます。たとえば、MIMEタイプに応じてキャッシュの有効期限を設定するのに、mapディレクティブと変数を使って次のように設定できます。

```
map $sent_http_content_type $expires {   ← mapディレクティブと変数を使って、MIME
                                            タイプごとにキャッシュの有効期限を設定
    default                off;
    ~image/                1d;
    ~text/                 1h;
    application/x-javascript 1h;
}

server {
    設定 ...
    expires $expires;                    ← キャッシュの有効期限を適用
}
```

　add_headerディレクティブは、追加したいヘッダを設定します。 add_header Cache-Control 設定値;と設定することで、Cache-Controlヘッダを追加します。デフォルトでは、レスポンスコードが200/201/204/206/301/302/303/304/307のいずれかの場合だけ指定したヘッダが追加されますが、Nginx 1.7.5以上に限り、alwaysパラメータを指定することで、レスポンスコードに関係なくヘッダを追加できるようになります。

```
add_header Cache-Control private always;
```

サーバサイドキャッシング

サーバサイドキャッシングとは、頻繁に使用されるコンテンツをキャッシュデータとしてWebサーバ内に蓄え、クライアントからの要求にキャッシュデータで応答する機能です。ファイルシステム上のリソースを一旦キャッシュデータとしてファイルI/Oが最適化されたディスク上に蓄えておけば、直接リソースにアクセスするよりレスポンスが早くなります。たとえばキャッシュデータを高速アクセス可能なメモリに保存すれば、さらにレスポンスを早くできます。クライアントからの問い合わせ頻度を減らすことはできませんが、高速読み出しが可能なキャッシュデータを使用することで、レスポンスを改善できます。

サーバサイドキャッシングでは、Webサーバ内にキャッシュデータを持つ方式のほか、リバースProxyを使った方式もあります。リバースProxyは、Webサーバに代わってクライアントからのWebアクセスを中継し、バックエンドに配置されたオリジンサーバへリクエストを振り分けます。Webサーバは、リクエストに対してレスポンスデータを生成し、リバースProxyに返します。その返されたデータをリバースProxy内にキャッシングすることで、クライアントからのリクエストのたびにオリジンサーバに中継しなくても、キャッシュデータを利用できます。

▼ サーバサイドキャッシュ機能付きリバースProxy

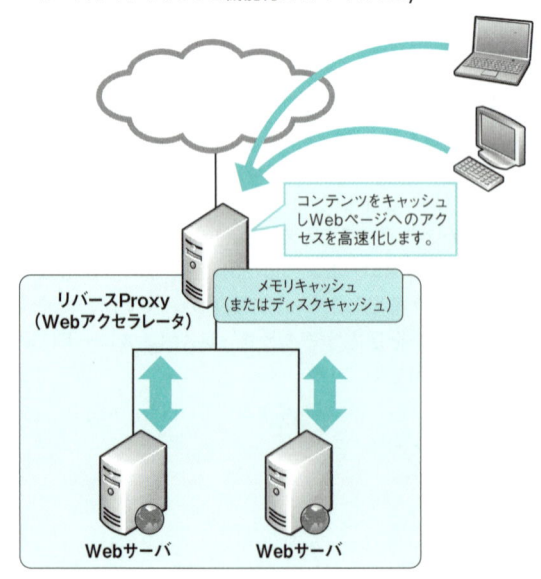

サーバサイドキャッシュ機能付きリバースProxyは、Webサーバの高速化に貢献します。そのため、「Webアクセラレータ」と呼ばれることもあります。

Nginxは強力なキャッシュ機能を備えています。キャッシングを有効にするには、proxy_cache_pathディレクティブとproxy_cacheディレクティブを設定します。

```
http {
    ...
    proxy_cache_path /data/nginx/cache keys_zone=cache_sample:10m;

    server {
        proxy_cache cache_sample;
        location / {
            proxy_pass http://localhost:8000;
            リバースProxyの設定
        }
    }
}
```

proxy_cache_pathディレクティブは、httpディレクティブのコンテキスト内に記述します。最初の引数ではキャッシュデータを保存するディレクトリを指定し、続いてkeys_zoneパラメータで、キャッシュ名やメタデータを蓄える共有メモリのサイズを設定します。上の設定例では、キャッシュデータの保存に/data/nginx/cacheディレクトリを指定しています。続くkeys_zone=cache_sample:10mでは、キャッシュ名をcache_sampleと定義し、共有メモリのサイズを10MBに設定しています。なお、サイズの指定はメタデータに対して行われ、キャッシュデータには適用されないので注意します。

proxy_cache_pathディレクティブで定義したキャッシュ名cache_sampleを使用するには、キャッシュさせたいバーチャルサーバ（serverディレクティブのコンテキスト内）や、locationディレクティブのコンテキスト内に、proxy_cacheディレクティブでキャッシュ名を指定します。

参照 キャッシングを併用したい P.164

> **Column**　**Nginxを作ったIgor Sysoevさんってどんな人？**

　2000年にNginxを世に生み出し、2010年までたった一人で開発されてきたのが、Igor Sysoev（イゴール シソエフ）さんです。Igorさんは1970年にカザフスタンで生まれ、現在は奥様と16歳になるご子息と一緒にモスクワに住みながら、米Nginx,Inc.のCTO職に就いています。

　Nginxを開発するきっかけとなったのは、ApacheリバースProxyの性能不足でした。Igorさんがロシアの Rambler 社でシステム管理に従事していた頃、ある開発者から相談を持ちかけれます。その内容が「Apacheのリバース Proxyを使ってもアクセラレートされない」といったものでした。Igorさんが調べてみたところ、ApacheのProxyモジュールが期待した性能を発揮していないことがわかり、自身でProxyやキャッシュを改善し、アクセラレータとして正しく動くように改良を加えました。その後も1000を超える同時接続に対応したり、ダイナミックコンテンツに対応したりと改良を進めながら、リモートサーバとプロセス間通信を同時に処理できるものが欲しいという思いからオリジナルのWebサーバを作ることを決意します。

　Nginxをリリースしてから10年間は1人で開発を続け、世界中のユーザから寄せられるバグ情報に対応しながら、新機能を盛り込んだりしていました。2011年にNginx,Inc.を立ち上げる切っ掛けとなったのは、より多くの時間を開発に注ぎたいという思いからでした。それまでの職を捨て会社を立ち上げるというのは、エンジニアリングに集中してきたエンジニアとって重い決断です。Igorさんも同じように苦悩されましたが、Nginx,Inc.の共同創業者となるAndrew Alexeevさんとの出会いもあり、起業を決意されました。

　日本庭園、生け花、盆栽、俳句といった伝統的な日本文化に関心があり、ロシア語に翻訳された俳句を愛読されています。好きな俳人は松尾芭蕉と与謝蕪村だとか。また15歳の時はじめて手にしたパーソナルコンピュータがヤマハ製MSXであり、それがきっかけでコンピュータサイエンスの分野に進まれたと、日本Nginxユーザ会の講演でお話されていました（日本での講演のため多少のリップサービスはあったかもしれません）。

※2014年7月東京で催された「日本Nginxユーザ会」での講演をもとにしています。

Part2 | リファレンス

第 8 章

基本操作

ここからは、Nginxの起動、再起動、停止といった基本的な操作についてリファレンス形式で解説していきます。

基本操作 > Linux

Nginxの起動（Linuxでnginxコマンドを使用する場合）

コマンドライン

構文 `/nginxのインストールパス/nginx`

デーモンの起動／停止／再起動といったNginxの操作には、nginxコマンドを使用します。

Nginxをインストールするとコマンドラインでnginxデーモンを実行できるようになります。実行は管理者権限で（Ubuntuは sudo を付けて）実行してください。

用例

Nginxをソースからインストールした場合、フルパスで/usr/local/nginx/sbin/nginxのように実行します。

```
# /usr/local/nginx/sbin/nginx    ← ソースからインストールした場合のNginx起動
# /usr/sbin/nginx                ← バイナリパッケージでインストールした場合のNginx起動
```

基本操作 > Linux

サービスの起動／再起動／停止
(CentOS [RHEL] 6系の場合)

コマンドライン

構文 `service nginx command`

パラメータ	説明
start	起動
restart	再起動
stop	停止
status	サービスのステータスの表示

用例

CentOSやRHELの6系では、サービスの起動に従来どおりserviceコマンドを利用します。

```
# service nginx start    ◀──────── サービス開始
```

サービスの再起動は、serviceコマンドの引数にrestartを指定します。また、停止する場合は引数にstopを指定します。サービスのステータスを確認するにはstatusを指定します。

```
# service nginx restart  ◀──────── サービスの再起動
# service nginx stop     ◀──────── サービスの停止
# service nginx status   ◀──────── サービスステータスの表示
```

サーバの起動時にNginxサービスを自動的に開始するには、次の手順で起動スクリプトを登録します。

```
# chkconfig nginx on
```

基本操作 > Linux

サービスの起動／再起動／停止
(CentOS [RHEL] 7系の場合)

コマンドライン

構文 `systemctl command nginx.service`

パラメータ	説明
start	起動
restart	再起動
stop	停止
stutus	サービスステータスの表示

CentOSやRHELの7系には、起動プロセス管理に**systemd**が導入されているため、それまでの6系とコマンド体系が異なります。ただし、互換性を維持しているため、引き続きservice/chkconfigコマンドは使用できます。

用例

本来のsystemdでNginxサービスを開始するにはsystemctlコマンドを利用します。

```
# systemctl start nginx.service          ←――――― サービス開始
```

サービスの再起動は、systemctlコマンドの引数にrestartを指定します。また、停止する場合は引数にstopを指定します。サービスの起動や再起動に失敗した場合、systemctl status...で原因を特定できます。

```
# systemctl restart nginx.service        ←――――― サービスの再起動
# systemctl stop nginx.service           ←――――― サービスの停止
# systemctl status nginx.service         ←――――― サービスステータスの表示
```

サーバの起動時にNginxサービスを自動的に開始するには、次のようにします。

```
# systemctl enable nginx.service
```

基本操作 > Linux

サービスの起動／再起動／停止
（Ubuntuの場合）

コマンドライン

構文 `service nginx command`

パラメータ	説明
start	起動
restart	再起動
stop	停止
stutus	サービスステータスの表示

用例

今後UbuntuもCentOSやRHELと同じように、起動プロセスの管理にsystemdが導入される予定ですが、Ubuntu 14.10では従来どおりserviceコマンドでサービスを制御します。

```
$ sudo service nginx start     ←――― サービスの開始
$ sudo service nginx stop      ←――― サービスの停止
$ sudo service nginx restart   ←――― サービスの再起動
$ sudo service nginx status    ←――― サービスステータスの表示
```

サーバの起動時、自動的にNginxサービスを開始するには、update-rc.dコマンドを使って次のように実行します。

```
$ sudo update-rc.d nginx defaults
```

基本操作 > Linux

プロセスを確認 (Linux)

コマンドライン

構文❶ `ps -ef`

構文❷ `ps -o format`

構文❸ `ps --sort format`

パラメータ	説明
-ef	すべてのプロセスを完全フォーマットで表示
-o format	表示する項目をformatに限定
--sort format	format順に表示

用例

実行中のNginxプロセスを表示するには、psコマンドを使用します。-efオプションを付けるとすべてのプロセスを完全フォーマットで表示します。Nginxに関するプロセスだけ表示するには、grep nginxを組み合わせて実行します。

```
# ps -ef | grep nginx
UID        PID  PPID  C STIME TTY          TIME CMD（注）
root      2075     1  0 21:55 ?        00:00:00 nginx: master process /usr/
sbin/nginx -c /etc/nginxnginx.conf
nginx     2076  2075  0 21:55 ?        00:00:00 nginx: worker process
nginx     2077  2075  0 21:55 ?        00:00:00 nginx: worker process
nginx     2078  2075  0 21:55 ?        00:00:00 nginx: worker process
nginx     2079  2075  0 21:55 ?        00:00:00 nginx: worker process
nginx     2080  2075  0 21:55 ?        00:00:00 nginx: worker process
nginx     2081  2075  0 21:55 ?        00:00:00 nginx: cache manager process
root      2137  2043  0 22:23 pts/0    00:00:00 grep --color=auto nginx
```

表示されるNginxのプロセスのうち、1つは**マスタープロセス**で、残りは**ワーカープロセス**になります。worker_processesディレクティブで指定したワーカープロセスの数だけプロセスが起動しているのがわかります。ps -efで表示される項目は次頁右の表のとおりです。

> **注意** grep nginxで表示を抑制しているため、実際にヘッダは表示されません。次の例も同様です。

▼ ps -efで表示される項目

項目名	説明
UID	ユーザID
PID	プロセスID
PPID	親プロセスID
C	CPU使用率
STIME	開始時刻
TTY	端末名
TIME	CPU時間
CMD	コマンド名

psコマンドで表示する項目を限定するには-o formatオプションを、項目で並べ替えるには--sort formatオプションを付けて実行します。たとえば、使用メモリサイズ、CPU使用率、コマンド名を表示し、メモリサイズ順に並べ替えて表示するには次のようにします。

```
# ps -ae -o size,pcpu,cmd --sort size | grep nginx
 SIZE %CPU CMD                ◀──────── 注意！
  336  0.0 grep --color=auto nginx
  880  0.0 nginx: master process /usr/sbin/nginx -c /etc/nginx/nginx.conf
 1036  0.0 nginx: cache manager process
 1252  0.0 nginx: worker process
 1252  0.0 nginx: worker process
 1252  0.0 nginx: worker process
 1252  0.3 nginx: worker process
 1252  0.0 nginx: worker process
```

表示項目を指定する**指定子**には、主に次を使用します。

▼ 表示項目の指定子

指定子	説明
pcpu	CPU使用率
utime	ユーザ時間
pid	プロセスID
ppid	親プロセスID
size	メモリサイズ (単位: KB)
tty	端末のデバイス番号
start_time	開始時刻
uid	ユーザID
user	ユーザ名
vsize	仮想メモリサイズ (単位: KB)
priority	カーネルスケジューリングの優先度

基本操作 > Linux

プロセスの管理 (Linux)

コマンドライン

構文 `nginx -s command`

パラメータ	説明
stop	停止
quite	リクエスト処理後に停止
reopen	ログファイルの再オープン
reload	設定を再読み込み

Nginxをバイナリパッケージでインストールした場合、Linuxディストリビューションが備えるサービス管理コマンドを使用することもできます。

用例

デーモンの停止／再起動など、Nginxプロセスを操作するには-s 操作内容オプションを使用します。

```
# nginx -s stop       ←──────── 直ちに停止
# nginx -s quit       ←──── リクエスト処理が完了した後停止
# nginx -s reopen     ←──────── ログファイルの再オープン
# nginx -s reload     ←──────── 設定を再読み込み
```

そのほかの起動オプションは-hで確認できます。

```
$ ./nginx -h
```

基本操作 > Linux

設定ファイルを取り込む

どこでも指定可

include

構文 include *file* | *mask*;

パラメータ	説明
file	外部ファイルをファイル名で指定（例 mime.types）
mask	外部ファイルをファイルマッチで指定（例 vhosts/*.conf）

　CentOSやUbuntuパッケージを使ってNginxをインストールすると、設定ファイルは/etc/nginxディレクトリに作成されます。主に使用するのはnginx.confファイルですが、Nginxはincludeディレクティブでほかの設定ファイルを取り込むことができるため、複数の外部ファイルを追加設定ファイルとして使用しています。Nginx公式パッケージの場合、/etc/nginx/conf.d/にあるファイルを追加の設定ファイルとして取り込んでいます。

用例

次のようにして設定ファイルを取り込みます。

```
include /etc/nginx/conf.d/*.conf;
```

このうち主に利用するのは次の2つです。

- /etc/nginx/nginx.conf
- /etc/nginx/conf.d/default.conf

　なお、本来のnginx.confはネスト構造になっており、serverディレクティブはhttpdディレクティブにネストされていますが、Nginx公式パッケージを使ってインストールすると、serverディレクティブに関する設定は外部ファイルの/etc/nginx/conf.d/default.confに分割されます。

▼ ネスト（入れ子）された設定ファイル

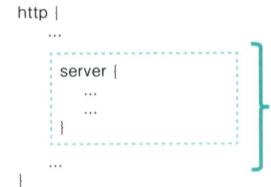

```
http {
    ...
    server {
        ...
        ...
    }
    ...
}
```

http {..}ディレクティブのコンテキスト内にserver {..}ディレクティブがネストされている

設定ファイル、ドキュメントルート

　インストール方法によって、設定ファイル、ドキュメントルートのパスが異なります。ここまでに紹介した、ディストリビューション提供パッケージ、Nginx公式パッケージ、ソースファイルを使ってインストールした場合のパスは次のとおりです。

▼ 設定ファイル、ドキュメントルートのパス

インストール方法	設定ファイル	ドキュメントルート
Ubuntu標準パッケージ	/etc/nginx/nginx.conf	/usr/share/nginx/html/
Nginx公式パッケージ	/etc/nginx/nginx.conf	/usr/share/nginx/html/
ソースファイル	/usr/local/nginx/conf/nginx.conf	/usr/local/nginx/html/

基本操作 > Windows

デーモンの起動 (Windows)

コマンドライン

構文 `start nginx`

解凍したフォルダのnginx.exeアイコンをダブルクリックすることでNginxを起動できますが、**コマンドプロンプト**を使うと、起動のほか、停止や再起動などもできるようになります。

用例

コマンドプロンプトを開くには、スタートメニューから［すべてのプログラム］－［アクセサリ］－［コマンドプロンプト］を選択するか、■（**Windowsキー**）＋ R で**ファイル名を指定して実行**ダイアログを開き、cmdと入力します。コマンドプロンプトを起動できたらNginxを解凍したフォルダに移動し、次のようにstartコマンドでNginxを起動します。

```
cd C:\nginx-1.9.2     ←――――「C:\nginx-1.9.2」に解凍した場合
start nginx
```

初回起動時に左下の図のようなWindowsファイアウォールの警告ダイアログが表示されます。「アクセスを許可する」ボタンをクリックし、外部からアクセスできるようにしますが、それには管理者権限が必要になります。

動作を確認するには、Webブラウザを起動してhttp://localhostにアクセスします。Nginxのスタートページが表示されていれば（右下の図）インストールに成功しています。

▼ Windowsファイアウォールの警告ダイアログ　▼ WebブラウザでNginxの起動を確認

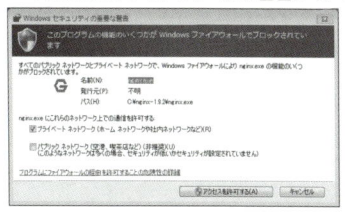

基本操作 > Windows

プロセスを確認 (Windows)

コマンドライン

構文 `tasklist /fi <filter>`

パラメータ	説明
/fi <filter>	プロセスの一覧に表示するプロセスをフィルタ

tasklistコマンドで、Nginxのプロセスを直接確認できます。

用例

tasklistコマンドで表示されるNginxのプロセスのうち、1つは**マスタープロセス**で、もう1つは**ワーカープロセス**です。うまく起動できない場合は、logsフォルダの中に作成されるerror.logファイルを確認します。また、Windowsのイベントログも併せて確認するようにします。

次の例ではtasklistコマンドを用いて、イメージ名がnginx.exeと同じプロセスをフィルタしています。

```
C:\:\nginx-1.9.2>tasklist /fi "imagename eq nginx.exe"

イメージ名                     PID セッション名       セッション#  メモリ使用量
========================= ======== ================ =========== ============
nginx.exe                     3436 Console                    1      4,540 K
nginx.exe                     1216 Console                    1      5,016 K
```

基本操作 > Windows

プロセスの管理 (Windows)

コマンドライン

構文 `nginx -s command`

パラメータ	説明
stop	停止
quite	リクエスト処理後に停止
reopen	ログファイルの再オープン
reload	設定の再読み込み

Nginxはコンソールアプリケーションとして起動しているため、停止や再起動といったサービス管理にWindows標準ユーティリティが使えません。

用例

Windowsでは次のようにしてプロセスを管理できます。

```
nginx -s stop      ← 即停止
nginx -s quit      ← アクセスの終了を待って停止
nginx -s reload    ← 設定ファイルの再読み込み
nginx -s reopen    ← ログファイルの再オープン
```

注意 Windows版では、設定ファイルは展開したフォルダ中のconf\nginx.confに作られ、ドキュメントルートは展開したフォルダ中のhtmlが指定されます。
設定ファイルの記述方法はLinux版と変わりませんが、ファイルパスの指定に気を付ける必要があります。通常、Windowsではパスの区切りに￥を指定しますが、Nginxの設定ファイルではLinuxと同じように/を用います。

```
#誤
access_log    logs\access.log;
root          C:\html;

#正
access_log    logs/access.log;
root          C:/html;
```

Part 2 | リファレンス

第 9 章

基本設定

設定ファイルに修正を加えなくても、そのままのnginx.confファイルでNginxを起動することはできます。しかし、数行設定を見直すだけで、パフォーマンスを高めたり、セキュリティを強化したりできます。簡単な例をもとに設定方法を解説します。

基本設定 > nginx.confの記述方法

nginx.confの記述方法

　Nginxの設定は、主にnginx.confファイルで行います。パッケージを使ってインストールした場合は/etc/nginx/ディレクトリに、ソースファイルをビルドした場合はデフォルトで/usr/local/nginx/conf/ディレクトリに配置されます。また、一部のLinuxディストリビューションではほかのファイルも使用します。たとえばUbuntuでは、設定の一部を/etc/nginx/sites-available/defaultファイルで行います。

　シンプルなnginx.confは次のようになります。

▼ nginx.confの例

```
#user  nobody;                          「#」で始まる行はコメント行
worker_processes 1;                     ディレクティブ
 └─────┬─────┘ └┬┘
 ディレクティブ名 設定値

events {
  worker_connections 1024;              ディレクティブ・ブロック
}

http {
  include    mime.types;
  default_type application/octet-stream;
  sendfile on;
  keepalive_timeout 65;
  server {
    listen 80;
    server_name localhost;
    location / {
      root html;                        ディレクティブ・ブロック
      index index.html index.htm;       (「http」モジュールが有効な場合に適用される)
    }
    error_page 500 502 503 504 /50x.html;
    location /50x.html {
      root html;
    }
  }
}
(*コメント行を削除しています)
```

　nginx.confでは、**ディレクティブ**によって各設定項目を指定します。ディレクティブ名に続けて設定値を指定し、行末には必ず;(セミコロン)を付けます。モジュールに依存する設定はディレクティブブロックを使って設定します。モジュールがインストールされていなければスキップされ無視されます。

基本設定 > パフォーマンス

最大同時接続数の上限を変更する

worker_processes／worker_connections

main（worker_processes）、events（worker_connections）

構文❶ `worker_processes number | auto;`

構文❷ `worker_connections conn_number;`

パラメータ	説明
number	CPU（コア）数（デフォルト 1）
auto	自動
conn_number	コネクション数（デフォルト 512）

ワーカープロセスとは、クライアントからのリクエストを受け付けて処理するNginxの子プロセスです。ワーカープロセスの最大同時接続数を変更するには、worker_processesディレクティブやworker_connectionsディレクティブを設定します。同時クライアントの最大数は、worker_processesの値×worker_connectionsの値で決まります。ワーカープロセス数はCPUコア数と同じにするのが推奨です。autoの場合は自動でワーカープロセス数を指定します。

用例

CPU（コア）数が2のとき、1つのワーカープロセスが同時に処理できる最大接続数を1024に設定するには次のようにします。

```
worker_processes 2;            ← CPUのコア数と同じに
pid /run/nginx.pid;

events {
  worker_connections 1024;    ← 1つのワーカープロセスが同時に処理できる最大接続数を指定
  # multi_accept on;
}
```

基本設定 > パフォーマンス

CPU数（コア数）や最大プロセス数を確認する

コマンドライン

構文❶ `lscpu`

構文❷ `ulimit -n`

パラメータ	説明
-n	オープンされたファイルディスクリプタ数の上限を設定または出力

CPU数（コア数）は、lscpuコマンドか/proc/cpuinfoで確認できます。

また、worker_connectionsには、システムリソース（プロセス数）の上限値以上の値は指定できません。あらかじめ確認する必要があります。Linuxの場合、最大プロセス数はulimitコマンドで確認します。

用例

lscpuコマンドを用いてCPU（コア）数を見ます。

```
$ lscpu
アーキテクチャ:  x86_64
CPU op-mode(s):      32-bit, 64-bit
Byte Order:          Little Endian
CPU(s):              1          ← CPU（またはコア）数
On-line CPU(s) list: 0
コアあたりのスレッド数:1
ソケットあたりのコア数:1
Socket(s):           1
...
```

/proc/cpuinfoでCPU（コア）数を見るときは次のようにします。

```
$ grep processor /proc/cpuinfo | wc -l
2          ← CPU（またはコア）数
```

プラットフォームの最大プロセス数はulimitコマンドで確認できます。

```
$ ulimit -n
1024          ← 最大プロセス数
* CentOS での実行例
```

基本設定 > パフォーマンス

サーバ情報を隠蔽する

server_tokens

http、server、location

構文 `server_tokens on | off;`

パラメータ	説明
on	HTTPレスポンスのヘッダにNginxのバージョンを表示（デフォルト）
off	HTTPレスポンスのヘッダにNginxのバージョンを表示しない

HTTPレスポンスのヘッダには、Webサーバの種類やバージョンが表示されます。Webサーバのバージョンが特定されるのはセキュリティ上好ましくありませんので、サーバ情報を隠蔽します。

用例

Nginxではサーバの種類は消せませんが、バージョンを非表示にできます。

```
http {
...省略
    server_tokens off;    ←「off」でバージョンを非表示に
```

参照 ソースを修正しサーバ情報を隠蔽する P.212

基本設定 > パフォーマンス

アクセス制限

deny

http、server、location、limit_except

構文 `deny address | CIDR | unix: | all;`

パラメータ	説明
address	IPアドレス（例 192.168.1.1、2001:0db8::）
CIDR	IPアドレス範囲指定（例 192.168.1.0/24;）
unix:	UNIXドメインソケット（例 unix:/tmp/nginx.sock）
all	すべて

　IPアドレスやネットワークアドレス単位でアクセス制御を行うことができます。アクセスを遮断するには、denyディレクティブのIPアドレスもしくはdenyディレクティブのネットワークアドレスを指定します。Ubuntu提供パッケージでNginxをインストールした場合は、/etc/nginx/sites-available/defaultファイルを修正します。

用例

　次の例では、特定ホストや特定ネットワークからのみアクセスできるようにしています。

```
http {
...
    server {
    ...
        location / {
            allow 127.0.0.1;          ← ローカルホストを許可
            allow 192.168.0.0/24;     ← ネットワーク単位で許可
            deny all;                 ← 指定以外のIP／ネットワークからのアクセスをすべて遮断
```

参照 クライアントのIPアドレスでアクセスを制限する P.192

基本設定 > 設定ファイルのテスト

設定ファイルのテスト

コマンドライン

構文❶ `nginx -t`

構文❷ `nginx -c file`

パラメータ	説明
-t	設定ファイル(デフォルトパス)のテスト
-c file	設定ファイルfileのテスト

用例

Nginxは、設定ファイルに誤記があると起動や再起動に失敗します。設定ファイルを修正したあと、誤りがないかテストを実行するようにしましょう。設定ファイルのテストは、-tオプションを付けて実行します。

```
# nginx -t
nginx: the configuration file /etc/nginx/nginx.conf syntax is ok
nginx: configuration file /etc/nginx/nginx.conf test is successful  ← テストに成功
```

設定ファイルにミスがあるとエラーが表示されます。

```
# nginx -t
nginx: [emerg] unknown directive "eventsis" in /etc/nginx/nginx.conf:9  ← 9行目にミス
nginx: configuration file /etc/nginx/nginx.conf test failed  ← テストに失敗
```

設定ファイルがデフォルト以外のパスにある場合や、作成途中のファイルに対してテスト実行する場合は、-cオプションで設定ファイルを指定してください。設定ファイルの/home/test/test.confをテストするには次のようにします。

```
# nginx -t -c /home/test/test.conf
```

基本設定 > 設定ファイルのテスト

設定ファイルのテストとダンプ

コマンドライン

構文 `nginx -T`

パラメータ	説明
-T	設定ファイル（デフォルトパス）のテストとダンプ

設定ファイルのテストを実行したあと、テストした設定ファイルをダンプすることができます。

用例

-Tオプションを付けて実行します。

```
# nginx -T
# configuration file /etc/nginx/nginx.conf:  ←以降、テストした設定ファイルのダンプ
user  nginx;
worker_processes  1;
...
```

> **注意** Nginx 1.9.2以降のバージョンで利用できます。

Part 2 | リファレンス

第 10 章

HTTPサーバの設定

本章では、NginxをHTTPサーバとして使用するための設定を紹介します。「第3章　基本構文」の「Webサーバとしての設定」で掲載した例をもとにそれぞれ解説します。

HTTPサーバの設定 > main ディレクティブ

ワーカープロセスを実行するユーザ権限を設定する

user

main

構文 `user user [group];`

パラメータ	説明
user	ワーカープロセスを実行するユーザ名（デフォルト nobody）
group	ワーカープロセスを実行するユーザのグループ名（デフォルト nobody）

userディレクティブは、ワーカープロセスを実行するユーザ権限を設定します。

用例

次の例では、nginxユーザの権限で動作します。

```
user nginx;
```

psコマンドでプロセスを表示させると、nginxユーザの権限でワーカープロセスが起動しているのがわかります。

```
# ps -aef | grep nginx
root       954     1  0 07:31 ?        00:00:00 nginx: master process
/usr/sbin/nginx -c /etc/nginx/nginx.conf
nginx      957   954  0 07:31 ?        00:00:00 nginx: worker process
```

プロセスの実行権限のほか、ファイルの作成やアクセスもnginxユーザの権限で行われます。

```
# ls -l /var/log/nginx/*
-rw-r----- 1 nginx adm  5814  6月 10 23:33 /var/log/nginx/access.log
-rw-r----- 1 nginx adm 30971  6月 11 07:32 /var/log/nginx/error.log
```

HTTPサーバの設定 > mainディレクティブ

ワーカープロセスの数を設定する

worker_processes

```
main
```

構文 `worker_processes number | auto;`

パラメータ	説明
number	ワーカープロセス数（デフォルト 1）
auto	ワーカープロセス数を自動設定

用例

次の例では、worker_processesディレクティブを用いてワーカープロセス数を1に設定しています。

一般的にワーカープロセスは、CPU数（コア数）以下になるよう設定します。なお、デフォルトの設定値は1です。1以下の数を指定するとワーカープロセスがなくなり、接続が待たされます。

```
worker_processes    1;
```

参照 最大同時接続数の上限を変更する P.101

HTTPサーバの設定 > main ディレクティブ

エラーログの出力先のファイル名とロギングレベルを設定する

error_log

main、http、server、location

構文 `error_log`

error_logディレクティブでは、エラーログの出力先のファイル名とロギングレベルを設定します。

Nginxでは次のロギングレベルを設定できます。

ロギングレベル	用途
debug	デバッグレベルメッセージ
info	情報メッセージ
notice	通知状態
warning (warn)	警告状態
err (error)	エラー状態
crit	致命的な状態
emerg	システムが利用できないような緊急事態
local0からlocal7	任意の用途で利用可能

用例

次の例では、warnレベル以上のログを/var/log/nginx/error.logに出力します。

```
error_log /var/log/nginx/error.log warn;
```

error_logディレクティブはmainコンテキストのほか、http/server/locationコンテキストでも設定でき、エラーログの出力先をバーチャルサーバや、URIに応じて変更できます。

参照
syslogでログ出力する P.260
syslogでデバッグログを出力する P.261

HTTPサーバの設定 > main ディレクティブ

プロセスIDを保存するファイルの出力先を設定

pid

`main`

構文 `pid file;`

パラメータ	説明
file	PIDファイルの名およびパス（デフォルト nginx.pid）

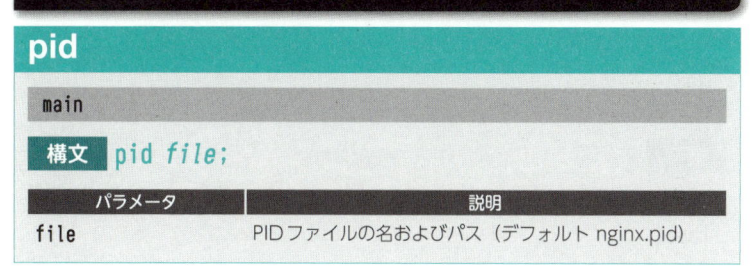

pidディレクティブでは、Nginxのmasterプロセスの**PID（プロセスID）**を保存するファイルの出力先を設定します。

用例

次の設定例では、/var/run/nginx.pidに保存します。

```
pid     /var/run/nginx.pid;
```

PIDは、プロセスを識別するために用いる一意な番号です。優先順位を変更したり、終了や再起動といった操作を行うのに使用します。

```
# cat /var/run/nginx.pid
954                                              ← PID
```

HTTPサーバの設定 > eventsディレクティブ

最大コネクション数の設定

worker_connections

events

構文 `worker_connections number;`

パラメータ	説明
number	1ワーカーあたりの最大コネクション数（デフォルト512）

　worker_connectionsディレクティブでは、1つのワーカープロセスが同時に処理できる最大コネクション数を設定します。デフォルトで512が設定されています。

用例
　次の設定例では、1ワーカーあたり最大1024個のコネクションを処理するように設定しています。

```
events {
    worker_connections  1024;
}
```

参照 最大同時接続数の上限を変更する P.101

HTTPサーバの設定 > httpディレクティブ

外部の設定ファイルの読み込み

include

どこでも指定可

構文 `include file;`

パラメータ	説明
file	外部の設定ファイル名およびパス

用例

includeディレクティブは、外部の設定ファイルを読み込むのに使用します。

```
include    /etc/nginx/mine/.types;
```

/etc/nginx/mime.typesファイルでは、MIMEタイプと拡張子のマッピングを設定しています。Nginxはコンテンツの中身をクライアントに送信する際（レスポンス）、そのコンテンツがどのような種類なのか知らせる必要があります。そのため、MIMEタイプとファイル拡張子の組み合わせをmime.typeファイルから読み込みます。

```
types {
    text/html                             html htm shtml;
    text/css                              css;
    text/xml                              xml;
    image/gif                             gif;
    image/jpeg                            jpeg jpg;
    application/javascript                js;
    application/atom+xml                  atom;
    application/rss+xml                   rss;
    ...
}
```

参照 デフォルトMIMEタイプを設定 P.114

HTTPサーバの設定 > httpディレクティブ

デフォルトMIMEタイプを設定

default_type

http、server、location

構文 `default_type mime-type;`

パラメータ	説明
mime-type	MIMEタイプ（デフォルト text/plain）

　前節「外部ファイルの読み込み」で解説したように、includeディレクティブによって読み込んだmime.typesファイルで拡張子からMIMEタイプを決定できなかった場合、デフォルトではtext/plainが適用されます。変更するには、default_typeディレクティブでMIMEタイプを指定します。

用例

　次の例では、デフォルトMIMEタイプをapplication/octet-streamに設定しています。

```
default_type application/ocet-stream;
```

参照 文字化けする・CSSが適用されない P.315

HTTPサーバの設定 > httpディレクティブ

アクセスログの書式を設定

log_format

http

構文 `log_format name format...;`

パラメータ	説明
name	書式名（デフォルト combined）
format	書式

log_formatディレクティブでは、アクセスログの書式を設定します。このあと解説するaccess_logディレクティブで、ここで定義したアクセスログの書式名を指定することで実際にログファイルが出力されるようになります。

用例

次の例では書式名をmainとし、$remote_addr - $remote_user [$time_local] "$request" $status $body_bytes_sent "$http_referer" "$http_user_agent" "$http_x_forwarded_for"といった内容のログを定義しています。

```
log_format  main  '$remote_addr - $remote_user [$time_local] "$request" '
                  '$status $body_bytes_sent "$http_referer" '
                  '"$http_user_agent" "$http_x_forwarded_for"';
```

書式内の$で始まる文字列は、Nginxの組み込み変数です。次のような意味を持っています。

▼ Nginxの組み込み変数

変数名	意味
$remote_addr	クライアントアドレス
$remote_user	Basic認証時のユーザ名
$time_local	Common Log形式のローカルタイム
$request	完全なオリジナルのリクエストURI

（次ページへ続く）

（Nginxの組み込み変数の続き）

変数名	意味
$status	レスポンスのステータスコード
$body_bytes_sent	レスポンスボディ（ヘッダを含まない）のバイト数
$http_referer	Refererリクエストヘッダの値
$http_user_agent	User-Agentリクエストヘッダの値
$http_x_forwarded_for	X-Forwarded-Forリクエストヘッダの値

実際に次のようなアクセスログが出力されます。

```
192.168.3.17 - - [14/May/2015:12:09:12 +0900] "GET / HTTP/1.1" 200 612 "-"
"Mozilla/5.0 (Macintosh; Intel Mac OS X 10_10_3) AppleWebKit/600.6.3
(KHTML, like Gecko) Version/8.0.6 Safari/600.6.3" "-"
```

なおNginxには、Apache HTTPD互換のログ書式であるcombinedが組み込まれています。

```
log_format combined '$remote_addr - $remote_user [$time_local] '
                    '"$request" $status $body_bytes_sent '
                    '"$http_referer" "$http_user_agent"';
```

参照　cookieの情報をアクセスログに出力する P.262

HTTPサーバの設定 > httpディレクティブ

アクセスログ名やパスを設定

access_log

http、server、location、location内のif、limit_except

構文 `access_log path name;`

パラメータ	説明
path	アクセスログのファイル名およびパス（デフォルト logs/access.log）
name	アクセスログの書式名（デフォルト combined）

アクセスログのパスやファイル名、出力する書式を設定するにはaccess_logディレクティブを使用します。

用例

次の例では、/var/log/nginx/access.logファイルに、先ほどlog_formatディレクティブで定義したmain書式を適用して出力します。

```
access_log /var/log/nginx/access.log main;
```

書式を省略するとデフォルトの書式が適用されます。Nginxのデフォルトの書式は、組み込み書式のcombinedです。

アクセスログを出力しないようにするには、offを設定します。

```
access_log  off
```

access_logディレクティブはhttpコンテキストのほか、server/location/ifコンテキストでも利用できるため、バーチャルサーバやURIに応じてアクセスログを変更できます。またログを圧縮したり、書き込みバッファを利用したりといった活用もできます。

参照		
	ログ出力をバッファリングする	P.264
	ログ出力時に圧縮する	P.266
	バーチャルサーバのコンテキストを指定してログを分ける	P.268
	変数を利用してログを分ける	P.270
	特定ディレクティブでアクセスログを無効にする	P.274

HTTPサーバの設定 > httpディレクティブ

クライアントへのレスポンス送信に sendfileシステムコールを使う

sendfile

http、server、location、location内のif

構文 `sendfile on | off;`

パラメータ	説明
on	sendfileシステムコールを使用
off	sendfileシステムコールを使用しない（デフォルト）

　sendfileディレクティブではコンテンツファイルの読み込みとクライアントへのレスポンス送信に**sendfileシステムコール**を使うかどうか設定します。sendfileシステムコールを使うと、ファイルの複写をカーネル空間内で行うようになり、コンテンツファイルの読み込みからレスポンスの送信までの処理が改善されます。

用例

　次の例ではonを指定し有効にしていますが、デフォルトの設定値はoffです。システムによってはsendfileシステムコールを使うことで動作が不安定になる場合があります。

```
sendfile    on;
```

HTTPサーバの設定 > httpディレクティブ

より少ないパケット数で効率よく転送する

tcp_nopush

http、server、location

構文 `tcp_nopush on | off;`

パラメータ	説明
on	LinuxのTCP_CORKソケットオプション（FreeBSDの場合はTCP_NOPUSHソケットオプション）を使用する
off	LinuxのTCP_CORKソケットオプション（FreeBSDの場合はTCP_NOPUSHソケットオプション）を使用しない（デフォルト）

tcp_nopushディレクティブでは、レスポンスの送信にLinuxのTCP_CORKソケットオプション（FreeBSDの場合はTCP_NOPUSHソケットオプション）を使用するかどうか設定します。tcp_nopushが有効の場合、レスポンスヘッダとファイルの内容をまとめて送るようになり、少ないパケット数で効率よく送ることができるようになります。

用例

次の例ではtcp_nopushディレクティブにonを指定し有効にしています。デフォルトの設定値はoffです。

```
tcp_nopush      on;
```

> **注意** tcp_nopushを利用するには、sendfileを有効にしておく必要があります。

HTTPサーバの設定 > httpディレクティブ

キープアライブタイムアウト時間の設定

keepalive_timeout

http、server、location

構文 `keepalive_timeout timeout;`

パラメータ	説明
timeout	キープアライブのタイムアウト時間（デフォルト 75s）

　keepalive_timeoutディレクティブでは、サーバ側のキープアライブのタイムアウト時間を設定します。キープアライブを適切に設定することで、TCPコネクションにかかる負担を減らすことができ、効率よくリクエストを処理できるようになります。

用例
　次の例では65が指定され、キープアライブのタイムアウト時間を65秒に設定しています。

```
keepalive_timeout  65;
```

デフォルトは75秒です。キープアライブを無効にするには0を設定します。

```
keepalive_timeout  0
```

参照 Keep-Aliveでコネクションを再利用したい P.157

HTTPサーバの設定 > httpディレクティブ

圧縮転送の設定

gzip

http、server、location、location内のif

構文 `gzip on | off;`

パラメータ	説明
on	圧縮転送する
off	圧縮転送しない（デフォルト）

gzipディレクティブでは、クライアントにコンテンツを転送する際、圧縮転送するかどうかを設定します。

用例

次の例ではonを指定し、圧縮転送を有効にしています。デフォルトの設定値はoffです。なお、gzipは、データをその都度圧縮するため、NginxサーバのCPU使用率が増えます。CPU利用率は増やさずに静的ファイルを圧縮転送したい場合、圧縮済みのデータを転送するgzip_staticを利用するのが良いでしょう。

```
gzip on;
gzip_comp_level 9;            ← 圧縮レベルを9に（1(低圧縮)～9(高圧縮)までの値を設定）
gzip_disable "msie6";         ← Microsoft IE 6の場合は圧縮転送を無効に
gzip_types  text/css text/plain
text/js          ← 圧縮転送を有効にするコンテンツをMIMEタイプを使って限定
            text/javascript application/javascript
            application/json-rpc;
```

参照 あらかじめ圧縮済みのデータを gzip 転送する P.284

HTTPサーバの設定 > server ディレクティブ

リクエストを受け付けるIPアドレスや ポート番号を設定

listen

server

構文 `listen address[:port];`

パラメータ	説明
address	ドメイン名またはIPアドレス（デフォルト *）
port	ポート番号（デフォルト 80または8000）

用例

listenディレクティブでは、リクエストを受け付けるIPアドレスやポート番号を設定します。IPアドレスのデフォルト値は*で、すべてのインターフェースアドレスが対象になります。ポート番号のデフォルト値は80です。IPアドレスを指定するには、listen IPアドレス:ポート番号といった形式で指定します。

```
listen 192.168.0.1:80;
listen 192.168.0.1;     ← ポート番号を省略（デフォルトは80番）
```

IPv6アドレスを指定するには、[...]を使用します。

```
listen [2001:db8:dead:beef::1]:80;
listen [::]:8000;
listen [::1];
```

UNIXドメインソケットを指定することもできます。UNIXドメインソケットは、同じマシン上で動いているプロセスが通信するのに利用します。単一ホスト上のプロセスとだけ交信し、リモートからのリクエストは受け付けなくなります。

```
listen unix:パス;
listen unix:/var/run/nginx.sock;
```

なお、listenディレクティブを省略すると、次の設定と同義になります。

```
listen *:80;
```

HTTPサーバの設定 > serverディレクティブ

バーチャルサーバのホスト名を設定

server_name

`server`

構文 `server_name name ...;`

パラメータ	説明
name	バーチャルサーバのホスト名（デフォルト ""）

用例

server_nameディレクティブを使ってバーチャルサーバのホスト名を指定します。

```
server_name www.gihyo.jp;
```

このように設定したサーバに対してtelnetコマンドを実行すると次のようになります。クライアントはサーバにリクエストする際、リクエスト先サーバのホスト名をHostリクエストヘッダに設定しています。

```
$ telnet www.gihyo.jp 80         ← 例として技術評論社のWebサーバを使用
Trying ...
Connected to www.gihyo.jp.
Escape character is '^]'.
GET / HTTP/1.1                    ← GETコマンドを入力
Host: www.gihyo.jp                ← サーバ名を入力
                                  ← 改行入力
HTTP/1.1 200 OK
...
```

上の例では、Hostリクエストヘッダにwww.gihyo.jpが設定されています。Nginxがリクエストを受信すると、Hostリクエストヘッダの値と一致するserver_nameディレクティブの値を持ったバーチャルサーバの設定を適用します。

参照 バーチャルサーバの設定 P.68

HTTPサーバの設定 > server ディレクティブ

レスポンスコードごとにエラーページを設定

error_page

http、server、location、location内のif

構文 error_page *code* ... [=[*response*]] *uri*;

パラメータ	説明
code	設定する対象のレスポンスコード
response	レスポンスコードを強制的に変更する場合に指定
uri	レスポンスとして返却するエラーページのURI

エラーページは、デフォルトのままにせず設定を変更しましょう。error_pageディレクティブでは、指定されたレスポンスコードに対して表示されるエラーページのURIを設定します。

用例

エラーページの設定

設定例では、404レスポンスコードに対して/404.htmlをエラーページとして表示するよう設定しています。

```
error_page  404               /404.html;
```

複数のレスポンスコードを指定

複数のレスポンスコードを一括で設定することもできます。次の例では、レスポンスコードが500/502/503/504のいずれかの場合、エラーページとして/50x.htmlを表示します。

```
error_page 500 502 503 504 /50x.html;
```

リダイレクト

エラー処理にリダイレクトを使って、外部WebサーバのURIを指定することもできます。

```
error_page 403        http://example.com/forbidden.html;
```

レスポンスコードの変更1

さらに、=レスポンスコード構文を使って、レスポンスコードを違うものに変更できます。404レスポンスコード（要求されたものがない）のエラーページとして/empty.gifを表示し、さらにクライアントにはレスポンスコード200を返します。

```
error_page 404 =200 /empty.gif;
```

レスポンスコードの変更2

=だけを記述し、レスポンスコードを省略すると、内部リダイレクト先のシステムから受け取ったレスポンスコードを返します。次の例では、404レスポンスコードに対し、エラーページの/404.phpにアクセスし、そのアクセスで発生したレスポンスコードをクライアントに返します。

```
error_page 404 = /404.php;
```

参照 ソースを修正しサーバ情報を隠蔽する P.212

HTTPサーバの設定 > locationディレクティブ

ドキュメントルートを設定

root

http、server、location、location内のif

構文 root *path*;

パラメータ	説明
path	ドキュメントルートのパス（デフォルト html）

rootディレクティブでは、ドキュメントルートのディレクトリを設定します。http/serverコンテキストでも指定できます。

用例

次の例では、/usr/share/nginx/htmlがドキュメントルートとなります。

```
root  /usr/share/nginx/html;
```

Nginxのワーカープロセスの権限（mainコンテキストのuserディレクティブで指定したユーザ権限、設定例ではnginx）でアクセスできるようにしておきます。アクセスできない場合は、ディレクトリやファイルのオーナー、パーミッションを確認します。また、LinuxでSELinuxを適切に設定しないとドキュメントルートにアクセスできなくなります。

> **注意** ルートドキュメントディレクトリを変更した際、SELinuxが有効だとドキュメントルートへのアクセスに失敗することがあります。SELinuxを設定する方法を参照してください。

参照
SELinuxを利用する	P.232
待ち受けポートの変更（SELinux）	P.235
使用可能なディレクトリの確認（SELinux）	P.239
Virtual Document Rootを実現する	P.308

HTTPサーバの設定 > locationディレクティブ

インデックスファイル名を設定

index

http、server、location

構文 `index file ...;`

パラメータ	説明
file	インデックスファイル名（デフォルト index.html）

用例

indexディレクティブでは、リクエストURIが/で終わっているものに対して、**インデックス**として使われるファイル名を設定します。デフォルトの設定値はindex index.html;です。

ファイル名は複数指定でき、指定された順番でチェックされます。最後に指定されるファイルには絶対パス付きのファイル名を指定でき、どのファイルも存在しなかった場合のフォールバックとして機能させることができます。

```
index index.html index.htm index.php /...path.../index.html;
```

なお、インデックスファイルを使うことで内部リダイレクトが発生します。そのため、URIが再評価され、ほかのlocationコンテキストの処理が適用される可能性があります。

Column　Dockerとは

　本編ではオンプレミスな物理サーバや仮想マシン上でNginxを動かす方法を解説していますが、近年注目されているのが、**コンテナ型仮想化**です。**コンテナ**とはアプリケーションの実行環境を抽象化する技術です。従来の仮想マシンを使った仮想化技術は、ホストOS上でハードウェアをエミュレートしゲストOSを起動します。2重でOSが起動するため、立ち上がりが遅く、また多くのハードウェアリソースを消費します。一方でコンテナ型仮想化技術は、アプリケーションの実行に必要なプロセスやリソースをコンテナ化し、ほかのコンテナや通常プロセスから切り離して実行します。実行できるアプリケーションはホストOSに依存し、仮想マシンのように異なるOSのバイナリを実行することはできませんが、直接ホストOS上で実行されるため、より少ないリソースで動作します。また起動が早いため、需要に応じて迅速にデプロイ（配置）できます。

　Linuxは古くからコンテナ仮想化技術の**LXC (Linux Container)**を実装しています。アプリの実行環境をコンテナに閉じ込めたり、ネットワークリソースやファイルシステムを割り当てたりするのに、LXCをはじめとするLinuxの機能を組み合わせて使用します。手動でコンテナを管理するのは大変な作業になります。そこで活躍するのがコンテナ管理ソフトウェアです。

　数あるコンテナ管理ソフトウェアの中で注目されているのが、**Docker（ドッカー）**です。Dockerを使えばdockerコマンド1つでコンテナの操作が可能になります。またコンテナに割り当てるファイルシステムの中身をイメージ化して管理できるため、作成したイメージを**Dockerレジストリ**に登録したり、オンデマンドにレジストリからダウンロードしたりできます。イメージは新規に作成する以外に、既存のイメージを編集して新たなイメージとして登録することもできます。（Dockerのインストール方法は、P.138に掲載しています。

Part 2 | リファレンス

第 11 章

リバースProxyサーバ／ロードバランサ

ここでは、NginxをリバースProxyサーバ／ロードバランサとして利用する方法を解説します。

リバースProxyとして利用したい

リバースProxyサーバ／ロードバランサ ＞ Proxyサーバ

proxy_pass

location、location内のif、limit_except

構文 `proxy_pass URI;`

パラメータ	説明
URI	転送先サーバ（例 http://192.168.0.1/）

ここではNginxでリバースProxyを設定する方法を解説します。

用例

NginxでリバースProxyを実現するには、転送したいURIをlocationディレクティブで設定し、locationディレクティブのコンテキスト内でproxy_passディレクティブを使い、転送先サーバを指定します。

```
http {
...
    server {
        ...
        location / {
            # 転送先を指定
            proxy_pass http://192.168.0.1/;
        }
        ...
    }
...
}
```

ここで、フォワードProxy機能とリバースProxy機能について解説します。

Proxy機能

フォワードProxy

よく利用されるProxy機能には、反応の遅いサイトに代わってキャッシュされたデータをWebサーバの代理で返す**フォワードProxy**機能があります。フォワードProxy機能は、外部ネットワークとの接続が許可されていないイントラネット内のクライアントが外部のWebサイトを参照できるようにするといった、クライアントの利便性を高めるために使用されます。

▼ フォワードProxy

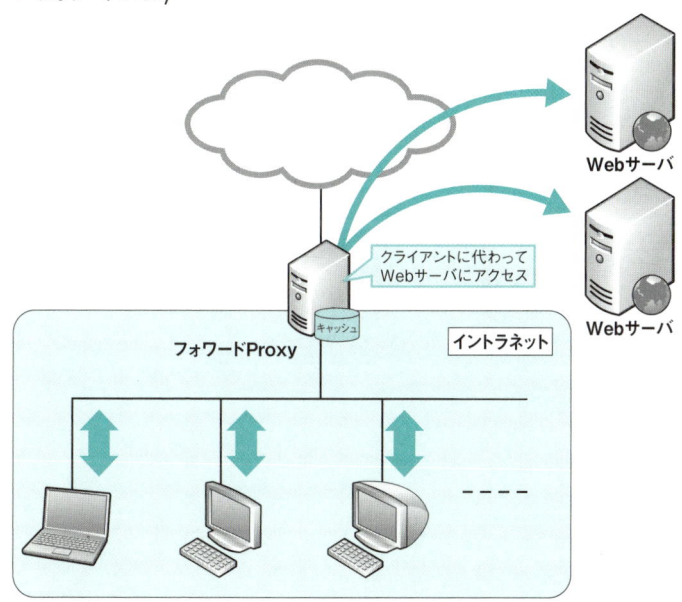

リバースProxy

一方、ロードバランサでは**リバースProxy機能**を利用します。リバースProxyは、インターネット側からのリクエストを一旦中継し、バックエンドのWebサーバへ振り分けます。コンテンツを複数のサーバに分散させる場合や、Webサーバの構成を外部から隠蔽する場合に使用します。NginxのリバースProxy機能はURIマッピングにより実現されています。特定のURIに対し決められたバックエンドサーバにリクエストを割り振ります。このリバースProxy機能に負荷分散や冗長性の機能も持たせることでロードバランサとして利用する

ことができます。

▼ リバースProxy機能

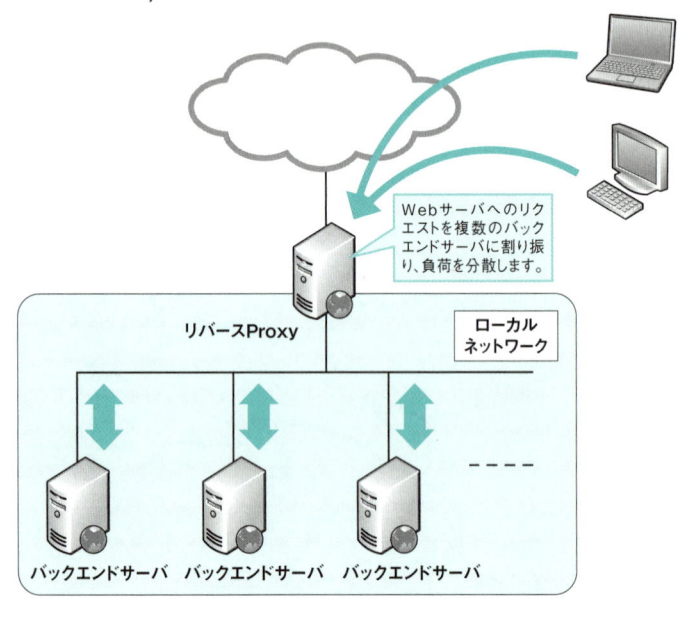

Webサーバへのリクエストを複数のバックエンドサーバに割り振り、負荷を分散します。

リバースProxy

ローカルネットワーク

バックエンドサーバ　バックエンドサーバ　バックエンドサーバ

リバースProxyサーバ／ロードバランサ ＞ Proxyサーバ

リクエストされたURIに応じてバックエンドサーバを切り替えたい

proxy_pass

リクエストされたURIで転送先を切り替えるにはlocationディレクティブのコンテキストを利用

構文 `proxy_pass URI;`

パラメータ	説明
URI	転送先サーバ（例 http://192.168.0.1/）

負荷分散と冗長性の確保

　サーバ1台で処理しきれないほどの大規模なサイトでは、サーバを複数台用意し、ロードバランサのような負荷分散装置によって負荷を分散し、安定的な運用を実現しています。ロードバランサを利用することで、クライアントからのリクエストを複数のバックエンドサーバに割り振り、各サーバの負荷を軽減することができます。同じIPアドレスで複数のサーバが応答するしくみを構築する必要があるため、ロードバランサには高価なアプライアンス製品やネットワーク機器が用いられていますが、Nginxをロードバランサとして利用することができます。

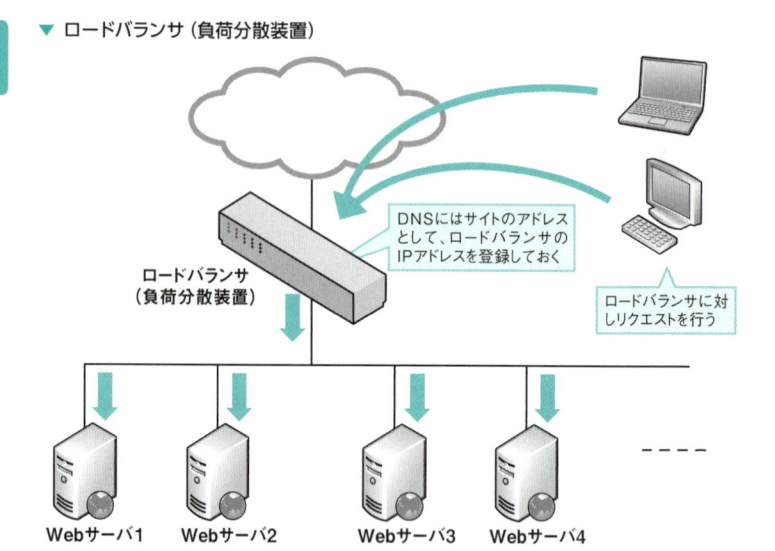

▼ ロードバランサ（負荷分散装置）

DNSにはサイトのアドレスとして、ロードバランサのIPアドレスを登録しておく

ロードバランサ（負荷分散装置）

ロードバランサに対しリクエストを行う

Webサーバ1　Webサーバ2　Webサーバ3　Webサーバ4

用例

URIにfooが含まれる場合はサーバAに、拡張子が.phpならサーバBに、といった転送対象別に転送先を切り替えることができます。それには、locationディレクティブのコンテキストで対象URIを指定し、locationごとにproxy_passディレクティブで転送先を指定します。locationディレクティブのコンテキストについては第3章を参照してください。

```
http {
...
    server {          ←──────── server {...} に以下の内容を追加
        ...
        # URI のパスで一致させたい場合
        location /foo/ {
            proxy_pass http://192.168.0.1/;
        }

        # 拡張子で一致させたい場合
        location ~ \.php$ {
            proxy_pass http://192.168.0.2/;
        }

        # 正規表現で一致させたい場合
        location ~ ^/foo/(.*\.php)$ {
```

```
            proxy_pass http://192.168.0.3/;
        }
        ...
    }
    ...
}
```

なお、locationディレクティブのURIマッチでproxy_passを使用する場合、proxy_passディレクティブの引数がURIかそうでないかで、転送先に渡されるURIが変わってきます。

proxy_passディレクティブがURIで指定されている、すなわち文頭がhttp（またはhttps）で始まり、末尾が/で終わるものが指定された次のような設定では、リクエストhttp://ホスト名/one/twoに対しURIが置換され、http://192.168.0.1/twoが転送先サーバへのリクエストになります。

```
        location /one/ {
            proxy_pass http://192.168.0.1/;
        }

# 元のリクエスト：          http:// ホスト名 /one/two
# 転送先へのリクエスト：    http://192.168.0.1/two
```

引数がURIではない、すなわち末尾が/で終わっていないような文字列が指定された次のような設定では、URIは置換されません。この場合、リクエストされたURIがそのまま転送先にリクエストされるため、リクエストhttp://ホスト名/one/twoに対しhttp://192.168.0.1/one/twoが転送先サーバへリクエストされます。

```
        location /one/ {
            proxy_pass http://192.168.0.1;
        }

# 元のリクエスト： http:// ホスト名 /one/two
# 転送先へのリクエスト：    http://192.168.0.1/one/two
```

proxy_passディレクティブの引数にURIを指定する場合は、末尾の/を忘れないよう注意します。

ヘルスチェック

ロードバランサがバックエンドサーバの障害を検知し、分散対象から切り離

すのに**ヘルスチェック**が使われます。一般的なロードバランサのヘルスチェックには**PINGチェック（L3チェック）**、**TCPチェック（L4チェック）**、**アプリケーションチェック（L7チェック）**が用いられます。

PINGチェックでは、バックエンドサーバにPINGパケットを送信し、その応答の有無で死活を判断します。

TCPチェックでは、バックエンドサーバのサービスポート（WebサービスならTCP 80番）に対して接続確認を行います。PINGチェックではネットワークの到達性しか監視できませんが、TCPチェックならサービスの接続性まで監視できます。それでも、アプリケーションが正常に動作しているかまでは監視できません。たとえば、Webサーバとしてサービスは起動していても、コンテンツを正しく配信しているかどうかまでは、PINGやTCPでは確認できません。

アプリケーションレベルまで監視するには、**アプリケーションチェック**が必要です。一般的に利用されるのが、ヘルスチェック用のダミーコンテンツを使った方法です。各バックエンドサーバにデータ量の小さい監視専用のコンテンツを用意し、ロードバランサが一定間隔で正常性を確認します。レスポンスコードや応答速度を調べることもできるため、サーバの状態をより明確に検知できます。またWebシステムのように、DBサーバやアプリケーションサーバといった複数のサーバが連携するシステムでは、各システムの状態をヘルスチェックページに動的に埋め込むことで、システム全体としての正常性まで確認できます。

PINGチェックやTCPチェックは、サーバ側に特別な準備は必要ありませんが、アプリケーションチェックでは作り込みが必要になります。また、アプリケーションのログにヘルスチェックのログが出力されてしまい、ポーリング間隔が短いと大量のログが発生することになります。

ヘルスチェックでバックエンドサーバの停止を検知する際、ダウン検出回数を適切に設定しないと、検知時間が長くなり、障害中のサーバにリクエストを割り振ってしまう危険性が大きくなります。バックエンドサーバの停止を検出するのにかかる時間は**ヘルスチェックのポーリング間隔×検出回数**で決まります。ポーリング間隔を長くすると、バックエンドサーバの停止を検出する時間が長くなります。ポーリング間隔が短いと、サーバの負荷が高くなり、レスポンスが遅くなったときに停止と誤認してしまいます。

TCPポートを使ったサービスのヘルスチェックは容易ですが、UDPポートを使ったサービスだと信頼性を保証できないため、設定が難しくなります。

参照 負荷分散の方式 P.143

リバースProxyサーバ／ロードバランサ > Proxyサーバ

転送先サーバの指定

proxy_pass

location、location内のif、limit_except

構文❶ proxy_pass *socket*;

構文❷ proxy_pass *URI(http)*;

構文❸ proxy_pass *URI(https)*;

パラメータ	説明
socket	UNIXドメインソケット
URI(http)	URI（http://……/）
URI(https)	URI（https://……/）

転送先サーバの指定には、ホスト名やIPアドレス、UNIXドメインなどが使用できます。また、スキームには **http://** のほか、**https://** も指定できます。ポート番号が省略された場合、http:// では **TCP 80番**、https:// では **TCP 443番** が使用されます。

用例

転送先サーバの設定例を紹介します。

- ホスト名とポート番号を指定

```
proxy_pass http://localhost:8080/;
```

- IPアドレスとポート番号を指定

```
proxy_pass http://127.0.0.1:8080/;
```

- UNIXドメインソケットを指定

```
proxy_pass http://unix:/tmp/nginx.sock;
```

- https:// を指定

```
proxy_pass https://192.168.0.1/;
```

- パスを指定（ホスト名）

```
proxy_pass http://localhost:8080/path/;
```

- パスを指定（UNIXドメインソケット）

```
proxy_pass http://unix:/tmp/nginx.sock:/path/;
```

- 変数（$server_name）を指定

```
proxy_pass http://$server_name:8080/;
```

> **Column** Dockerのインストール
>
> Dockerをインストールするには公式サイトで提供されているインストールスクリプトを使用します。スクリプトを使うとパッケージのダウンロードからインストールまで自動で行われます。あとはDockerエンジンが自動起動するようサービスを有効化します（次の手順は、CentOS 7.1.1503でのインストール方法です。実行は管理者権限で行ってください。またiptablesやの設定が別途必要になる場合があります）。
>
> ```
> 1.Docker をオンラインインストール
> # curl -sSL https://get.docker.com/ | sh
> 2. 自動起動するようサービスを有効化
> # systemctl enable docker
> 3. サービス開始
> # systemctl start docker.service
> 4. インストール確認
> # docker version
> Client:
>  Version:      1.8.1
>  API version:  1.20
>  Go version:   go1.4.2
>  Git commit:   d12ea79
>  Built:        Thu Aug 13 02:19:43 UTC 2015
>  OS/Arch:      linux/amd64
>
> Server:
>  Version:      1.8.1
>  API version:  1.20
>  Go version:   go1.4.2
>  Git commit:   d12ea79
>  Built:        Thu Aug 13 02:19:43 UTC 2015
>  OS/Arch:      linux/amd64
> ```

リバースProxyサーバ／ロードバランサ > Proxyサーバ

バックエンドサーバにクライアントのIPアドレスを渡したい

proxy_set_header

http、server、location

構文 `proxy_set_header field value;`

パラメータ	説明
field	HTTPヘッダフィールド
value	変数

リクエストを転送すると、転送先サーバのアクセスログやエラーログに、本来リクエストを送信したクライアントのIPアドレスの代わりに、Proxyサーバのアドレスが記録されます。

転送先サーバから見れば、リバースProxyサーバがリクエストの送信元になるため、IPレイヤでクライアントのアドレスを直接知ることができません。そこでHTTPヘッダ情報の**X-Forwarded-For**や**X-Real-IP**といったヘッダにクライアントのアドレスを埋め込み、クライアントのアドレスを渡します。

用例

次の例では、proxy_set_headerディレクティブを使って、各ヘッダにクライアントのアドレスを埋め込んでみます。

```
http {
...
    server {
        ...
        location /foo {
            # 各種ヘッダ情報の書き換え（必要に応じて）
            proxy_set_header X-Real-IP $remote_addr;
            proxy_set_header X-Forwarded-For $remote_addr;
            proxy_set_header X-Forwarded-Host $host;
            proxy_set_header X-Forwarded-Server $host;
            proxy_set_header Host $host;

            # 転送先を指定
```

（次ページへ続く）

```
                proxy_pass http://192.168.0.1:8080/;
                ...
        }
        ...
    }
...
}
```

転送先Nginxのログ設定

転送先のNginxサーバで次のようにログの書式が設定されている場合、最後のフィールドにクライアントのIPアドレスが記録されます。

```
log_format  main  '$remote_addr - $remote_user [$time_local] "$request" '
                  '$status $body_bytes_sent "$http_referer" '
                  '"$http_user_agent" "$http_x_forwarded_for"';
```

次がログ出力の例です。

```
# Proxy サーバで何も設定していない場合
172.16.55.245 - - [20/Apr/2015:23:52:53 +0900] "GET / HTTP/1.0" 200 621 "-"
"Mozilla/5.0 (Macintosh; Intel Mac OS X 10_10_3) AppleWebKit/600.5.17
(KHTML, like Gecko) Version/8.0.5 Safari/600.5.17" "-"

# Proxy サーバで「X-Forwarded-For」ヘッダを設定した場合
172.16.55.245 - - [20/Apr/2015:23:55:10 +0900] "GET / HTTP/1.0" 200 621 "-"
"Mozilla/5.0 (Macintosh; Intel Mac OS X 10_10_3) AppleWebKit/600.5.17
(KHTML, like Gecko) Version/8.0.5 Safari/600.5.17" "172.16.55.12"
(末尾の「172.16.55.12」がクライアントの IP アドレス)
```

転送先がApache HTTPDの場合、次のように設定することでアクセスログ（access_log）にクライアントのアドレスを記録できます。

```
# access_log に CustomLog で定義された「common」している場合。
CustomLog logs/access_log common

# ログのフォーマットを修正
LogFormat "%{X-Forwarded-For}i %l %u %t \"%r\" %>s %b" common
```

リバースProxyサーバ／ロードバランサ > ロードバランサ

ロードバランサとして利用する

server

upstream

構文 `server address [option];`

パラメータ	説明
address	ドメイン名またはIPアドレス、およびポート番号
addressのオプション	**説明**
weight=number	重み付けラウンド方式でサーバの重みを設定
max_fails=number	転送先から除外する際の最大試行回数
fail_timeout=time	転送先から除外する際のタイムアウト時間
backup	バックアップサーバを設定
down	転送先から除外
max_conns=number	転送先サーバとの最大同時コネクション数
resolve	Nginxの再起動無しにドメイン名解決を行う
route=string	サーバのルート名を設定
slow_start=time	ダウンしていたサーバを転送先に復帰させる際、重みが0から通常の値になるまでの時間を設定

ロードバランサ

　Nginxを開発したIgor Sysoev氏が目標としたのは、高速な**Webアクセラレーター**の実現です。Webアクセラレーターは、クライアントからのリクエストを受け付け、バックエンドのWebサーバに振り分けます。バックエンドに複数のWebサーバを配置することで、より多くのリクエストを処理できるようになります。また、バックエンドサーバのうちいずれかが停止しても、ほかのサーバにリクエストを振り分けることでサービスを継続できるといった**冗長性**も実現しています。冗長機能を備えたWebアクセラレーターを**ロードバランサ**と呼びます。市販のロードバランサは大変高価ですが、NginxのリバースProxy機能を使えば、手軽にロードバランサを構築できます。また、Nginxの強力なキャッシュ機能を併用することで、より高速にリクエストを処理できるようになります。

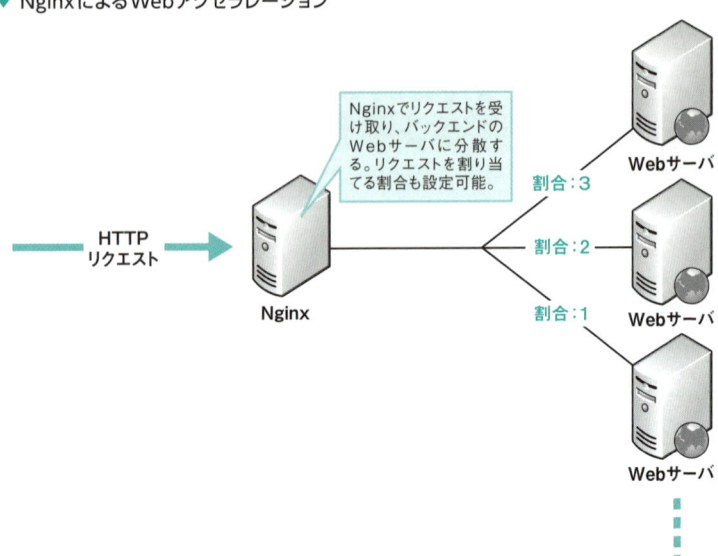

▼ NginxによるWebアクセラレーション

> Nginxでリクエストを受け取り、バックエンドのWebサーバに分散する。リクエストを割り当てる割合も設定可能。

用例

NginxのリバースProxyで複数のWebサーバにリクエストを振り分けることで、ロードバランシングを実現します。たとえば、http://Nginxのアドレス/fooへのアクセスを192.168.0.2と192.168.0.3にロードバランシングするには、upstreamディレクティブのコンテキストでサーバグループを定義し、proxy_passディレクティブの引数にサーバグループを指定します。

```
# httpディレクティブのコンテキストに以下の内容を追加
http {
...
    # サーバグループ「mycluster」を定義
    upstream mycluster {
        server 192.168.0.2;   # 振り分け先（バックエンドサーバ）
        server 192.168.0.3;   # 振り分け先（バックエンドサーバ）
    }

    # serverディレクティブのコンテキストに以下の内容を追加
    server {
        ...
```

```
        # ロードバランシングされる対象URI（各サーバに「/foo」を用意しておく）
        location /foo {
            # 上で定義したサーバグループ「mycluster」を指定
            proxy_pass http://mycluster;
        }
        ...
    }
    ...
}
```

　デフォルトの負荷分散方式は、順番にサーバを割り振っていく**ラウンドロビン方式**です。各バックエンドサーバに対し、均等にリクエストが割り振られます。バックエンドサーバが停止すると、リクエストは正常なサーバにのみ割り振られます。また停止したサーバが復帰すると、再び割り振られるようになります。

負荷分散の方式

　負荷分散にはさまざまな方式があります。バックエンドサーバに対して順番にリクエストを割り当てる**ラウンドロビン方式**や、応答が最も早いバックエンドサーバを選択する**最速応答時間方式**、接続しているコネクション数が最少のバックエンドサーバを選択する**最少コネクション方式**、一定時間に転送されたデータ量が最も少ないバックエンドサーバを選択する**最少トラフィック方式**といったものです。またロードバランサによっては、ラウンドロビン方式でも順番に割り振らず、決められた割合で割り振っていく**重み付けラウンドロビン方式**や、CPUの負荷が一番低いサーバに割り振る**CPU負荷分散方式**、セッション情報を維持するために、クライアントのソースIPやクッキー情報をもとに決められたサーバに接続する**セッション維持方式**を採用したロードバランサもあります。このうちNginxが対応しているのは、ラウンドロビン方式／重み付け方式／最少コネクション方式です。

▼ 負荷分散の方式

方式名	負荷分散の方法	Nginxの対応
ラウンドロビン方式	バックエンドサーバを順番に使用	○
優先順位方式	設定した優先順位に従う	
重み付け方式	設定した割合に従う	○
コンテンツスイッチング	HTTPヘッダやURIによってバックエンドサーバを決定	△ (URI指定可能)
最速応答時間方式	応答が最も早いバックエンドサーバを優先	

（次ページへ続く）

（負荷分散の方式の続き）

方式名	負荷分散の方法	Nginxの対応
最少コネクション方式	接続しているコネクション数が最少のサーバを優先	○
最少トラフィック方式	トラフィック量が最も少ないサーバを優先	

　ロードバランサによって各サーバの負荷を軽減できると同時に、ダウンしたバックエンドサーバを切り離すことで、サービスの冗長性を確保することもできます。

▼ ロードバランサによる高度な負荷分散

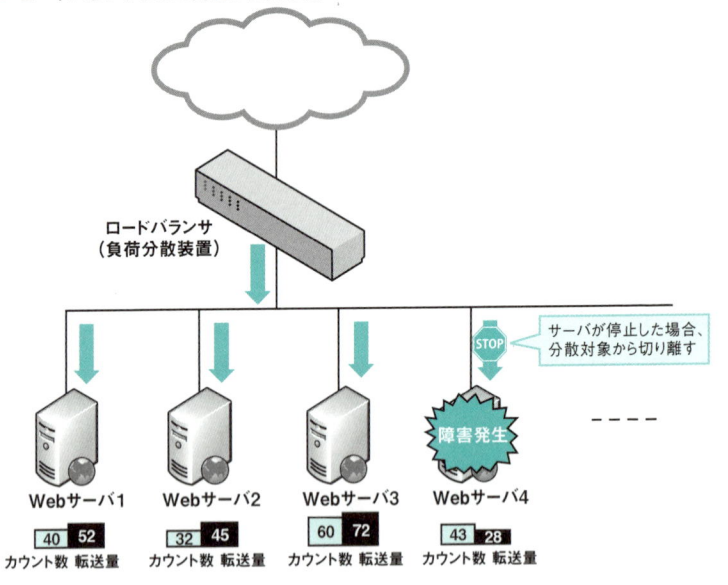

ロードバランサ
（負荷分散装置）

サーバが停止した場合、分散対象から切り離す

障害発生

Webサーバ1　Webサーバ2　Webサーバ3　Webサーバ4

40 52　32 45　60 72　43 28
カウント数 転送量　カウント数 転送量　カウント数 転送量　カウント数 転送量

リバースProxyサーバ／ロードバランサ > ロードバランサ

バックエンドサーバを指定する

server

`upstream`

構文❶ server *soket*;

構文❷ server *address*;

パラメータ	説明
socket	UNIXドメインソケット (unix:/...)
address	ドメイン名またはIPアドレス、およびポート番号

serverディレクティブのコンテキスト内でバックエンドサーバを指定する際、IPアドレスのほか、ドメイン名やUNIXドメインソケットも指定できます。なおドメイン名で指定した場合、DNSによるホスト名解決はNginx起動時や再起動時のみ行われます。起動中にDNSが更新され、ホスト名に対するIPアドレスが変更されても、Nginxは古いIPアドレスに対してリクエストを割り振り続けます。

用例

次の例は、バックエンドサーバの指定に、ドメイン名/IPアドレス/UNIXドメインソケットを使用しています。

```
http {
...
    upstream mycluster {
        # ドメイン名で指定
        server backend1.example.com;

        # ポート番号を指定
        server 127.0.0.1:8080;

        # UNIX ドメインソケットを指定
        server unix:/tmp/backend3;
    }
...
}
```

リバースProxyサーバ／ロードバランサ > ロードバランサ

重み付けラウンドロビン方式の設定

server

upstream

構文 `server address weight=number;`

パラメータ	説明
address	ドメイン名またはIPアドレス、およびポート番号
addressのオプション	**説明**
weight=number	重み付けラウンド方式でサーバの重みを設定

　決められた割合で割り振っていく**重み付けラウンドロビン方式**を設定するには、upstreamディレクティブのコンテキスト内で各バックエンドサーバを指定する際、サーバのアドレスに続き、**weight（重み）**を指定し、server 192.168.0.2 weight=3;とします。

用例

　次の例では、192.168.0.2に対し重みを3とし、192.168.0.3に対してはデフォルトの1としています。

```
http {
...
    upstream mycluster {
        server 192.168.0.2 weight=3;    # 重み「3」
        server 192.168.0.3;             # 重み指定なしの場合は「1」
    }
...
}
```

　上のように設定した場合、4リクエストのうち、3リクエストが192.168.0.2に、1リクエストが192.168.0.3に割り振られます。weightを省略した場合、weight=1が適用されます。

リバースProxyサーバ／ロードバランサ > ロードバランサ

最少コネクション方式を設定したい

least_conn

upstream

構文 `least_conn;`

　接続しているコネクション数が最少のバックエンドサーバにリクエストを割り振る**最少コネクション方式**を設定するには、upstreamディレクティブのコンテキストでleast_connディレクティブを指定します。

用例

　次の設定例ではleast_connディレクティブに192.168.0.2と192.168.0.3というサーバを指定しています。サーバのリクエストをコネクションの数少ない方に転送します。

```
http {
...
    upstream mycluster {
        least_conn;
        server 192.168.0.2;
        server 192.168.0.3;
    }
...
}
```

リバースProxyサーバ／ロードバランサ > ロードバランサ

セッション情報を維持した重み付け

ip_hash

upstream

構文 `ip_hash;`

クライアントとWebサーバ間のセッション情報を維持するには、同一クライアントからのリクエストを継続して同じバックエンドサーバに振り分ける必要があります。それには、**セッション維持方式（セッション・パーシステンス）**を利用します。Nginxは、リクエストが同一クライアントのものかどうか、クライアントのソースIPアドレスをもとに判断します（**ソースアドレス・アフィニティ・パーシステンス方式**）。

用例

クライアントのIPアドレスに基づいたセッション維持方式を利用するには、次のようにupstreamディレクティブのコンテキストでip_hashを指定します。クライアントで固定されたサーバが停止した場合には、別のバックエンドサーバが割り当てられます。またサーバが復帰すれば、元のサーバにリクエストが転送されるようになります。

```
http {
...
    upstream mycluster {
        ip_hash;
        server 192.168.0.2;
        server 192.168.0.3;
    }
...
}
```

クライアントを識別するのに、一旦IPアドレスをHASH化します。Nginx 1.3.2以上ならIPv4とIPv6に対応しており、IPv4ならクラスCのネットワークアドレスが、IPv6なら全体がHASH化されます。

セッション維持

HTTPのようにステートレスなプロトコルだと、アクセスするたびに新たなセッションとして扱われます。たとえば、ログインページでユーザ認証に成功したとしても、クライアントが次の画面に遷移すれば違うセッションとして扱われ、認証に成功した情報を引き継ぐことができません。そのため、WebシステムではセッションID情報をサーバに保持し、同一クライアントからのリクエストならセッション情報を引き継ぐようにしています。ロードバランサでリクエストを振り分ける際、最初に振り分けたバックエンドサーバと別のサーバに振り分けてしまうと、最初に作成されたセッション情報が利用できません。バックエンドサーバ側でセッション情報をほかのサーバと共有する方法もありますが、そうした手法は複雑です。こうした問題をロードバランサ側で解決するには、同一クライアントからのリクエストを継続して同じバックエンドサーバに振り分けるようにします。それが**セッション維持(セッション・パーシステンス)**です。

リクエストが同一クライアントのものかどうか判断する方法としては、クライアントのソースIPアドレスを使う**ソースアドレス・アフィニティ・パーシステンス方式**と、HTTPヘッダの**Cookie情報**に識別用IDを埋め込む**クッキー・パーシステンス方式**があります。クライアントがProxyサーバを使っていたりNAT環境下にあったりすると、ソースIPが変わる可能性があるため、クライアントをソースIPアドレスで識別するのが困難になります。ただし、ロードバランサはソースIPアドレスと割り振ったサーバとのマッピング情報を管理するだけで済むため、負担が軽くなります。クッキー・パーシステンス方式はクライアントの識別がより正確に行えますが、ロードバランサ側でCookie情報にサーバIDを埋め込むため、より負担が重くなります。また、アプリケーションデータが暗号化されたHTTPSの場合、クッキー・パーシステンス方式は利用できません。HTTPSのセッション維持には、ソースIPアドレスか**SSL Session-ID**を利用します。

▼ セッション・パーシステンスによるセッション維持

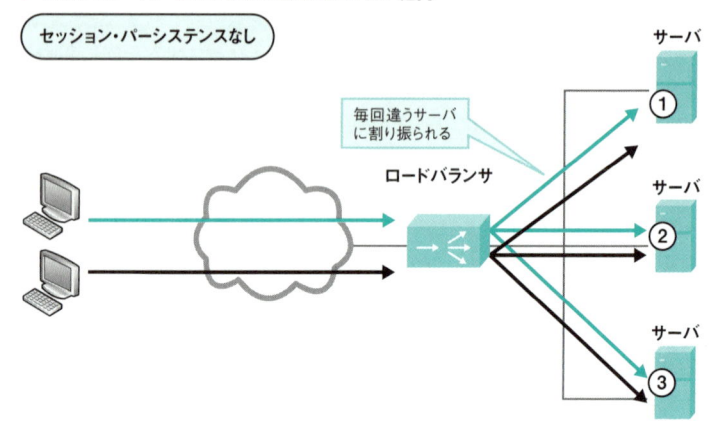

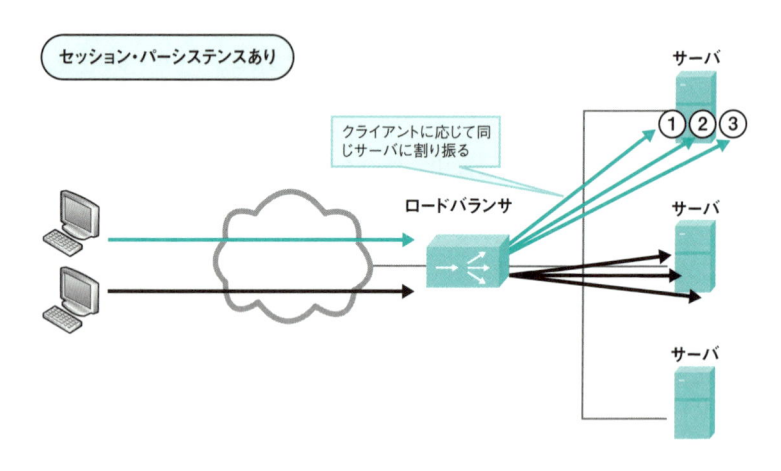

セッション・パーシステンスなし

毎回違うサーバに割り振られる

セッション・パーシステンスあり

クライアントに応じて同じサーバに割り振る

リバースProxyサーバ／ロードバランサ > ロードバランサ

タイムアウト時間、最大試行回数を設定したい

server

upstream

構文 `server address [option];`

パラメータ	説明
address	ドメイン名またはIPアドレス、およびポート番号

addressのオプション	説明
max_fails=number	転送先から除外する際の最大試行回数
fail_timeout=time	転送先から除外する際のタイムアウト時間

用例

バックエンドサーバの停止を検知し、転送先から除外するまでの最大試行回数やタイムアウト時間を設定できます。次のようにmax_fails=3 fail_timeout=30sと指定した場合、30秒間に3回障害を検知すると転送先から除外されます。何も指定がない場合、max_fails=1 fail_timeout=10sがデフォルトで適用され、10秒間に一度でも障害を検知すると転送先から除外されます。

```
http {
...
    upstream mycluster {

        # 30秒間に3回ダウンを検知すると転送先から除外
        server 192.168.0.2 max_fails=3 fail_timeout=30s;

        # デフォルトは「max_fails=1 fail_timeout=10s」
        server 192.168.0.3;
    }
...
}
```

バックエンドサーバが障害から復帰すると、自動的に転送先に組み込まれ、再度リクエストが転送されるようになります。なお一度転送先から除外されると、fail_timeoutで指定された時間は転送先に組み込まれません。 fail_timeout=10mなら、すぐに障害から復帰したとしても、障害検知から10分間は転送先から除外されます。

リバースProxyサーバ／ロードバランサ > ロードバランサ

バックエンドサーバを停止することなく除外したい

server

upstream

構文 `server address [option];`

パラメータ	説明
address	ドメイン名またはIPアドレス、およびポート番号

オプション	説明
down	転送先から除外

バックエンドサーバが停止すれば自動的に転送先から除外されますが、バックエンドサーバを稼働させたまま転送先から除外するには、serverディレクティブのサーバのアドレスに続き、downを指定します。セッション維持方式を利用している場合、該当のserver行を削除してしまうと、クライアントのHASH情報も削除されますが、server行を残したままdownを指定すれば、クライアントのHASH情報を残したまま、サーバをサービスアウトさせることができます。

用例

次の例では、転送先サーバから192.168.0.3を除外しています。

```
http {
...
    upstream mycluster {
        ip_hash;
        server 192.168.0.2;
        server 192.168.0.3 down;        # 転送先から除外
    }
...
}
```

リバースProxyサーバ／ロードバランサ > ロードバランサ

バックアップサーバを設定しSorryページを表示したい

server

`upstream`

構文 `server address [option];`

パラメータ	説明
address	ドメイン名またはIPアドレス、およびポート番号

オプション	説明
backup	バックアップサーバを設定

普段は転送先から除外しておき、プライマリサーバがダウンしたときだけ利用するバックアップサーバを指定できます。upstreamディレクティブのコンテキストで各バックエンドサーバを指定する際、バックアップサーバのアドレスに続けてbackupを指定します。複数のバックアップサーバを指定できます。

用例

次のように設定した場合、サーバA・Bがともに停止した場合にバックアップサーバにリクエストが振り分けられます。AとBのどちらかが稼働している場合、バックアップサーバは利用されません。

Webサイトの停止を知らせる**Sorryページ**をバックアップサーバに用意しておけば、障害発生時に自動的にSorryページを表示できるようになります。

```
http {
...
    upstream mycluster {
        ip_hash;
        server 192.168.0.2;   # サーバA
        server 192.168.0.3;   # サーバB

        # バックアップサーバ
        server 127.0.0.1:8080 backup;
        server 192.168.0.4:80 backup;
    }
...
}
```

リバースProxyサーバ／ロードバランサ > ロードバランサ

ダウン検知ポリシーを変更したい

proxy_next_upstream

```
http、server、location
```

構文
```
proxy_next_upstream error | timeout | invalid_
header | http_500 | http_502 | http_503 |
http_504 | http_403 | http_404 | off ...;
```

オプション	説明
error	コネクション生成時のエラー
timeout	リクエストタイムアウト
invalid_header	空または不正レスポンス
http_○○	HTTPレスポンスコード
off	ほかのバックエンドサーバに振り直さない

　サーバグループで指定されたバックエンドサーバのうち、いずれかがダウンすると、リクエストタイムアウト（デフォルト10秒）を契機にほかのバックエンドサーバにリクエストが振り直されます。Nginxはタイムアウト以外にもさまざまな検知ポリシーを指定できます。たとえば、HTTPレスポンスコードで切り替えたり、不正なレスポンスを受け取った際に切り替えたりすることができます。Webアプリケーションのエラーを契機にするには、**HTTPレスポンスコード500**をダウン検知ポリシーに指定します。

　ダウン検知ポリシーはlocationディレクティブのコンテキスト内（または server、httpディレクティブのコンテキスト）でproxy_next_upstreamディレクティブを使って指定します。

　デフォルト値としては、次が設定されています。

```
proxy_next_upstream error timeout;
```

用例

　proxy_next_upstreamディレクティブの引数は、複数個指定できます。次の例では、errorとhttp_500が指定されており、コネクション時のエラーやHTTPレスポンスコード 500が発生した場合に、ダウンしたものとしてバック

エンドサーバが切り離されます。

```
http {
...
    # サーバグループ「mycluster」を定義
    upstream mycluster {
        server 192.168.0.2;
        server 192.168.0.3;
    }

    # server ディレクティブのコンテキストに以下の内容を追加
    server {
        ...
        location /foo {
            proxy_pass http://mycluster;

            # ダウン検知ポリシーの指定
            proxy_next_upstream error http_500;
            ...
        }
        ...
    }
...
}
```

そのほかのダウン検知ポリシー

proxy_next_upstreamディレクティブに指定可能なダウン検知ポリシーは次のとおりです。

- コネクション生成時のエラー

  timeoutとinvalid_headerも考慮されています。

```
proxy_next_upstream error;
```

- リクエストタイムアウト

```
proxy_next_upstream timeout;
```

- 空または不正レスポンス

```
proxy_next_upstream invalid_header;
```

- HTTPレスポンスコード

```
proxy_next_upstream http_500;
(http_502 / http_503 / http_504 / http_403 / http_404 が指定可)
```

- ほかのバックエンドサーバに振り直さない

```
proxy_next_upstream http off;
```

フェールオーバ時のリクエスト制限

なおNginx 1.7.5以上だと、フェールオーバで次のサーバにリクエストを渡す際の制限を設定できます。

proxy_next_upstream_timeoutディレクティブでは次のサーバにリクエストを渡す際のタイムアウトを設定します。デフォルトは**0**です。0が指定されると制限されません。

```
proxy_next_upstream_timeout 0;
```

proxy_next_upstream_triesディレクティブでは次のサーバにリクエストを渡す際の試行回数を制限します。デフォルトは**0**です。0が指定されると制限されません。

```
proxy_next_upstream_tries 0;
```

リバースProxyサーバ／ロードバランサ > ロードバランサ

Keep-Aliveでコネクションを再利用したい

keepalive

upstream

構文 `keepalive connections;`

パラメータ	説明
connections	コネクション数

　クライアントがWebサーバにリクエストを送信しコンテンツをダウンロードする際、TCPコネクションを確立し、通信が終わったら切断します。TCPコネクションの生成はサーバに負担がかかります。一度確立したコネクションを再利用すれば、サーバの負荷が減るほか、TCPの確立や切断にかかる時間を減らすことが可能になります。それにはHTTP/1.1から使えるようになった**Keep-Alive（キープアライブ）**を利用します。

用例

　バックエンドサーバとリバースProxyサーバ間でKeep-Aliveを指定するには、次のようにupstreamコンテキストにkeepaliveディレクティブを追加し、コネクション保持数を指定します。また、バックエンドサーバとの通信にHTTP/1.1を使用するよう、locationディレクティブのコンテキストでproxy_http_version 1.1;を、さらに**Connection**ヘッダをクリアするようproxy_set_header Connection "";を指定します。

```
http {
...
    # upstreamディレクティブのコンテキストにkeepaliveディレクティブを追加
    upstream mycluster {
        server 192.168.0.2;
        server 192.168.0.3;
        keepalive 16;          # コネクション保持数を指定
    }
```

（次ページへ続く）

```
    server {
        ...
        location /foo {
            proxy_pass http://mycluster;
            proxy_http_version 1.1;        # HTTP/1.1 を指定
            proxy_set_header Connection "";  # Connection ヘッダをクリア
            ...
        }
        ...
    }
    ...
}
```

Nginxは、指定されたコネクション保持数を下回らないようコネクションを維持します。保持数以上のコネクションが確立されると、最後に用いられたコネクションから順次切断します。

Keep-Aliveを使用すると、コネクションが切断されないよう、送受信データがないときにもKeep-Aliveパケットを定期的に送信し、接続状態を保つようになります。そのため、無駄にコネクション保持数を大きくすると、サーバは使われないコネクションのためにリソースを割くことになります。サーバの状態を見ながら適度な値を設定するようにしてください。

なお、keepaliveディレクティブを指定する際は、upstreamディレクティブのコンテキスト内でほかの設定より下、すなわちip_hashなどほかのディレクティブより下で設定します。

FastCGIのバックエンドとkeepaliveする場合は次のように設定します。

```
upstream app_backend {
    server 127.0.0.1:9000;
    keepalive 32;
}
server {
    ...
    location @app {
        fastcgi_pass app_backend;
        fastcgi_keep_conn on;
        ...
    }
}
```

リバース Proxy サーバ／ロードバランサ > ロードバランサ

バッファサイズの確認

コマンドライン

構文 `getconf system_var`

パラメータ	説明
system_var	システム変数

　リバース Proxy はバックエンドからのレスポンスをクライアントに送信する前に、レスポンス全体を一旦メモリ上にバッファリングします。デフォルトのバッファサイズは OS のページサイズと同じになり、Linux の場合 4KB または 8KB です。

用例

バッファサイズは次の手順で確認できます。

```
$ getconf PAGE_SIZE
4096          ← 4KB
```

　レスポンスがバッファサイズを超えると次のようなメッセージをログに出力し、ディスク上にバッファします。このため、パフォーマンスが悪くなる場合があります。

```
2015/04/26 09:32:24 [warn] 3017#0: *1 an upstream response is buffered to
a temporary file /var/cache/nginx/proxy_temp/1/00/0000000001 while reading
upstream, client: 192.168.132.1, server: localhost, request: "GET /test.
html HTTP/1.1", upstream: "http://192.168.132.130:80/test.html", host:
"192.168.132.132"
```

第11章 リバースProxyサーバ／ロードバランサ

リバースProxyサーバ／ロードバランサ > ロードバランサ

バッファサイズの変更

proxy_buffering／proxy_buffer_size／proxy_buffers

http、server、location

構文❶ `proxy_buffering on | off;`
構文❷ `proxy_buffer_size size;`
構文❸ `proxy_buffers number size;`

パフォーマンスを改善するには、バッファサイズを大きくします。それには、http/server/lcoationディレクティブのコンテキストで、proxy_buffer_sizeディレクティブ、proxy_buffersディレクティブを使ってバッファサイズやバッファの個数を設定します。

それぞれのデフォルト値は次のとおりです。

```
proxy_buffering on;
```

```
proxy_buffer_size 8k または 16k;
```

```
proxy_buffers number 4k または 8k;
```

用例

次の例では、proxy_bufferingディレクティブでバッファリングを有効にし、proxy_buffer_sizeディレクティブでバッファサイズを32KBに、proxy_buffersディレクティブで1コネクションあたりのバッファ数を200個、サイズを32KBに設定しています。

```
proxy_buffering    on;      # バッファリングを有効に（デフォルト on）
proxy_buffer_size  32k;     # バッファサイズ（デフォルト 4KB または 8KB）
proxy_buffers 100  32k;     # 1コネクションあたりのバッファ個数とサイズ
                              （デフォルト 個数：8個、サイズ：4KB または 8KB）
```

proxy_buffer_sizeとproxy_buffersで指定するバッファサイズは同じものを指定します。

proxy_buffers 100 32k;と指定した場合、1コネクションごとに3,200KB（100個×32K）のメモリを消費します。サーバに搭載しているメモリの容量（Nginxに割り当てられているメモリサイズ）を超えないように注意する必要があります。たとえば、最大コネクション数を1024、ワーカー数を2と設定している場合、最大6.5GB（3.2MB×1024コネクション×2ワーカー）消費します。

バッファリングの無効化

バッファリングを無効にし、バックエンドサーバからのレスポンスを単にクライアントに渡すだけにすることもできます。その場合、Proxyサーバはバックエンドサーバからのレスポンスが完了するのを待たずに、クライアントに渡すようになります。

```
proxy_buffering    off;
```

なお、バッファはバックエンドからのレスポンスをクライアントに渡すと消去され、再利用されることはありません。レスポンスをディスクに保存し、同じリクエストに対して再利用できるようにするにはキャッシングを併用する必要があります。

参照　キャッシングを併用したい P.164

Column　Dockerの操作1 動作状況の表示

インストールに成功するとdockerコマンドが使用できるようになります。最初にdocker infoでDockerエンジンの動作状況を確認してみましょう。その際管理者権限が必要になります。dockerコマンドは、Dockerサーバにアクセスするのにソケットファイル（/var/run/docker.sock）を使用します。そのため管理者権限で実行する必要があります。

```
# docker info
...
Execution Driver: native-0.2
...
```

コンテナ数やユーザ情報など現在の稼働状況のほか、Execution Driver項目で使用しているドライバを確認できます。上の例ではネイティブドライバーが使われています。旧バージョンではLXCを使用していましたがDockerは0.9以降、独自ドライバーのlibcontainerを使用しています。

リバースProxyサーバ／ロードバランサ > ロードバランサ

巨大なサイズのレスポンスに対応したい

proxy_temp_path／proxy_max_temp_file_size

http、server、location

構文❶ `proxy_temp_path path [level1 [level2 [level3]]];`

構文❷ `proxy_max_temp_file_size size;`

パラメータ	説明
path	ディスクバッファのパス
level1、lebel2、lebel3	バッファリングレベル（3まで指定可能）
size	ディスクバッファのサイズ

　NginxでリバースProxyさせていると、サイズの大きなファイルのダウンロードに失敗する場合があります。Nginxはバックエンドからのレスポンスをバッファリングしたあと、クライアントにレスポンスを渡します。その際、サイズの大きなレスポンスは一旦ディスク上に書き出します。上限値はデフォルトで1GBに設定されていますので、ディスクバッファを使い果たすとクライアントへの転送に失敗します。また巨大なファイルの転送が重なると、ディスクバッファがファイルシステムを圧迫します。

用例

　ディスクバッファのサイズやディスクバッファの場所を変更するには、http/server/lcoationディレクティブのコンテキストでproxy_temp_pathディレクティブ、proxy_max_temp_file_sizeディレクティブを使って次のように指定します。

```
proxy_temp_path /var/cache/nginx/proxy_temp;   # ディスクバッファのパス
proxy_max_temp_file_size 4096m;                # 4GBに設定（デフォルトは1024m）
```

　proxy_max_temp_file_size 0;を設定すると、ディスクバッファは無効化されます。

Part 2 | リファレンス

第 12 章

キャッシングの設定

第7章「キャッシングの基礎」では、キャッシングの基礎とそのしくみを解説しました。ここでは具体的なキャッシングの利用方法を解説します。

キャッシングの設定 > キャッシングゾーン

キャッシングを併用したい

proxy_cache_path

http

構文	proxy_cache_path *path* [levels=*levels*] [use_temp_path=on|off] keys_zone=*name*:*size* [inactive=*time*] [max_size=*size*] [loader_files=*number*] [loader_sleep=*time*] [loader_threshold=*time*];

パラメータ	説明
keys_zone=name:size	keys_zone=[キャッシュゾーン名]:[ゾーンキーとデータの格納に割り当てる共有メモリのサイズ]

オプション	説明
levels=levels	キャッシュディレクトリの階層を設定
se_temp_path=on|off	onだとproxy_temp_pathディレクティブによって設定されたディレクトリに一時ファイルを作成
inactive=time	キャッシュ保持期間を設定
max_size=size	キャッシュの最大値を設定
loader_files=number	cache loaderプロセスによってロードされる1回あたりのキャッシュデータ最大アイテム数を設定
loader_sleep=time	cache loaderプロセスによってロードされる間隔（時間）を設定
loader_threshold=time	1回のロード処理にかかる最大時間を設定

バックエンドサーバからのレスポンスをリバースProxyでキャッシングし、同じリクエストに対しキャッシュデータを再利用することで、レスポンスを早くします。また、無駄なリクエストを減らすことでバックエンドサーバの負担を減らすことができます。

バックエンドサーバのレスポンスをディスクにキャッシュするには、最初にserverディレクティブのコンテキスト外、httpディレクティブのコンテキスト内でproxy_cache_pathディレクティブを使って**キャッシュゾーン**を定義します。

用例

たとえば、次のようにproxy_cache_pathを指定すると、キャッシュの保存先が**/var/cache/nginx/cache**、キャッシュディレクトリの階層が**1:2**（キャッ

シュ内のサブディレクトリの階層数2)、キャッシュゾーン名が**cache_sample**、ゾーンキーと情報の格納に割り当てる共有メモリが**60MB**、キャッシュ最大値が**1GB**、キャッシュ保持期間が**7日間**として設定されます。

```
proxy_cache_path /var/cache/nginx/cache levels=1:2 keys_zone=cache_sample:
60m max_size=1G inactive=7d;
```

proxy_cache_pathは複数設定できます。ディレクトリを分けたり、キャッシュポリシーが異なるものを用意したりできます。

> **Column　Dockerの操作2　Docker上でNginxを動かす**
>
> Dockerレジストリからイメージをダウンロードしコンテナを実行します。Dockerレジストリとしてデフォルトで**Docker Hub Registry**が設定されています。Docker Hubには大量のイメージが登録されており、自由にダウンロードできます。docker searchでイメージを検索し、docker pullでローカルにダウンロードします。
>
> ```
> # docker search nginx
> NAME                            DESCRIPTION                                      STARS     OFFICIAL     AUTOMATED
> nginx                           Official build of Nginx.                         1237      [OK]
> jwilder/nginx-proxy             Automated Nginx reverse proxy for docker c...    317                    [OK]
> richarvey/nginx-php-fpm         Container running Nginx + PHP-FPM capable ...    62                     [OK]
> maxexcloo/nginx-php             Docker framework container with Nginx and ...    44                     [OK]
> marvambass/nginx-registry-proxy Docker Registry Reverse Proxy with Basic A...    21                     [OK]
> ... 省略 ...
> ```
>
> 公式／非公式さまざまのイメージが一覧表示されます。今回は公式版（Official build of Nginx）をインストールします。docker pull イメージ名:タグ名を実行しダウンロードします。タグ名を省略するとlatestが適用され、最新版を入手できます。ダウンロードに時間がかかる場合がありますが、必要なイメージはこれだけです。
>
> ```
> # docker pull nginx
>
> ... 省略 ...
>
> Status: Downloaded newer image for nginx:latest
> ```
>
> 登録済みのイメージを使用しましたが、自分で作成したイメージを**Docker Hub**に登録し、特定のユーザやグループだけで共有することもできます。

キャッシングの設定 > キャッシングゾーン

キャッシングゾーンの指定

proxy_cache

http、server、location

構文 `proxy_cache zone | off;`

パラメータ	説明
zone	使用するキャッシュゾーン名
off	キャッシュを無効化（デフォルト）

キャッシュしたいコンテンツやURIをlocationディレクティブのコンテキストで定義し、そのlocationディレクティブのコンテキスト内でproxy_cacheディレクティブを使って、上で設定したキャッシュゾーン名を指定します。

用例

次の例では、静的なファイルだけをキャッシュするよう、拡張子がhtml/css/jpg/gif/ico/jsのファイルをlocationディレクティブのコンテキストで定義し、その中でproxy_cacheディレクティブを使ってキャッシュゾーンの **cache_sample** を指定しています。

```
# 静的ファイルだけを対象にするようlocationを定義
location ~* \.(html|css|jpg|gif|ico|js)$ {
    ...
    proxy_cache     cache_sample;       #使用するキャッシュゾーン名を設定
    proxy_pass      http://mycluster;
    ...
}
```

キャッシングロードバランサの設定

リバースProxyやヘッダ情報の書き換えなど、ほかの設定を考慮したキャッシングロードバランサの設定は次のようになります。

用例

```
http {
    ...
    # キャッシュゾーンの定義
    proxy_cache_path /var/cache/nginx/cache levels=1:2 keys_zone=cache_
sample:60m max_size=1G inactive=7d;

    upstream mycluster {
        server 192.168.132.133;
        server 192.168.132.130;
    }

    server {
        ...
        location / {
            proxy_pass  http://mycluster;
        }

        location ~* \.(html|css|jpg|gif|ico|js)$ {
            proxy_set_header        X-Forwarded-For $remote_addr;
# ヘッダ情報の書き換え
            expires                 30m;
# Expires ヘッダを 30 分に設定
            proxy_cache             cache_sample;
# キャッシュゾーンを指定
            proxy_cache_key         $host$uri$is_args$args;
# キャッシュのキー名にする文字列の組み合わせを指定
            proxy_cache_valid   200 301 302 30m;
# キャッシュする HTTP レスポンスコードと保持期間

            proxy_pass  http://mycluster;
        }
        ...
    }
    ...
}
```

　上の設定で新たに追加されたproxy_set_header、proxy_cache_key、proxy_cache_validの3つのディレクティブは次節以降で解説します。

キャッシングの設定 > キャッシングの応用

ヘッダ情報の書き換え

proxy_set_header

http、server、location

構文 `proxy_set_header field value;`

パラメータ	説明
field	置き換えたいHTTPヘッダフィールド名
value	置き換えたい値

proxy_set_headerディレクティブを用いて、ヘッダ情報を書き換えます。デフォルト値は次のとおりです。

```
proxy_set_header Host $proxy_host;
proxy_set_header Connection close;
```

用例

次の例では、**X-Forwarded-For**ヘッダを書き換え、バックエンドサーバにクライアントのIPアドレスを渡すようにします。Expiresヘッダに30mを指定し、キャッシュの有効期限を30分に設定します。

```
proxy_set_header    X-Forwarded-For $remote_addr;
expires             30m;
```

キャッシングの設定 > キャッシングの応用

キャッシュのキー名にする文字列の組み合わせを指定

proxy_cache_key

http、server、location

構文 `proxy_cache_key string;`

パラメータ	説明
string	キャッシュのキー名にする文字列

proxy_cache_keyディレクティブを用いて、キャッシュのキー名を指定します。デフォルト値は次のようになります。

```
proxy_cache_key $scheme$proxy_host$request_uri;
```

引数を含まないようにするには、$scheme://$host$uriと指定します。Nginxはキー名をもとにキャッシュデータを特定し、リクエストが同じものか判断します。

用例

次の例は、proxy_cache_keyディレクティブを用いてキャッシュのキー名に、ホスト名／ URI ／リクエスト行に引数があれば「?」、そうでなければ空文字列／リクエスト行の引数、といった文字列を設定しています。

```
proxy_cache_key        $host$uri$is_args$args;
```

キャッシングの設定 > キャッシングの応用

キャッシュするHTTPレスポンスコードと保持期間を指定

proxy_cache_valid

http、server、location

構文 `proxy_cache_valid [code ...] time;`

パラメータ	説明
code	レスポンスコード
time	キャッシュ保持期間

用例

次の例は、proxy_cache_validディレクティブを用いてレスポンスコードが200/301/302の場合だけキャッシュし、それ以外のレスポンスコードならキャッシュしない設定です。キャッシュの保持期間は30mなら30分を示します。

```
proxy_cache_valid    200 301 302 30m;
```

Part 2 | リファレンス

第13章

TLS/SSLの設定

HTTPを安全に行うには、HTTPSを使用します。ここでHTTPSで使用されるTLS/SSLの設定について解説します。

TLS/SSLの設定 > HTTPS

http_ssl_moduleの確認

コマンドライン

構文 `nginx -V`

パラメータ	説明
-V	インストールされているモジュールを一覧表示

インストールされているNginxがHTTPSに対応しているか確認します。

用例

次のように、nginxコマンドの「-V」オプションでビルド時のモジュールを一覧表示し、その中に--with-http_ssl_moduleが含まれているか確認します。

```
$ nginx -V
```

バイナリパッケージでNginxをインストールしている場合、たいていHTTPSは有効です。ソースファイルをビルドしてインストールしている場合、デフォルトでは無効なため、configureの実行時に--with-http_ssl_moduleオプションを付けて再インストールするようにします。

TLS/SSLの設定 > HTTPS

HTTPSの有効化

listen

server

構文 `listen address[:port] ssl;`

パラメータ	説明
address	ドメイン名またはIPアドレス（デフォルト *）
port	ポート番号（デフォルト 80または8000）
ssl	HTTPSの有効化（デフォルト 無効）

用例

listenディレクティブには、HTTPSで待ち受けるポート番号と、HTTPSを有効化するようsslパラメータを指定します。通常、HTTPSではTCP443番を使用します。

```
listen ポート番号 ssl;
```

listenディレクティブとsslディレクティブを分けて次のように指定することもできますが、listenディレクティブでsslパラメータを指定する方法が推奨されています。

```
listen ポート番号;
ssl on;
```

なお、HTTPとHTTPSを共存させて、どちらにも対応できるようにするには、次のようにlistenディレクティブを指定します。

```
server {
    listen          80;
    listen          443 ssl;
    ...
}
```

TLS/SSLの設定 > HTTPS

サーバ名の指定

server_name

`server`

構文 `server_name name ...;`

パラメータ	説明
name	SSLサーバ証明書の作成時に指定したCommon Nameと同じサーバ名を指定（デフォルト ""）

　SSLを設定する際のserver_nameディレクティブには、SSLサーバ証明書の作成時に指定した**Common Name**と同じサーバ名を指定します。

```
server_name Common Name に指定したサーバ名；
```

　バーチャルサーバで複数のホスト名やIPアドレスを使用している場合の設定方法は別途解説します。

参照
バーチャルサーバのホスト名を設定 P.123
バーチャルサーバでSSLを利用する（IPアドレスベースのバーチャルサーバ編） ... P.183
バーチャルサーバでSSLを利用する（名前ベースのバーチャルサーバ編） P.184

TLS/SSLの設定 > HTTPS

サーバ証明書と秘密鍵の指定

ssl_certificate/ssl_certificate_key

http、server、location

構文① `ssl_certificate cert_file;`

構文② `ssl_certificate_key key_file;`

パラメータ	説明
cert_file	SSLサーバ証明書（PEMフォーマット）
key_file	秘密鍵

用例

ssl_certificateディレクティブにはSSLサーバ証明書のファイルを、ssl_certificate_keyディレクティブには秘密鍵のファイルを、それぞれパス付きで指定します。

```
ssl_certificate     /..path../SSL サーバ証明書；
ssl_certificate_key /..path../秘密鍵；
```

> **参考** proxy_ssl_certificate、proxy_ssl_certificate_keyディレクティブは、Nginx 1.7.8以降で利用できます。

TLS/SSLの設定 > HTTPSを早くしたい

TLS/SSLセッションキャッシュとセッションタイムアウトを設定する

ssl_session_cache／ssl_session_timeout

http、server

構文❶ `ssl_session_cache off | none | [builtin[:size]] [shared:name:size];`

構文❷ `ssl_session_timeout time;`

パラメータ	説明
off	TLS/SSLセッションの再利用を行わない（クライアントに対してセッションの再利用はしないことを通知）
none（デフォルト）	TLS/SSLセッションの再利用を行わない（ただし、Session IDは生成する）
builtin[:size]	OpenSSLの組み込み機能でTLS/SSLセッションキャッシュを有効化。一度に1ワーカープロセスからのみ利用可能。sizeにはキャッシュサイズを指定。省略した場合は20480セッション
shared:name:size	Nginxの機能でTLS/SSLセッションキャッシュを有効化。セッションキャッシュをすべてのワーカープロセスで共有可能。nameには名前、sizeにはキャッシュサイズを指定
time	セッションタイムアウト時間

用例

確立済みのTLS/SSLセッションをキャッシュし再利用することでハンドシェイクの回数を減らし、サーバの負担を軽減できます。それには、ssl_session_cacheディレクティブとssl_session_timeoutディレクティブを次のように指定します。

```
ssl_session_cache shared: 名前 : サイズ ;
ssl_session_timeout セッションタイムアウト時間 ;
```

ssl_session_cacheディレクティブには、TLS/SSLセッションをキャッシュするかどうか、キャッシュする場合はその方式やキャッシュに割り当てるメモリのサイズを指定します。デフォルトはnoneが適用され、TLS/SSLセッションキャッシュは行われません。セッションキャッシュを有効にするには、builtin

かsharedを指定します。ただし、builtinに大きい値を指定するとメモリの断片化が起こる可能性があるため、より効率的なsharedを指定するようにします。sharedはワーカープロセス間でセッションを共有できるため、ワーカープロセスごとにキャッシュを保持するよりも性能が良いでしょう。サイズで容量を指定します。1MBあたり4000セッションを保持できます。キャッシュ名をSSL、キャッシュサイズを10MBに設定するには、次のように指定します。1MBのキャッシュで約4000セッションをキャッシュできます。

```
ssl_session_cache shared:SSL:10m;
```

ssl_session_timeoutディレクティブには、SSLセッションキャッシュの保存時間を指定します。TLS/SSLキャッシュを有効にすると、デフォルトで5分間キャッシュされます。セッションタイムアウト時間を長くすることで、ハンドシェイクの発生頻度を抑えることができます。たとえば、タイムアウト時間を10分（10m）に設定するには、次のように指定します。

```
ssl_session_timeout 10m;
```

セッションタイムアウト時間を長くするには、セッション情報を保存する共有メモリも大きくする必要があります。1MBのキャッシュで約4,000セッションを保存できます。

TLS/SSLセッションキャッシュは、サーバからクライアントに払い出される**Session ID**と呼ばれる32バイト以下のバイト列で管理されます。セッションを確立した次回以降の通信では、クライアントがSession IDをサーバに渡し、サーバ側ではSession IDをキーにキャッシュ済みのセッション情報を検索し再利用します。

TLS/SSLの設定 > HTTPSを早くしたい

TLS/SSLセッションチケットを設定する

ssl_session_tickets/ssl_session_ticket_key

http、server

構文❶ `ssl_session_tickets on | off;`

構文❷ `ssl_session_ticket_key file;`

パラメータ	説明
on	TLS/SSLセッションチケットを有効化（デフォルト）
off	TLS/SSLセッションチケットを無効化
file	チケットの暗号化に使用する秘密鍵

　TLS/SSLセッションキャッシュの管理には、Session IDのほかに**TLS/SSLセッションチケット**を使って管理する方法があります。Session ID方式ではセッション情報をサーバで管理しますが、セッションチケット方式ではクライアントが管理します。

　最初に、サーバとクライアント間でセッションチケットを暗号化するための鍵を共有しておきます。TLS/SSLセッションが確立すると、サーバはセッション情報を暗号化しクライアントに送付します。セッションを確立した次回以降の通信では、クライアントがセッションチケットをサーバに渡し、サーバ側ではセッションチケットを復号化し、キャッシュ済みのセッションを再利用します。クライアントでセッション情報を管理するため、サーバ側でセッションのステータスを管理する必要がなくなり、セッションの再利用にかかる負担が減ります。なお、セッションチケット方式を使用するにはクライアントが対応している必要があり、すべてのWebブラウザが対応しているわけではありません。

用例

　TLS/SSLセッションチケットを有効にするには、セッションキャッシュの設定に加え次の設定を加えます。

```
ssl_session_tickets on または off;
ssl_session_ticket_key チケットの暗号化に使用する秘密鍵;
```

　ssl_session_ticketsディレクティブではonを指定し、TLS/SSLセッションチケットを有効にします。ssl_session_ticket_keyディレクティブには、サーバとクライアント間でセッションチケットを暗号化するための秘密鍵をパス付きで指定します。次が設定例です。

```
ssl_session_tickets on;
ssl_session_ticket_key /etc/nginx/session_ticket.key;
```

　サーバとクライアント間でセッションチケットを暗号化するための秘密鍵には、48バイトのランダムな文字列を含んだものを使用します。次のようにopensslコマンドを実行して、鍵ファイルを作成します。

```
# openssl rand 48 > /etc/nginx/session_ticket.key
```

参照 安全性を考慮したSSLのバージョン・暗号スイート設定 P.292

TLS/SSLの設定 > 暗号化

使用する暗号スイートを設定する

ssl_ciphers

http、server

構文 ssl_ciphers *ciphers*;

パラメータ	説明
ciphers	暗号スイート

用例

HTTPSでセッションを確立し暗号化通信を行う過程では、複数の暗号化方式が用いられます。用いられる暗号化方式の組み合わせを**暗号スイート**と呼びます。TLS/SSL暗号化通信では、先にクライアント側が対応している暗号スイートを提示し、それに応じてWebサーバ側が対応している暗号スイートを選択します。

サーバが対応している暗号スイートはインストールされているOpenSSLによって決まります。次の手順で対応している暗号スイートの一覧を表示できます。

```
$ openssl ciphers -v
ECDHE-RSA-AES256-GCM-SHA384 TLSv1.2 Kx=ECDH      Au=RSA  Enc=AESGCM(256)
Mac=AEAD
ECDHE-ECDSA-AES256-GCM-SHA384 TLSv1.2 Kx=ECDH    Au=ECDSA Enc=AESGCM(256)
Mac=AEAD
ECDHE-RSA-AES256-SHA384 TLSv1.2 Kx=ECDH    Au=RSA  Enc=AES(256)  Mac=SHA384
ECDHE-ECDSA-AES256-SHA384 TLSv1.2 Kx=ECDH  Au=ECDSA Enc=AES(256)
Mac=SHA384
ECDHE-RSA-AES256-SHA    SSLv3 Kx=ECDH    Au=RSA  Enc=AES(256)  Mac=SHA1
ECDHE-ECDSA-AES256-SHA  SSLv3 Kx=ECDH    Au=ECDSA Enc=AES(256)  Mac=SHA1
DHE-DSS-AES256-GCM-SHA384 TLSv1.2 Kx=DH   Au=DSS  Enc=AESGCM(256) Mac=AEAD
DHE-RSA-AES256-GCM-SHA384 TLSv1.2 Kx=DH   Au=RSA  Enc=AESGCM(256) Mac=AEAD
DHE-RSA-AES256-SHA256   TLSv1.2 Kx=DH    Au=RSA  Enc=AES(256)  Mac=SHA256
DHE-DSS-AES256-SHA256   TLSv1.2 Kx=DH    Au=DSS  Enc=AES(256)  Mac=SHA256
DHE-RSA-AES256-SHA      SSLv3 Kx=DH      Au=RSA  Enc=AES(256)  Mac=SHA1
DHE-DSS-AES256-SHA      SSLv3 Kx=DH      Au=DSS  Enc=AES(256)  Mac=SHA1
DHE-RSA-CAMELLIA256-SHA SSLv3 Kx=DH      Au=RSA  Enc=Camellia(256) Mac=SHA1
DHE-DSS-CAMELLIA256-SHA SSLv3 Kx=DH      Au=DSS  Enc=Camellia(256) Mac=SHA1
...省略...
```

サーバ側で暗号スイートを限定するには、ssl_ciphersディレクティブで設定します。

```
ssl_ciphers 暗号スイート;
```

複数の暗号スイートを指定する場合は、優先順位順に指定し、:（コロン）で区切ります。プレフィックスに！（エクスクラメーション）を付けると除外の意味になり、!MD5とした場合、MD5ではないものが指定されます。

Nginx 1.2.0以降のデフォルトでは次の暗号スイートが設定されています。

```
ssl_ciphers HIGH:!aNULL:!MD5;
```

設定されている内容は次のとおりです。

暗号スイート	内容
HIGH	鍵長が128ビットより大きい
!aNULL	aNULL（認証を提供しない暗号スイート）ではない
!MD5	MD5でない

どんな暗号スイートを指定するかは、利用する環境、とりわけクライアントのブラウザに依存します。暗号化強度を高めるあまりクライアントが対応できなくなる場合があります。

推奨パラメータはさまざまなサイトで解説されています。たとえばMozilla Wiki（https://wiki.mozilla.org/Security/Server_Side_TLS）で推奨されているのは次のようになります。

```
ssl_ciphers ECDHE-RSA-AES128-GCM-SHA256:ECDHE-ECDSA-AES128-GCM-SHA256:ECDHE-RSA-AES256-GCM-SHA384:ECDHE-ECDSA-AES256-GCM-SHA384:DHE-RSA-AES128-GCM-SHA256:DHE-DSS-AES128-GCM-SHA256:kEDH+AESGCM:ECDHE-RSA-AES128-SHA256:ECDHE-ECDSA-AES128-SHA256:ECDHE-RSA-AES128-SHA:ECDHE-ECDSA-AES128-SHA:ECDHE-RSA-AES256-SHA384:ECDHE-ECDSA-AES256-SHA384:ECDHE-RSA-AES256-SHA:ECDHE-ECDSA-AES256-SHA:DHE-RSA-AES128-SHA256:DHE-RSA-AES128-SHA:DHE-DSS-AES128-SHA256:DHE-RSA-AES256-SHA256:DHE-DSS-AES256-SHA:DHE-RSA-AES256-SHA:!aNULL:!eNULL:!EXPORT:!DES:!RC4:!3DES:!MD5:!PSK;
```

参照 安全性を考慮したSSLのバージョン・暗号スイート設定 P.292

TLS/SSLの設定 > 暗号化

サーバ側が指定した暗号スイートを優先するには

ssl_prefer_server_ciphers

`http、server`

構文 `ssl_prefer_server_ciphers on | off;`

パラメータ	説明
on	サーバ側が指定する暗号スイートを優先
off	クライアント側が指定する暗号スイートを優先（デフォルト）

TLS/SSL暗号化通信では、先にクライアント側が対応している暗号スイートを提示し、それに応じてWebサーバ側が対応している暗号スイートを選択します。TLS/SSLのバージョンがSSLv3またはTLSv1以上なら、サーバ側で指定する暗号スイートを優先させることができます。

用例

次のようにssl_prefer_server_ciphersディレクティブを設定します。

```
ssl_prefer_server_ciphers on または off;
```

デフォルトはoffが指定されており、クライアントが指定した暗号スイートが優先されます。サーバ側を優先するようonを指定します。

```
ssl_prefer_server_ciphers on;
```

これで、強度の高い暗号スイートを強制でき、より安全なTLS/SSL暗号化通信が可能になります。

参照 安全性を考慮したSSLのバージョン・暗号スイート設定 P.292

TLS/SSLの設定 > バーチャルサーバでHTTPSを利用する

バーチャルサーバでSSLを利用する
（IPアドレスベースのバーチャルサーバ編）

手順

1. serverディレクティブを使って各バーチャルサーバを設定する
2. バーチャルサーバごとにlistenディレクティブにIPアドレス ssl;を設定する

1. serverディレクティブを使って各バーチャルサーバを設定する

複数のドメインやIPアドレスを1台のNginxサーバで運用するには**バーチャルサーバ**を利用します。NginxならバーチャルサーバごとにHTTPSを設定できます。

2. バーチャルサーバごとにlistenディレクティブにIPアドレス ssl;を設定する

IPアドレスベースのバーチャルサーバをHTTPSに対応させるには、バーチャルサーバごとに待ち受けるIPアドレスとポート番号をlistenディレクティブで指定し、同時にsslパラメータを指定します。

```
ssl_certificate_key server.key; # 機密鍵を指定

server {
    listen          192.168.1.1:443 ssl; # バーチャルサーバ1の設定
    server_name     www.example.com;
    ssl_certificate www.example.com のサーバ証明書；
    ...
}

server {
    listen          192.168.1.2:443 ssl; # バーチャルサーバ2の設定
    server_name     www.example.org;
    ssl_certificate www.example.jp のサーバ証明書；
    ...
}
```

参照 バーチャルサーバの設定 P.68

TLS/SSLの設定 > バーチャルサーバでHTTPSを利用する

バーチャルサーバでSSLを利用する
（名前ベースのバーチャルサーバ編）

手順

1. NginxサーバがSNIに対応しているか確認する
2. serverディレクティブを使って各バーチャルサーバを設定する
3. バーチャルサーバごとにserver_nameディレクティブでバーチャルサーバ名を指定する
4. バーチャルサーバごとにlistenディレクティブに443 ssl;を設定する
5. バーチャルサーバごとにssl_certificateディレクティブでサーバ証明書を指定する

　名前ベースのバーチャルサーバでは、使用するIPアドレスは1つです。そのため、どのバーチャルサーバに対して送信されたリクエストなのかTCPレベルでは区別できません。それを解決するため、HTTPではリクエストに含まれるHostsヘッダを見て、どのバーチャルサーバに対して送信されたのかを区別します。

　それではHTTPSはどうでしょう。旧来のTLS/SSL暗号化通信のハンドシェイクは、クライアントからサーバにホスト名情報を渡すことができません。サーバはどのバーチャルサーバに対するリクエストなのか判断できないため、名前ベースのバーチャルサーバではHTTPSを利用できませんでした。

　現在はTLSの拡張機能のSNI(*Server Name Indication*)により、名前ベースのバーチャルサーバでもHTTPSを設定できるようになっています。ただし、SNIを利用するには、サーバとクライアントの両方がSNIをサポートしている必要があります。Windows XPのような古いクライアントだと、SNIを利用できません。現在対応している主なクライアントを次に挙げます。

- Opera 8.0以降
- Internet Explorer 7以降（Windows XPを除く）
- Firefox 2.0以降
- Curl 7.18.1以降
- Chrome 6.0以降
- Safari 3.0以降

1. NginxサーバがSNIに対応しているか確認する

使用しているNginxがSNIに対応しているかを次の手順で確認します。

```
$ nginx -V
TLS SNI support enabled
... 省略 ...
```

TLS SNI support enabledと表示されていれば対応しています。対応していない場合、Nginxの再ビルドが必要になります。SNIに対応したOpenSSLをインストールしたあと、--with-http_ssl_moduleオプションを付けてconfigureを実行します。

SNIを有効にすることで、クライアントがリクエストしたホスト名をNginx側で判別できるようになり、対応するバーチャルサーバの設定を適用できます。名前ベースのバーチャルサーバをHTTPSに対応させるには、次のようにバーチャルサーバごとにlistenディレクティブで待ち受けポート番号の443とsslパラメータ指定します。2、3、4の手順については前節を参照してください。

5. バーチャルサーバごとにssl_certificateディレクティブでサーバ証明書を指定する

ssl_certificateディレクティブで指定するサーバ証明書には、バーチャルサーバのホスト名をCommon Nameに指定し、作成されたものを使用します。

```
ssl_certificate_key server.key; #機密鍵を指定

server {
    listen          443 ssl;
    server_name     example.jp;
    ssl_certificate www.example.jp のサーバ証明書 ;
    ...
}

server {
    listen          443 ssl;
    server_name     example.com;
    ssl_certificate www.example.com のサーバ証明書 ;
    ...
}
```

なお、NginxやクライアントがSNIに対応していない場合は、どのホスト名でリクエストされてもデフォルトのバーチャルサーバが適用されます。

TLS/SSLの設定 > バーチャルサーバでHTTPSを利用する

1つのバーチャルサーバでHTTPとHTTPSを共存する

手順

1. serverディレクティブを使って各バーチャルサーバを設定する
2. バーチャルサーバごとにlistenディレクティブを設定する

用例

listenディレクティブにsslパラメータを付けるとHTTPSが有効になりますが、sslパラメータを付けないlistenディレクティブも同時に設定できます。次のようにlisten 80;とlisten 443 ssl;を同時に設定すると、同じバーチャルサーバでHTTPとHTTPSの両方を有効にできます。

```
server {
    listen              80;            # HTTP を設定（待ち受けポート TCP 80 番）
    listen              443 ssl;       # HTTPS を設定（待ち受けポート TCP 443 番）
    server_name         example.jp;
    ssl_certificate_key server.key;
    ssl_certificate     server.crt;
    ...
}
```

なお、次のようにsslディレクティブを使って設定すると、TCP 80番ポートでもHTTPSが有効になります。HTTPとHTTPSを共存させるには、sslディレクティブを使用せず、listenディレクティブにsslパラメータを指定します。

```
server {
    listen              80;
    listen              443;
    ssl                 on;            # TLS/SSL を有効化 listen で指定した全ポート
                                       #   で HTTPS が有効化
    server_name         example.jp;
    ssl_certificate_key server.key;
    ssl_certificate     server.crt;
    ...
}
```

TLS/SSLの設定 > バーチャルサーバでHTTPSを利用する

ディレクティブの共通化、ワイルドカードSSLサーバ証明書の利用

手順

1. バーチャルサーバ共通の秘密鍵を作成する
2. ワイルドカードSSLサーバ証明書を作成する
3. serverディレクティブのコンテキスト外でssl_certificateディレクティブを使ってSSLサーバ証明書を指定する
4. serverディレクティブのコンテキスト外でssl_certificate_keyディレクティブを使って秘密鍵を指定する

用例

ssl_certificate／ssl_certificate_keyディレクティブをバーチャルサーバごとに設定せず、全バーチャルサーバで共通化することでメモリを効率よく使用できるようになります。それには、serverディレクティブのコンテキスト外でssl_certificate／ssl_certificate_keyディレクティブを設定します。

```
ssl_certificate     common.crt;  # ワイルドカードSSLサーバ証明書
ssl_certificate_key common.key;  # バーチャルサーバに共通の秘密鍵

server {
    listen        443 ssl;
    server_name   server1.example.jp;
    ...
}

server {
    listen        443 ssl;
    server_name   server2.example.jp;
    ...
}
```

ワイルドカードオプション付きのSSLサーバ証明書を使用します。ワイルドカードオプション付きとは、1つの証明書でドメイン内の全ホスト名を対象にしたものです。たとえば、*.example.jpに対して発行されたワイルドカードSSLサーバ証明書なら、server1.example.jpにもserver2.example.jpにも対応します。

TLS/SSLの設定 > SSLアクセラレーション/ターミネーション

リバースProxyでHTTPSリクエストを終端したい

手順

1. NginxサーバをリバースProxyサーバとして稼働させ、バックエンドサーバと連携させる
2. NginxサーバでHTTPSリクエストを受けられるようにする

Nginxは、HTTPSリクエストを終端し、バックエンドサーバにリクエストを分散することで、HTTPSアクセラレーションが可能です。Nginxとバックエンドサーバ間はHTTPでもHTTPSでも通信可能です。

1. NginxサーバをリバースProxyサーバとして稼働させ、バックエンドサーバと連携させる

NginxをリバースProxyとして稼働させた場合、HTTPSリクエストをNginxで終端し、バックエンドサーバにリクエストを分散することで**SSLアクセラレーション**が可能になります。TLS/SSLハンドシェイクや通信の暗号化といった負担のかかる処理をリバースProxyで行うことで、バックエンドサーバはWebアプリケーションの処理に専念できます。

▼ NginxをSSLアクセラレーターとして活用する

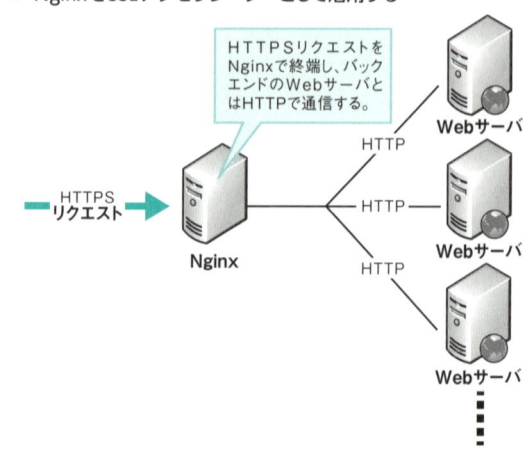

2. NginxサーバでHTTPSリクエストを受けられるようにする

　HTTPSをリバースProxyで終端させることで、Session IDやセッションチケットの一元管理が容易になり、TLS/SSLセッションキャッシュによる効果が高くなります。そのほか、セッションチケットのような新しい方式に対応していないバックエンドサーバや、HTTPSを有効にできない特殊なWebサーバに代わってHTTPSを代理応答できます。NginxによるHTTPSリクエストの終端は次のように設定します。

> **注意** SSLサーバ証明書のインストールはリバースProxyだけで済みますが、認証局によってはバックエンドサーバの台数分購入が必要になる場合があるため注意します。

```
upstream mycluster {
    ip_hash;                # IPアドレスにもとづいたセッション維持方式
    server 192.168.0.2:80;  # バックエンドサーバ1
    server 192.168.0.3:80;  # バックエンドサーバ2
}

server {
    listen              443 ssl;       # HTTPSを有効化
    server_name         www.example.jp;
    ssl_certificate     server.crt;    # サーバ証明書を指定
    ssl_certificate_key server.key;    # 機密鍵を指定
    location / {
        proxy_pass http://mycluster;   # 転送先にサーバグループを指定
    }
}
```

　serverディレクティブのコンテキスト内でlistenディレクティブを使って、HTTPSで待ち受けるポート番号を指定し、HTTPSを有効化するようsslパラメータを指定します。

　リバースProxyとして稼働するようupstreamディレクティブのコンテキストで作成したサーバグループを、proxy_passディレクティブで転送先に設定します。その際、URIスキームにはhttp://を指定します。

　upstreamディレクティブのコンテキスト内でバックエンドサーバを指定する際、server 192.168.0.3:80;のようにポート番号を指定していますが、バックエンドサーバとTCP 80番で通信する場合、ポート番号は省略できます。

　上の設定例では、バックエンドへの分散方式にip_hashを指定し、セッションを維持できるようにしています。さらに、TLS/SSLセッションキャッシュを設定したり、セッションチケットを有効にするなど、パフォーマンスチューニングを併せて行うことでSSLアクセラレーションとしての効果が高くなります。

TLS/SSLの設定 > SSLアクセラレーション/ターミネーション

バックエンドサーバとHTTPSで通信したい

proxy_pass

location、location内のif、limit_except

構文 `proxy_pass https://backend_name;`

オプション	説明
https://backend_name	HTTPSで通信するバックエンド名

用例

NginxをリバースProxyとして稼働させると、バックエンドサーバとHTTPS通信できます。次の例では、リバースProxyとクライアント間はTCP 80番でHTTP通信、バックエンドとはTCP 443番でHTTPS通信を行います。

```
upstream mycluster {
    ip_hash;                    # IPアドレスに基づいたセッション維持方式
    server 192.168.0.2:443;     # バックエンドサーバ1 明示的に443番の指定が必要
    server 192.168.0.3:443;     # バックエンドサーバ2 明示的に443番の指定が必要
}

server {
    listen              80;
    server_name         www.example.jp;
    location / {
        proxy_pass https://mycluster;   # 「https://...」を指定
    }
}
```

バックエンドサーバとHTTPSで通信するには、proxy_passディレクティブでサーバグループを指定する際に、URIスキームにhttps://を指定します。また、サーバグループで各バックエンドサーバを設定する際、HTTPSの待ち受けポートとして明示的に443番を指定する必要があります。これを省略すると、TCP 80番でバックエンドサーバにHTTPSリクエストを行います。

最低限、**listen 443 ssl;**、**ssl_certificate 秘密鍵;**、**ssl_certificate_key SSLサーバ証明書;**を設定すれば、リバースProxyとクライアント間でもHTTPSで通信できます。クライアントとHTTPSで通信し、バックエンドサーバともHTTPSで通信します。

Part 2 | リファレンス

第 14 章

セキュリティ対策

セキュリティはインフラやコンテンツなどさまざまな観点で対策する必要があります。この章では、Nginxでできるセキュリティ対策について解説します。

セキュリティ対策 > アクセス制御と認証

クライアントのIPアドレスでアクセスを制限する

allow／deny

http、server、location、limit_except

構文❶ allow *address* | *CIDR* | *unix:* | all;

構文❷ deny *address* | *CIDR* | *unix:* | all;

パラメータ	説明
address	IPアドレス（例 192.168.1.1、2001:0db8::）
CIDR	IPアドレス範囲指定（例 192.168.1.0/24;）
unix:	UNIXドメインソケット（例 unix:/tmp/nginx.sock）
all	すべて

Nginxは、クライアントのIPアドレスでサーバへのアクセスを制限することができます。

用例

たとえば、コンテンツ単位でアクセスを制限するには、locationディレクティブのコンテキストでallowやdenyディレクティブを設定します。

```
location / {
    deny    192.168.1.1;          ←――― 特定のIPアドレスを拒否
    deny    192.168.2.0/24;       ←――― サブネット単位で拒否

    allow   192.168.3.1;          ←――― 特定のIPアドレスを許可
    allow   192.168.4.0/24;       ←――― サブネット単位で許可

    deny    all;                  ←――― ほかはすべて拒否
    ...
}
```

単一のIPアドレスのほか、サブネット単位での指定も可能です。allowやdenyディレクティブに指定できるIPアドレスやサブネットは、1行につき1つです。複数のIPを1行で指定することはできません。

複数のIPアドレスを制限する

複数のIPアドレスを制限するには、複数行に分けてallow／denyディレクティブを設定します。

用例

複数行にわたってallow／denyディレクティブを設定した場合、上から順に評価されます。そのため、次のように最初にdeny all;を指定してしまうと、2行目のallow以降は評価されません。

```
location / {
    deny    all;
    allow   192.168.3.1;
    ...
}
```

locationディレクティブのコンテキスト以外にも、serverやhttpディレクティブのコンテキストで指定することもできます。locationディレクティブのコンテキストで指定するとコンテンツ単位でアクセスを制限できますが、serverディレクティブのコンテキストで指定するとバーチャルサーバ単位で、httpディレクティブのコンテキストではNginx単位での制限になります。

NginxはIPアドレスやサブネットアドレスでアクセス制限できますが、ホスト名やドメイン名を指定することはできません。サードパーティ製のモジュールを追加すれば可能ですが、再インストールする必要があり、パフォーマンスも損なわれます。可能ならIPアドレスで制限するようにします。

参照 複数のアクセス制限を組み合わせる（AND条件） P.199

セキュリティ対策 > アクセス制御と認証

ユーザエージェントタイプでアクセスを制限する

if

server、location

構文 if (condition) { ... }

パラメータ	説明
condition	条件

用例

ブラウザ名やバージョンといったユーザエージェントタイプでアクセスを制限するには、環境変数の$http_user_agentを使って次のように設定します。たとえば、wgetやcurlといった非ブラウザ型クライアントやダウンローダのアクセスを禁止するには、location ／ serverディレクティブのコンテキスト内で設定します。

```
if ($http_user_agent ~* LWP::Simple|BBBike|wget|curl) {
    return 403;
}
```

上の設定では、環境変数の$http_user_agentを評価し、ユーザエージェントタイプがLWP::Simple ／ BBBike ／ wget ／ curlのいずれかならレスポンスコードとして403をクライアントに返し、アクセスを拒否します。

評価する文字列を変更すれば、ほかのブラウザを禁止することもできます。たとえば、Microsoft社のBingクローラ（msnbot）やGoogle社のボット（googlebot）をアクセスできないようにするには、次のように設定します。

```
if ($http_user_agent ~* msnbot|googlebot) {
    return 403;
}
```

セキュリティ対策 > アクセス制御と認証

HTTPメソッドを制限する

if

server、location

構文 `if (condition) { ... }`

パラメータ	説明
condition	条件

HTTPでは、GETやPOSTのほかにもPUT／DELETE／HEAD／OPTIONSなど、さまざまなメソッドが定義されています。クライアントとサーバはこうしたメソッドを使い分け、データを送受信します。このうち頻繁に利用するのはGET／HEAD／POSTです。不要なメソッドをそのままにしておくと、攻撃の危険性が大きくなります。たとえば、Webアプリケーションにクロスサイトスクリプティングの危険性が潜んでいる場合にTRACEメソッドが有効だと、ユーザ認証のIDやパスワードを盗み出す**クロスサイトトレーシング(XST)**と呼ばれる攻撃にさらされる可能性があります。不要なメソッドを無効化することで、攻撃される危険性を減らします。

用例

安全なメソッドだけを使えるようにするには、環境変数の$request_methodを使って次のように設定します。

```
if ($request_method !~ ^(GET|HEAD|POST)$ ) {
    return 444;
}
```

上の設定例では、環境変数の$request_methodを評価し、HTTPメソッドがGET／HEAD／POSTのいずれかならreturn 444を実行し、クライアントには何も返しません。444はNginxの独自実装です。クライアントには応答せず、コネクションを閉じます。

セキュリティ対策 > アクセス制御と認証

ユーザ認証を設定する（Basic認証）

auth_basic／auth_basic_user_file

http、server、location、limit_except

構文❶ auth_basic *string* | off;

構文❷ auth_basic_user_file *file*;

パラメータ	説明
string	任意の文字列
off	認証無効（デフォルト）
file	Basic認証用パスワードファイルのパス

　Nginxはユーザ名とパスワードでアクセスを制限することができます。一般的なWebの認証方式には、**Basic認証**方式と**Digest認証**方式がありますが。Nginxが対応しているのはBasic認証方式だけです。

パスワードファイルの作成

　最初にパスワードファイルを作成します。Basic認証方式ではhtpasswdコマンドでパスワードファイルを作成します。デフォルトではインストールされないため、次の手順でインストールします。

- CentOSやRed Hat Enterprise Linuxの場合

```
# yum install httpd-tools
```

- UbuntuやDebianの場合

```
$ sudo apt-get install apache2-utils
```

　htpasswdコマンドで新規にパスワードファイルを作成する場合は、次のような引数を指定します。

```
# htpasswd -c /.../Basic認証用パスワードファイル ユーザ名
```

用例

ユーザ名をfoo、パスワードファイルを/etc/nginx/passwdとした場合は、次のようになります。

```
# htpasswd -c /etc/nginx/passwd foo
New password:               ← パスワードを入力
Re-type new password:       ← パスワードを再入力
Adding password for user foo
```

ユーザの追加

すでにパスワードファイルが作成済みで、ユーザを追加する場合は、-cオプションを省いてhtpasswdコマンドを実行します。

```
# htpasswd /.../Basic認証用パスワードファイル 追加するユーザ名
```

ユーザの削除

パスワードファイルからユーザを削除するには、htpasswdコマンドの-Dオプションを使用します。

```
# htpasswd -D /.../Basic認証用パスワードファイル 削除するユーザ名
```

ユーザ認証

Basic認証方式のユーザ認証を実施するには、auth_basic／auth_basic_user_fileディレクティブを設定します。

```
auth_basic            任意の文字列;
auth_basic_user_file  Basic認証用パスワードファイルのパス;
```

auth_basicディレクティブに指定した文字列は、ユーザ名やパスワードを入力するダイアログのタイトルにも使われますが、**realm**としてクライアントに渡され、ユーザ名／パスワードとともに管理されます。ブラウザはrealmを元にユーザ名とパスワードを記憶し、再度パスワード入力が必要となった場合はrealmを検索し、ユーザ名やパスワードの再入力を省略します。そのため、auth_basicディレクティブに指定した文字列がほかの指定と重複すると、ブラウザ

は同一保護領域にアクセスしているとみなし、記憶しているユーザ名／パスワードをサーバに送信してしまいます。realmが重複しないよう一意な文字列を指定するようにします。

用例

ユーザ認証の設定はlocationディレクティブのコンテキスト以外にも、serverやhttpディレクティブのコンテキストで指定できます。たとえば、locationディレクティブのコンテキストで指定するには、次のようにします。

```
location / {
    auth_basic  "Restricted";
    auth_basic_user_file   /etc/nginx/passwd;
    ...
}
```

serverディレクティブのコンテキストで指定するとバーチャルサーバ単位で、httpディレクティブのコンテキストではNginx単位でユーザ認証を実施できるようになります。

auth_basicディレクティブにoffを指定すると、Basic認証方式のアクセス制限を無効にします。

```
auth_basic               off;    # ユーザ認証を無効化
```

たとえば、バーチャルサーバ単位でユーザ認証を有効にしつつ、特定のディレクトリだけユーザ認証を行わないようにするには次のように設定します。

```
server {
    ...
    auth_basic "closed website";
    auth_basic_user_file /etc/nginx/passwd;

    location /public/ {
        auth_basic off;
    }
    ...
}
```

セキュリティ対策 > アクセス制御と認証

複数のアクセス制限を組み合わせる
（AND条件）

allow/deny/auth_basic/auth_basic_user_file

```
http、server、location、limit_except
```

構文❶ `allow address | CIDR | unix: | all;`

構文❷ `deny address | CIDR | unix: | all;`

構文❸ `auth_basic string | off;`

構文❹ `auth_basic_user_file file;`

パラメータ	説明
address	IPアドレス（例 192.168.1.1、2001:0db8::）
CIDR	IPアドレスの範囲指定（例 192.168.1.0/24;）
unix:	UNIXドメインソケット（例 unix:/tmp/nginx.sock）
all	すべて
string	任意の文字列
off	認証無効（デフォルト）
file	Basic認証用パスワードファイルのパス

ここまでにさまざまなアクセス制限の方法を解説しましたが、IPアドレスによるアクセス制限（条件1）とユーザ認証（条件2）を組み合わせて利用することができます。

用例

たとえば、IPアドレスによるアクセス制限（条件1）とユーザ認証（条件2）を組み合わせ、同時に条件を満たしたときにアクセスできるようにするには、次のように設定します。

```
location / {
    ...
    # 条件1
    allow 192.168.1.0/24;
```

（次ページへ続く）

```
    deny  all;

    # 条件2
    auth_basic  "Restricted";
    auth_basic_user_file   /etc/nginx/passwd;
    ...
}
```

> **Column** ユーザ認証を設定する（Digest認証）
>
> Basic認証方式では、ユーザ名とパスワードをBase64でエンコードし、HTTPリクエストのヘッダ情報に埋め込みます。Base64は簡単な手続きで復号化できるため、ネットワーク上で盗聴される危険性があります。パスワードの漏洩を防ぎたい場合には、セキュリティを強化した**Digest認証**方式を利用します。Nginxの標準モジュールでは対応していませんが、サードパーティモジュールの**Nginx Digest Authentication module**[注1]を組み込むことでDigest認証方式を利用できるようになります。ただし、最近は更新されておらず、2015年6月現在、未解決の脆弱性が残ったままになっています。また、Nginx 1.7.11のような最新版ではビルドに失敗するため、本書では解説を省略します。

注1 https://github.com/samizdatco/nginx-http-auth-digest

セキュリティ対策 > アクセス制御と認証

複数のアクセス制限を組み合わせる
（OR条件）

satisfy

http、server、location

構文 `satisfy all | any;`

パラメータ	説明
all	すべての条件を満たす（デフォルト）
any	いずれかの条件を満たす

用例

前節同様にIPアドレスによるアクセス制限（条件1）とユーザ認証（条件2）を組み合わせて利用することができます。条件1と条件2のいずれかの条件だけ満たせばアクセスできるようにするには、satisfyディレクティブのパラメータにanyを設定します。

```
location / {
    satisfy    any;    # いずれか1つの条件を満たせばアクセス可能

    # 条件1
    allow 192.168.1.0/24;
    deny  all;

    # 条件2
    auth_basic  "Restricted";
    auth_basic_user_file   /etc/nginx/passwd;
    ...
}
```

satisfyディレクティブは次のような構文で利用します。

```
satisfy all または any;
（デフォルトは all）
```

参照 認証またはアクセス制御のいずれかを満たしたらアクセスを許可する P.310

セキュリティ対策 > アクセス制御と認証

ホットリンク（直リンク）を禁止する

valid_referers

server、location

構文 `valid_referers none | blocked | server_names | string ...;`

パラメータ	説明
none	リクエストヘッダにRefererヘッダがない
blocked	Refererヘッダはあるが、ファイアウォールまたはプロキシによって削除されている（http://またはhttps://で始まらない文字列）
server_names	Refererヘッダにいずれかのサーバ名を含む
string	サーバ名や任意のURIプリフィックスを含む文字列（正規表現を用いる場合は~で始める）

ホットリンク（直リンク）とは、他者のWebサイトで公開している画像や動画などのコンテンツのURLをそのまま埋め込み流用する行為です。ホットリンクを許すと、HTMLドキュメントにはアクセスされず、画像や動画だけアクセスされるようになります。その結果、サーバに無駄な負担がかかることになります。また、不用意にコンテンツを流用されると、サイトを装った偽サイトが開設される危険性があります。

ホットリンクを禁止するには、HTTPリクエストの**Referer**ヘッダを利用します。Refererヘッダには参照元のURL（リファラ）が含まれています。Refererヘッダ中に指定されたURLやドメインが含まれているか確認し、含まれていなければコンテンツの転送を拒否します。

用例

最初に、valid_referersディレクティブで有効な参照元URLを指定します。

```
valid_referers    none / blocked / server_names / 文字列 ...;
```

たとえば次のように指定すると、example.jpドメインか、192.168.0で始まるIPアドレスを持ったホストから参照（リンク）された場合だけ、アクセスを許可

します。

```
valid_referers *.example.jp ~192.168.0;
```

ドメイン名を指定する際には、先頭か末尾に*（アスタリスク）を付けて指定する、ワイルドカード指定が可能です。また~（〜）を先頭に付けて正規表現を用いることができます。なお、正規表現を用いる場合、URIスキームのhttp://やhttps://は不要です。

valid_referersディレクティブを設定したあと、リファラが無効か有効か確認し、無効な場合はアクセスを拒否（return 403;）します。

```
location /images/ {
   ...
   # リファラの有効性を確認
   valid_referers *.example.jp ~192.168.0;

   # 無効なリファラはアクセスを拒否
   if ($invalid_referer) {
      return    403;
   }
   ...
}
```

> **Column　Dockerの操作3 コンテナの作成と実行**
>
> ダウンロードしたイメージからコンテナを作成し起動します。docker run イメージ名を実行します。
>
> ```
> # docker run -d -p 80:80 nginx
> ```
>
> ここで指定したオプションは次のとおりです。
>
> - -d：バックグラウンド起動
> - -p 80:80：ホストのTCP 80番をコンテナのTCP 80番にポートフォワーディング
>
> このとき、コンテナに割り当てるCPU使用率やメモリ容量を制限することもできます。基本的なコンテナの起動方法は上記のとおりですが、イメージによって追加オプションが必要な場合もあります。イメージごとに用意されているDocker Hub上の説明ページを参考にしましょう。
>
> http://ホストのIPアドレス/にアクセスすれば下図のようなNginxのスタートページを見ることができます。

セキュリティ対策 > アクセス制御と認証

X-Frame-Optionsヘッダ対策

add_header

http、server、location、location内のif

構文❶ add_header *name value* [always];

構文❷ add_header X-Frame-Options SAMEORIGIN | DENY;

パラメータ	説明
name	レスポンスヘッダフィールド名
value	変数
X-Frame-Options	X-Frame-Optionsレスポンスヘッダ
SAMEORIGIN	フレーム内のコンテンツとフレームを表示しようとしているコンテンツが同じサイトのものなら表示を許可
DENY	フレーム表示を無効

　Webサーバはクライアントにレスポンスを返す際に、さまざまなHTTPレスポンスヘッダを付けて返します。HTTPレスポンスヘッダの中には、適切に設定することでセキュリティレベルを向上させるものがあります。なお、レスポンスヘッダは、それを受信したクライアントによって解釈されます。ブラウザによっては対応していないものもあるので注意が必要です。

　X-Frame-Optionsヘッダを設定することで、ブラウザがframeまたはiframeで指定したフレーム内にページを表示するかどうかサーバ側で制御できるようになります。自サイトのコンテンツがほかのサイトに埋め込まれないようにすることで、**クリックジャッキング**のような攻撃を防ぐことができます。

用例

　生成元が同じフレームの場合だけページを表示し、ほかのサイトの場合はフレーム表示を許可しないときはSAMEORIGINを指定します。

```
add_header X-Frame-Options SAMEORIGIN;
```

　フレーム表示を無効にするときはDENYを指定します。

```
add_header X-Frame-Options DENY;
```

セキュリティ対策 > アクセス制御と認証

X-Content-Type-Optionsヘッダ対策

add_header

http、server、location、location内のif

構文 `add_header X-Content-Type-Options nosniff;`

パラメータ	説明
X-Content-Type-Options	X-Content-Type-Optionsレスポンスヘッダ
nosniff	Internet Explorerのsniff機能を無効にする

通常、ブラウザはダウンロードしたコンテンツの種類を判定するのにContent-Typeヘッダを使用しますが、IE (Internet Explorer) は、さらにコンテンツの内容も検証 (**sniff**) します。そのため、画像ファイルやテキストファイルをHTMLと誤判定してしまい、場合によっては**クロスサイトスクリプティング (XSS)** を引き起こすことがあります。最近はバージョンアップによりそうした危険性は少なくなっていますが、現在でも意図しないものとして誤判定される事態が報告されています。

用例

IEがsniffしないようにするには、X-Content-Type-Optionsヘッダにnosniffを設定します。

```
add_header X-Content-Type-Options nosniff;
```

nosniffを設定すると、Content-Typeがtext/cssと一致しない限り、IEはCSSファイルを読み込めません。同様に、application/javascriptやapplication/x-javascriptなどのScript系に一致しない限り、スクリプトファイルを読み込めません。

セキュリティ対策 > アクセス制御と認証

X-XSS-Protectionヘッダ対策

add_header

http、server、location、location内のif

構文 `add_header X-XSS-Protection "1; mode=block";`

パラメータ	説明
X-XSS-Protection	X-XSS-Protectionレスポンスヘッダ
1; mode=block	ブラウザのXSS（クロスサイトスクリプティング）対策機能を有効化

用例

X-XSS-Protectionヘッダを設定することで、ブラウザのXSS（クロスサイトスクリプティング）対策機能を有効化します。IE（Internet Explorer）のほか、Google ChromeやSafariといったブラウザにも対応しています。

```
add_header X-XSS-Protection "1; mode=block";
```

セキュリティ対策 > アクセス制御と認証

Content-Security-Policyヘッダ対策

add_header

http、server、location、location内のif

構文 `add_header Content-Security-Policy policy;`

パラメータ	説明
Content-Security-Policy	Content-Security-Policyレスポンスヘッダ
policy	ポリシー

　Content-Security-Policy（CSP）ヘッダを設定すると、信頼できる生成元以外からリソースを読み込めないように制限することができます。読み込み可能なリソースを制限することで、悪意を持った攻撃者によって予期しないリソースが表示されるのを防ぎます。参照元を制限できるほか、画像、スクリプト、メディアなど、リソースタイプごとに設定を分けることもできます。たとえば外部のスクリプトの実行を制限し、インラインJavaScriptやeval関数を無効化することでXSSを防いだり、iframe内に読み込めるページを制限することでクリックジャッキングを防ぎます。

用例

　Content-Security-Policyヘッダにポリシーを指定することで、参照元やリソースタイプを設定します。すべてのコンテンツを自サイトからのみ読み込むようにしたい場合は、次のように設定します。

```
add_header Content-Security-Policy "default-src 'self'";
```

　条件を複数指定する場合は、ポリシーを続けて指定します。自サイトとexample.jpドメインを持ったすべてのホストからのコンテンツ読み込みを許可したい場合は、次のように設定します。ドメインの指定に*（アスタリスク）を使うと、サブドメインも含めるようになります。

```
add_header Content-Security-Policy "default-src 'self' *.example.jp";
```

リソースタイプごとに設定するには、default-srcに加えてimg-src/script-srcといった条件をポリシーに加えます。たとえば、画像はどのドメインのものでも使用できるようにし、オーディオやビデオといったメディアコンテンツは信頼されたホスト（sv1.example.jpとsv2.example.jp）だけ、スクリプトはexample.jpドメインのサーバだけに許可するには、次のように設定します。

```
add_header Content-Security-Policy "default-src 'self'; img-src *;media-src
sv1.example.jp sv2.example.jp; script-src *.example.jp";
```

> **注意** 設定を誤ると外部リソースを読み込めなくなり、スクリプトが動かなくなる場合があります。

Column　Dockerの操作4 コンテナ操作

作成されたコンテナは`docker ps -a`で確認できます。一覧には過去に起動し現在は停止しているコンテナも含まれまています。-aを省略すると起動中のものだけ表示します。なおDockerは1つのイメージをもとに複数のコンテナを作成し起動できます。

各コンテナには一意な**コンテナID**（実行結果の「CONTAINER ID」欄）が割り当てられます。コンテナの操作にはコンテナIDを使用します。たとえばコンテナの起動／停止／再起動は次のように行います。

- コンテナの起動：# docker start コンテナID
- コンテナの停止：# docker stop コンテナID
- コンテナの再起動：# docker restart コンテナID

作成済みのコンテナを起動する際に、誤って`docker run ...`を実行してしまうと、新たなコンテナが追加されるため注意が必要です。不要になったコンテナを削除する場合は`docker rm`を実行します。

- コンテナの削除：# docker rm コンテナID

セキュリティ対策 > アクセス制御と認証

不要なモジュールの見直し

コマンドライン

構文 `configure --without-module`

パラメータ	説明
module	モジュール名

　Nginxのバイナリパッケージには、デフォルトで多くのモジュールが組み込まれています。設定でモジュールの機能を無効化することもできますが、ビルド時に不要なモジュールを無効化することで潜在的なリスクを最小限にします。

用例

　ビルド時にモジュールを無効化するには--without-○○オプションを指定します。ディレクトリインデックスを自動表示するngx_http_autoindex_moduleや、SSIを実行するためのhttp_ssi_moduleを無効化するには、次のようにしてNginxを再インストールします。

```
# ./configure --without-http_autoindex_module --without-http_ssi_module
# make
# make install
```

　ほかのビルドオプションは次の手順で確認できます。

```
# ./configure --help
```

| 参照 | モジュールの有効化／無効化 | P.23 |

セキュリティ対策 > アクセス制御と認証

バージョン情報を隠蔽する

server_tokens

http、server、location

構文 `server_tokens on | off;`

パラメータ	説明
on	バージョン表示（デフォルト）
off	バージョン非表示

攻撃者が侵入を試みる際、サーバのOSや使用しているソフトウェアの情報を収集し、セキュリティホールになるような脆弱性を見つけようとします。Nginxにも過去に脆弱性が見つかったバージョンがあります。脆弱性があるものを放置せず、即座に対応することで防御できますが、ゼロデイ攻撃のように、対策が公表されていないうちに攻撃を受ける可能性もあります。そこで、サーバやソフトウェアの情報を隠蔽し、攻撃されるリスクを減らすようにします。

バージョンの確認

使用しているNginxのバージョンは、第三者でも簡単に調べることができます。たとえばHTTPレスポンスを利用して、バージョン情報を引き出すことができます。

```
$ telnet サーバのアドレス 80   <-- サーバへアクセス
... 省略 ...
GET / HTTP/1.1              ←──────── GETコマンドを入力
Host: サーバのアドレス        ←──────── アドレスを入力
<リターン>                   ←──────── 改行入力

...

HTTP/1.1 200 OK
Server: nginx/1.7.12
Date: Tue, 12 May 2015 12:06:08 GMT
Content-Type: text/html
...
```

また、Nginxのエラーページにもバージョンは表示されます。

▼ エラーページに表示されるNginxのバージョン

用例

Nginxのバージョン表示の制御には、server_tokensディレクティブを使用します。バージョン情報を表示しないようにするにはoffを指定します。指定は、http/server/localtionディレクティブのコンテキストで行います。

```
http{
    server_tokens off;
}
```

server_tokensディレクティブでバージョンの表示／非表示は制御できますが、バージョン名を偽装することはできません。また、Nginxを使用していることを隠蔽することもできません。こうした根本的な対策には、ソースの修正が必要です。

セキュリティ対策 > アクセス制御と認証

ソースを修正しサーバ情報を隠蔽する

error_page

http、server、location、location内のif

構文 `error_page code ... [=[response]] uri;`

パラメータ	説明
response	カスタムエラーページを表示するレスポンスコード
uri	カスタムエラーページ

　HTTPヘッダのNginx名やバージョン名をほかのものに変えるには、ソースファイルを直接修正します。ソースアーカイブのsrc/http/ngx_http_header_filter_module.cファイルの49行目あたり（1.9.3の場合）を編集します。

```
1.9.3
修正前）
static char ngx_http_server_string[] = "Server: nginx" CRLF;
static char ngx_http_server_full_string[] = "Server: " NGINX_VER CRLF;

修正後）
static char ngx_http_server_string[] = "Server: myserver" CRLF;
static char ngx_http_server_full_string[] = "Server: myserver" CRLF;
```

　このように修正を行うと、nginxの代わりに"myserver"を返し、バージョンは付かないようになります。

用例

　エラーページは変わらず表示されるため、前節で解説した、server_tokensディレクティブでバージョンを非表示にするか、error_pageディレクティブでカスタムエラーページを指定します。

```
location / {
   ...
   error_page    500 502 503 504 404 = /my_error.html;
   ...
}
```

セキュリティ対策 > アクセス制御と認証

DoS／DDoS攻撃によるメモリ枯渇に備える

client_body_buffer_size／client_header_buffer_size／client_max_body_size／large_client_header_buffers

http、server、location*
（*Nginxをソースからインストールした場合は「# ls -l /usr/local/nginx/logs/」）

構文❶ `client_body_buffer_size body_buffer_size;`

構文❷ `client_header_buffer_size header_buffer_size;`

構文❸ `client_max_body_size max_body_size;`

構文❹ `large_client_header_buffers number header_buffers_size;`

パラメータ	説明
body_buffer_size	リクエストボディ部のバッファサイズ（デフォルト 8kまたは16k）
header_buffer_size	リクエストヘッダ部のバッファサイズ（デフォルト 1k）
max_body_size	リクエストボディの最大サイズ（デフォルト 1m）
number	リクエストヘッダを読み込むためのバッファの数（デフォルト 4）
header_buffers_size	リクエストヘッダの最大サイズ（デフォルト 8k）

　DoS／DDoS攻撃のようなサービス妨害攻撃にさらされると、大量アクセスによりサーバのリソースが枯渇しサービス停止に陥ります。単なるWebサービスの停止のみならず、メモリの枯渇やCPU使用率の高騰により、サーバそのものが制御できなくなる事態に陥る可能性もあります。Nginxでメモリを枯渇させないようにするには、各種バッファの上限値を設定します。

　client_body_buffer_sizeディレクティブは、クライアントからのリクエストうち、ボディ部のバッファサイズを指定します。バッファサイズを超えたものはテンポラリファイルに書き出されます。通常、テンポラリファイルはディスク上に作成されるため、パフォーマンスを損ないます。

```
client_body_buffer_size サイズ（デフォルト 8kまたは16k）;
```

213

client_header_buffer_sizeディレクティブはクライアントからのリクエストうち、ヘッダ部のバッファサイズを指定します。バッファサイズを超えたものはテンポラリファイルに書き出されます。通常、テンポラリファイルはディスク上に作成されるため、パフォーマンスを損ないます。

```
client_header_buffer_size サイズ（デフォルト 1k）;
```

client_max_body_sizeディレクティブは、クライアントからのリクエストボディの最大サイズを指定します。最大サイズを超えると、レスポンスコード413をクライアントに返します。このディレクティブの値を小さくし過ぎると、POSTメソッドでクライアントからサーバにデータを送信できなくなります。

```
client_max_body_size サイズ（デフォルト 1m）;
```

large_client_header_buffersディレクティブは、クライアントからのリクエストヘッダを読み込むためのバッファの数と最大サイズを指定します。バッファ数を2、サイズを1kに設定すると、上限は2kバイトになります。指定を超えると、レスポンスコード414をクライアントに返します。

```
large_client_header_buffers 数（デフォルト 4）サイズ（デフォルト 8k）
```

用例

Nginxでメモリを無駄に消費しないようにするには、バッファの使用を抑えるようにします。Nginxでは次のようにして、各種バッファの利用を抑制します。

```
client_body_buffer_size  1K;
client_header_buffer_size 1k;
client_max_body_size 1k;
large_client_header_buffers 2 1k;
```

参照　大容量データ受信時のメモリ使用量を変更する ……………………………… P.281

セキュリティ対策 > ModSecurity

ソースファイルをビルドして ModSecurity をインストールする

コマンドライン

構文 `configure --add-module=module_path`

パラメータ	説明
module_path	サードパーティモジュールのパス

ModSecurityをNginxに組み込むには、Nginxをソースファイルから再インストールする必要があります。Nginxをソースファイルからビルドしインストールする方法は、第2章で解説しています。本パートでは、追加を必要とする手順だけを解説します。

ビルド環境の準備（追加分）とModSecurityのビルド

Nginxをビルドした環境（第2章参照）に加え、ModSecurityをビルドするのに各種パッケージの追加インストールが必要になります。

CentOSの場合

```
# yum install httpd-devel apr apr-devel apr-util apr-util-devel pcre pcre-
devel libxml2 libxml2-devel curl curl-devel openssl-devel git
```

Ubuntuの場合

```
$ sudo apt-get install apache2-dev autoconf libxml2-dev libtool
```

ModSecurityのソースファイルをGitHubからダウンロードしビルドします。なお、作業ディレクトリに/tmpを使用しています。ほかのディレクトリを使用する場合は適宜変更してください。

```
# cd /tmp
# git clone https://github.com/SpiderLabs/ModSecurity.git mod_security
# cd mod_security/
```

（次ページへ続く）

```
# ./autogen.sh
# ./configure --enable-standalone-module
# make
```

Nginxの再ビルドとインストール

　Nginxのソースアーカイブを展開したディレクトリに移動し、Nginxを再インストールします。その際、ビルドオプションに-add-module=/..path../ModSecurityをビルドしたディレクトリを指定します。make installは管理者権限で実行します。Ubuntuではsudoコマンドを使用します。

```
# ./configure --add-module=/tmp/mod_security/nginx/modsecurity
# make
# make install    ←―― Ubuntuの場合は「$ sudo make install」
```

確認

　インストールされたNginxがModSecurityに対応しているか、組み込み済みモジュールの一覧を表示し確認します。Nginxは、デフォルトでは/usr/loca/nginx/sbin/nginxにインストールされます。インストールパスを変えている場合は適宜変更してください。

```
/usr/local/nginx/sbin/nginx -V
...
configure arguments: --add-module=/tmp/mod_security/nginx/modsecurity  ←――
                                                            モジュールを確認
```

セキュリティ対策 > ModSecurity

自家製RPMファイルを作成してModSecurityをインストールする (CentOS)

コマンドライン

構文 `configure --add-module=module_path`

パラメータ	説明
module_path	サードパーティモジュールのパス

ソースからのインストールを避けたい場合、自作パッケージを使用します。ModSecurityを含んだRPMファイルを自作するには、元になるSRPMファイルをインストールしたあと、SPECファイルを修正し、rpmbuildコマンドでRPMファイルを作成します。

ビルド環境の準備（追加分）とModSecurityのビルド

Nginxをビルドした環境（第2章参照）に加え、RPMの作成やModSecurityのビルドに必要な開発ツールやライブラリをインストールします。

```
# yum groupinstall 開発ツール
# yum install httpd-devel apr apr-devel apr-util apr-util-devel pcre pcre-devel libxml2 libxml2-devel curl curl-devel openssl-devel git
```

ModSecurityのソースファイルをGitHubからダウンロードしビルドします。なお、作業ディレクトリに/tmpを使用しています。

```
# cd /tmp
# git clone https://github.com/SpiderLabs/ModSecurity.git mod_security
# cd mod_security/
# ./autogen.sh
# ./configure --enable-standalone-module
# make
```

SRPMのインストール

SRPM（ソースRPM）をNginx社の公式サイトからダウンロードし、インストールします。/root/ディレクトリ下にソースとRPMのビルドに必要なファイル

がインストールされます[注2]。

```
# rpm -ivh http://nginx.org/packages/mainline/centos/7/SRPMS/nginx-1.9.3-1.el7.ngx.src.rpm
```

SPECファイルの修正

RPMを自作するには、SRPMに含まれるspecファイルを修正し、ビルドオプションを変更します。先ほど作成したModSecurityを取り込むよう/root/rpmbuild/SPECS/nginx.specを修正し、configureのオプションに-add-module=/..path../ModSecurityをビルドしたディレクトリを指定します。

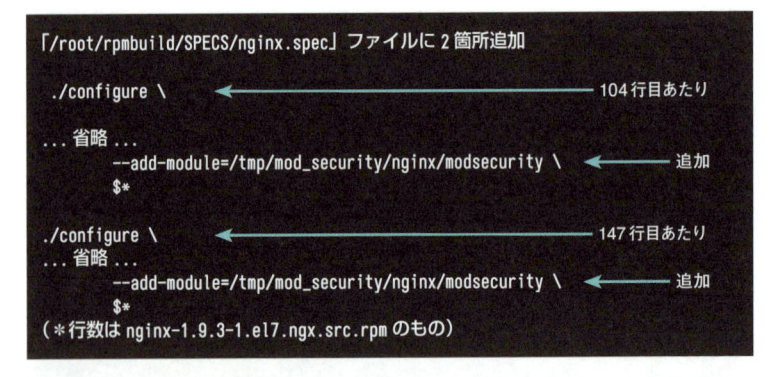

「/root/rpmbuild/SPECS/nginx.spec」ファイルに2箇所追加

```
./configure \                                              ← 104行目あたり
... 省略 ...
    --add-module=/tmp/mod_security/nginx/modsecurity \     ← 追加
    $*

./configure \                                              ← 147行目あたり
... 省略 ...
    --add-module=/tmp/mod_security/nginx/modsecurity \     ← 追加
    $*
(＊行数は nginx-1.9.3-1.el7.ngx.src.rpm のもの)
```

RPMファイルの作成とインストール

修正したspecファイルに対しrpmbuildコマンドを実行し、自家製RPMファイルをビルドします。ビルドに成功すると/root/rpmbuild/RPMS/x86_64/ディレクトリにRPMファイルが作成されます。すでにNginxがインストールされている場合は、rpm -Uvhでパッケージをアップデートします。初めてインストールする場合は、rpm -ivhでインストールを実行します。

```
# rpmbuild -ba /root/rpmbuild/SPECS/nginx.spec
# cd /root/rpmbuild/RPMS/x86_64/
# rpm -Uvh /root/rpmbuild/RPMS/x86_64/nginx-1.9.3-1.el7.centos.ngx.x86_64.rpm
(＊バージョンは2015年8月現在のもの。すでに同じバージョンの Nginx がインストールされている場合は、"--force" オプションでインストールを強制。)
```

注2 バージョンは2015年8月現在のもの。CentOS 6.5では、http://nginx.org/packages/mainline/centos/6/SRPMS/nginx-1.9.3-1.el6.ngx.src.rpm

セキュリティ対策 > ModSecurity

ModSecurityを有効にするNginxの設定

ModSecurityEnabled／ModSecurityConfig

```
main、http、server、location
```

構文❶ `ModSecurityEnabled on | off;`

構文❷ `ModSecurityConfig file;`

パラメータ	説明
on	ModSecurityを有効化
off	ModSecurityを無効化
file	ModSecurity設定ファイル名（デフォルト Nginxの設定ファイルと同じ）

WAFとは

バッファオーバーフロー、クロスサイトスクリプティング、SQLインジェクション、ディレクトリトラバーサルなどWebサーバはさまざまな攻撃にさらされます。通常のファイアウォールでは防げない攻撃からWebサーバを保護するのがWAF（Webアプリケーションファイアウォール）の役割です。WAFは単一アプライアンスとして、またはロードバランサに組み込まれたものとして提供されているものが多く、市販されているものは非常に高価です。Nginxなら、無料のサードパーティ製モジュールである**ModSecurity**をインストールするだけでWAFとして機能させることができます。

ModSecurityを使えば次のようなことが可能になります。

- HTTPリクエストがサーバで処理される前に、監査を実施できる
- フォームデータ、リクエストヘッダの中身など、監査対象を細かく設定できる
- 監査ルールに引っ掛かった際の動作を細かく設定できる
- 監査内容に正規表現を使用できる
- HTTPレスポンスに対して監査を実施できる
- 監査ログを記録できる

なお、ModSecurityを組み込むにはNginxの再ビルドと再インストールが必要です。

ModSecurityを有効にするには、次の2つのディレクティブを指定します。

```
ModSecurityEnabled on または off
ModSecurityConfig ModSecurity 設定ファイル名
```

ModSecurityEnabledをonにしてModSecurityを有効にします。ModSecurityConfigにはModSecurityの設定ファイルを指定します。デフォルトのパスはNginxの設定ファイルと同じディレクトリになります。ModSecurity設定ファイルはこのあと作成します。

用例

指定はhttp/server/locationディレクティブのコンテキストで行います。ドキュメントルートに対してModSecurityを有効にするには、次のように設定します。

```
server {
  listen       80;
  server_name  localhost;

  location / {
    ...
    ModSecurityEnabled on;
    ModSecurityConfig modsecurity.conf;
    ...
  }

}
```

ModSecurityの設定

ModSecurityの設定は、/etc/nginx/modsecurity.conf(Nginxをソースからインストールした場合は/usr/local/nginx/conf/modsecurity.conf)ファイルで行います。動作を確認するため、次のような内容で新規に作成します。

```
#基本設定
SecRuleEngine On
SecRequestBodyAccess On
SecResponseBodyAccess Off

#デフォルトアクションの指定
SecDefaultAction phase:2,log,auditlog,deny
```

```
#デバッグログ
SecDebugLog /var/log/nginx/modsec_debug.log  ←
    Nginxをソースからインストールした場合は/usr/local/nginx/logs/modsec_debug.log
SecDebugLogLevel 3

#監査ログ
SecAuditEngine RelevantOnly
SecAuditLog /var/log/nginx/modsec_audit.log  ←
    Nginxをソースからインストールした場合は/usr/local/nginx/logs/modsec_audit.log

#監査ルールの設定
#IPアドレスをチェック
SecRule REMOTE_ADDR "^10\.0\.0\.[0-9]{1,3}$" "log,deny,id:1"
SecRule REMOTE_ADDR "^172\.16\.[0-9]{1,3}\.[0-9]{1,3}$" "log,deny,id:2"

#GETメソッドパラメータをチェック
SecRule ARGS_GET "atack" "log,deny,id:3"

#POSTメソッドパラメータをチェック
SecRule ARGS_POST "evil" "log,deny,id:4"

#GET／POSTともにチェック
SecRule ARGS "(\"|>|<|'|script|onerror)" "log,deny,id:5"
SecRule ARGS "foo" "log,pass,id:6"
```

　この設定例では、最初にModSecurityを有効にするため、SecRuleEngineにOnを指定します。次に、SecRequestBodyAccessをOnにして、クライアントからサーバに送信されるデータ（リクエストデータ）に対して監査を実施するようにします。サーバからクライアントへ送信されるデータ（レスポンスデータ）に対して監査を実施するには、SecResponseBodyAccessをOnにします。今回は不要なためOffにしています。

　監査処理で疑わしいものが見つかった場合の対処方法は、監査ルールを定める際に同時に指定しますが、デフォルトの対処方法をSecDefaultActionで指定しておくことができます。SecDefaultAction phase:2,log,auditlog,denyと指定した場合、Nginxのエラーログと監査ログへの記録のあと、アクセスを拒否します。phase:2は動作タイミングを表しており、この場合はクライアントからのリクエストを受け付けたあと（サーバからレスポンスを返す前）になります。

　デバッグログは、動作を確認する際に利用します。SecDebugLogで出力先ログファイルを指定し、SecDebugLogLevelでデバッグレベルを指定します。レベルは0～9まで指定可能で、0を指定すると何も出力しません。数字が上がるほど出力される情報が多くなり、9ですべての情報を出力します。

監査を実施した記録を残すために、SecAuditEngineディレクティブでRelevantOnlyを指定します。SecAuditEngineをOnとした場合、すべての監査記録が出力されます。監査に引っ掛かったものだけ出力するためにRelevantOnlyを指定します。

監査ルールの設定はSecRuleディレクティブで行います。**SecRule 監査対象 一致内容 アクション**のように指定します。監査ルールについては、このあと解説します。

ModSecurityの動作を確認する（監査ルールの設定方法）

設定終了後、Nginxを再起動します。そのあと、監査ログ用のファイルmodsec_audit.logとデバッグログ用のファイルmodsec_debug.logが作成されていることを確認します。

```
# ls -l /var/log/nginx/
...
-rw-r----- 1 root root    0  5月 13 21:06 modsec_audit.log
-rw-r----- 1 root root    0  5月 13 21:06 modsec_debug.log
（＊Nginxをソースからインストールした場合は「# ls -l /usr/local/nginx/logs/」）
....
```

監査ルールの設定方法を、監査ログを見ながら解説します。modsecurity.confファイルのSecRule REMOTE_ADDR ...では、クライアントのIPアドレスでアクセスを制限しています。IPアドレスやホスト名を正規表現を使って指定します。アクションに"log,deny"を指定しているため、ログファイルへの記録と、アクセス拒否が実行されます。末尾のid:1はルールに付与するID番号です。設定した監査ルールごとに一意なIDを指定します。

指定したIPアドレスのクライアントから実際にアクセスを試してみましょう。アクセスできないことを確認できたらmodsec_audit.logに監査ログが出力されていることを確認します。監査ログには監査対象にマッチしたパターンや、どのタイミングで監査が実施されたかなどが出力されます。

```
--00a35019-H--
Message: Access denied with code 403 (phase 2). Pattern match "^172\\.16\\.
[0-9]{1,3}\\.[0-9]{1,3}$"
 at REMOTE_ADDR. [file "/usr/local/nginx/conf/modsecurity.conf"] [line "20"]
[id "2"]
Message: Audit log: Failed to lock global mutex: Permission denied
Action: Intercepted (phase 2)
```

```
Apache-Handler: IIS
Stopwatch: 1431519657000400 400925 (- - -)
Stopwatch2: 1431519657000400 400925; combined=52, p1=4, p2=42, p3=0, p4=0,
p5=6, sr=0, sw=0, l=0, gc
=0
Producer: ModSecurity for nginx (STABLE)/2.9.0 (http://www.modsecurity.org/).
Server: ModSecurity Standalone
Engine-Mode: "ENABLED"

--00a35019-Z--
```

監査ルールをSecRule ARGS_GET "atack" "log,deny,..."と設定すると、GETメソッドを使ったフォームデータの中にatackという文字列を見つけた場合に、ログへの記録とアクセス拒否を実施するようになります。http://サーバのアドレス/index.html?key=atackのように、GETメソッドパラメータをURLに付け加えたURLでアクセスします。するとアクセスが拒否され、監査ログに記録されるのを確認できます。

POSTメソッドを使ったフォームデータに対して監査ルールを設定するには、SecRule ARGS_POST "evil" "log,deny,..."のようにします。先ほど、GETメソッドでの監査ルールにはARGS_GETを使用しましたが、POSTメソッドではARGS_POSTを使用します。この設定では、POSTメソッドを使ったフォームデータ中に文字列evilが含まれていた場合に、ログへの記録とアクセス拒否を実施します。設定を確認するには、フォームデータをPOSTメソッドでサーバに送信できるよう、次のようなWebフォームを/usr/share/nginx/html/test.html（Nginxをソースからインストールした場合は/usr/local/nginx/html/test.html）として作成します。

```
<html>
<body>
<form action=/cgi-bin/not_found.cgi method=post>    ← CGIファイルは実在
                                                      しなくてもテスト可能
<input type=text name=test>
<input type=submit>
</form>
</body>
</html>
```

▼ テスト用に作成したフォーム

　作成したWebフォームにアクセスするには、URLにhttp://サーバのアドレス/test.htmlを指定します。表示されたWebフォームのテキストフィールドにevilとタイプし、送信ボタンをクリックすれば、アクセスが拒否され、監査ログに記録されるのを確認できます。

　またcurlコマンドを使って擬似的にWebフォームデータに文字列「evil」を混入させることでも確認できます。

```
$ curl -F "value=evil" http://サーバのアドレス/
<!DOCTYPE HTML PUBLIC "-//IETF//DTD HTML 2.0//EN">
<html><head>
<title>403 Forbidden</title>    ←────── アクセス拒否
...
```

　POST／GETメソッドのどちらにも対応する監査ルールを設定するには、SecRule ARGS ...とします。監査ルールに引っ掛かった際に、ログの記録だけを行い、接続を許可するには、アクションの指定で"log,pass"とします。

セキュリティ対策 > ModSecurity

CRS (ModSecurity Core Rule Set) の活用

手順

1. CRSのダウンロード
2. CRSの読み込み
3. ルールの選択と有効化
4. Nginxの再起動

ModSecurityは細かな内容を設定できる反面、記述が複雑です。SQLインジェクション対策では、SQLクエリとして有害な文字列を監視し、XSS対策では悪意を持って埋め込まれたスクリプトを除去するなど、さまざまな攻撃を想定して条件を設定する必要があります。こうした有害な文字列をすべて列挙するのは大変な作業です。そこで、あらかじめ用意されたルールセットの**CRS (ModSecurity Core Rule Set)**[3]を利用します。CRSはhttp://www.modsecurity.org/からダウンロードできます。CRSを利用するには次の手順を実行します。

1.CRSのダウンロード

CRSをダウンロードし、/usr/local/下に移動します。

```
# git clone https://github.com/SpiderLabs/owasp-modsecurity-crs.git
# mv owasp-modsecurity-crs /usr/local/
```

2.CRSの読み込み

/etc/nginx/modsecurity.conf(Nginxをソースからインストールした場合は/usr/local/nginx/conf/modsecurity.conf)ファイルに次の2行を追加します。

注3 https://www.digitalocean.com/community/tutorials/how-to-set-up-mod_security-with-apache-on-debian-ubuntu

```
Include "/usr/local/owasp-modsecurity-crs/*.conf"
Include "/usr/local/owasp-modsecurity-crs/activated_rules/*.conf"
```

3.ルールの選択と有効化

これはSQLインジェクション対策を施す場合に必要な設定です。

```
# cd /usr/local/owasp-modsecurity-crs/activated_rules/
# ln -s /usr/share/modsecurity-crs/base_rules/modsecurity_crs_41_sql_injection_attacks.conf .
```

base_rulesルールのほかにも、optional_rules／experimental_rules／slr_rulesといったディレクトリにさまざまなルールがインストールされています。必要に応じてリンクを作成し有効化します。

4.Nginxの再起動

Nginxを再起動します。

```
# nginx -s reload
```

セキュリティ対策 > Linux

iptablesでパケットフィルタリング

コマンドライン

構文 `iptables [-t table] {-A|-C|-D} chain rule-specification`

パラメータ	説明
-t table	コマンドで操作するパケットマッチングテーブル
-A	選択されたチェインの最後に1つ以上のルールを追加する
-C	指定したルールにマッチするルールが指定されたチェインにあるかを確認する
-D	選択されたチェインから1つ以上のルールを削除する
chain	チェイン（パケット群にマッチするルールのリスト）
rule-specification	ルール

Linuxでできるセキュリティ対策

　セキュリティ対策は、Nginxレベルのほか、ネットワーク機器やOSレベルの対策も合わせて実施する必要があります。Linuxならパケットフィルタリングの**iptables**や、セキュアOSの**SELinux**[注4]といったコンポーネントを利用できます。また簡潔な方法として、カーネルパラメータ[注5]を見直すことでセキュリティを高めることもできます。

　iptablesを使えば、サーバに入ってくるパケットや出ていくパケットをカーネルレベルで制御できます。そのため、不正なパケットが入ってきても、Nginxのようなアプリケーションまでは到達しません。厳密には、アプリケーションにパケットが到着するまでに遅延が発生しますが、パフォーマンスを大きく損なうほどではありません。また、iptablesにはロギング機能もあるため、不正アクセスの兆候を検知するのにも役立ちます。

注4　http://nginx.com/blog/nginx-se-linux-changes-upgrading-rhel-6-6/、http://morphmorph.com/archives/103
注5　「LinuxTips」のKernel/システムパラメータの項を参照。http://linux.mini13i.com/

Webサーバとしての基本設定

次のiptablesの例は、TCP 80番でクライアントからのアクセスを待ち受ける、一般的なWebサーバのための設定です。次のような条件でフィルタリングを実施します。

- 送出されるパケットは基本的にすべて許可
- ループバックアドレスに関してはすべて許可
- NEWステートでありながらSYNフラグの立っていないパケットを破棄
- フラグメント化されたパケットを破棄
- TCP Null/Xmas/FINポートスキャンパケットを破棄
- ブロードキャスト/マルチキャストパケットを破棄
- 無効なヘッダがあるTCPパケットを破棄
- IPスプーフィング対策（外部からプライベートIPアドレスに成りすましたパケットを破棄）
- HTTP（TCP 80番）へのアクセスを、ステートフル性を確認し許可

```
#!/bin/bash

# リセット
/sbin/iptables -F
/sbin/iptables -Z
/sbin/iptables -X

# デフォルトルール
/sbin/iptables -P INPUT DROP
/sbin/iptables -P OUTPUT ACCEPT
/sbin/iptables -P FORWARD DROP

# ループバックアドレス（lo）に関してはすべて許可
/sbin/iptables -A INPUT -i lo -j ACCEPT
/sbin/iptables -A OUTPUT -o lo -j ACCEPT

# NEW ステートでありながら SYN フラグの立っていないパケットを破棄
/sbin/iptables -A INPUT -i eth0 -p tcp ! --syn -m state --state NEW -j DROP
# フラグメント化されたパケットを破棄
/sbin/iptables -A INPUT -i eth0 -f -j DROP
/sbin/iptables -A INPUT -i eth0 -p tcp --tcp-flags ALL FIN,URG,PSH -j DROP
/sbin/iptables -A INPUT -i eth0 -p tcp --tcp-flags ALL ALL -j DROP

# TCP Null ポートスキャン対策
/sbin/iptables -A INPUT -i eth0 -p tcp --tcp-flags ALL NONE -j DROP
/sbin/iptables -A INPUT -i eth0 -p tcp --tcp-flags SYN,RST SYN,RST -j DROP
```

```
# TCP Xmas ポートスキャン対策
/sbin/iptables  -A INPUT -i eth0 -p tcp --tcp-flags SYN,FIN SYN,FIN -j DROP
# TCP FIN ポートスキャン対策
/sbin/iptables  -A INPUT -i eth0 -p tcp --tcp-flags FIN,ACK FIN -j DROP
 /sbin/iptables  -A INPUT -i eth0 -p tcp --tcp-flags ALL SYN,RST,ACK,FIN,URG
-j DROP

# ブロードキャストパケットを破棄
/sbin/iptables  -A INPUT -i eth0 -m pkttype --pkt-type broadcast -j DROP

# マルチキャストパケットを破棄
/sbin/iptables  -A INPUT -i eth0 -m pkttype --pkt-type multicast -j DROP

# 無効なヘッダがある TCP パケットを破棄
/sbin/iptables  -A INPUT -i eth0 -m state --state INVALID -j DROP

# IP スプーフィング対策(外部からプライベート IP アドレスに成りすましたパケットを破棄)
# 実際にプライベート IP で運用している場合は、対象から除外してください。
SPOOFIP="127.0.0.0/8 192.168.0.0/16 172.16.0.0/12 10.0.0.0/8 169.254.0.0/16
0.0.0.0/8 240.0.0.0/4 255.255.255.255/32 168.254.0.0/16 224.0.0.0/4
240.0.0.0/5 248.0.0.0/5 192.0.2.0/24"

/sbin/iptables -N spooflist
for ipblock in $SPOOFIP
do
    /sbin/iptables -A spooflist -i eth0 -s $ipblock -j DROP
done
/sbin/iptables -I INPUT -j spooflist
/sbin/iptables -I OUTPUT -j spooflist
/sbin/iptables -I FORWARD -j spooflist

# HTTP (TCP 80 番) へのアクセスを許可
/sbin/iptables -A INPUT -i eth0 -p tcp -s 0/0 --sport 1024:65535 --dport 80
-m state --state NEW,ESTABLISHED -j ACCEPT

# ルール外パケットの破棄とロギング
/sbin/iptables -A INPUT -m limit --limit 5/m --limit-burst 7 -j LOG --log-prefix " DEFAULT DROP "
/sbin/iptables -A INPUT -j DROP

exit 0
```

　HTTPリクエストを待ち受けるインターフェースにはeth0、iptablesのパスには/sbin/iptablesを指定していますが、環境に合わせて適宜変更してください。

用例

上記で解説した内容をiptables.shなどのファイル名で保存し、次のように管理者権限で実行します。

```
# sh iptables.sh
```

なお、ICMP Ping、DNS（UDP 53番）、SSHログイン（TCP 22）など、ほかのプロトコルにも対応するには追加設定が必要です。たとえばSSHログインを許可するには、次の1行をHTTPへのアクセスを許可したiptablesの下に追加します。

```
/sbin/iptables -A INPUT -i eth0 -p tcp -s 0/0 --sport 1024:65535 --dport 22 ⏎
-m state --state NEW,ESTABLISHED -j ACCEPT
```

IPスプーフィング対策として、外部からプライベートIPアドレスに成りすましたパケットを破棄するようにしています。そのため、実際にプライベートアドレスを使用している環境では、使用しているIPアドレスをSPOOFIPリストから除外するようにします。

Column　Dockerの操作5 イメージ操作

イメージ一覧を表示するには、docker imagesを実行します。過去ダウンロードしたものや、自分で作成したものが表示されます。なおDockerでは、Hub上のイメージと区別するため、ホスト上にあるイメージを「ローカルキャッシュ」と呼びます。

```
# docker images
REPOSITORY      TAG         IMAGE ID        CREATED         VIRTUAL SIZE
nginx           latest      a486da044a3f    2 days ago      132.8 MB
hello-world     latest      af340544ed62    2 weeks ago     960 B
```

不要になったイメージを削除するにはdocker rmiを実行します。なおイメージをもとに作成したコンテナが起動していると削除できません。

- イメージの削除：# docker rmi イメージID

セキュリティ対策 > Linux

IPアドレスレベルでコネクション数を制限する

コマンドライン

構文 `iptables [-t table] {-A|-C|-D} chain rule-specification`

パラメータ	説明
-t table	コマンドで操作するパケットマッチングテーブル
-A	選択されたチェインの最後に1つ以上のルールを追加する
-C	指定したルールにマッチするルールが指定されたチェインにあるかを確認する
-D	選択されたチェインから1つ以上のルールを削除する
chain	チェイン（パケット群にマッチするルールのリスト）
rule-specification	ルール

iptablesを使えば、IPアドレスレベルでコネクション数を制限することが可能です。

用例

たとえば次の例では、1IPアドレスあたり60秒以内に15コネクション以上の接続を試みようとすると確立を阻止します。

```
/sbin/iptables -A INPUT -p tcp --dport 80 -i eth0 -m state --state NEW -m recent --set
/sbin/iptables -A INPUT -p tcp --dport 80 -i eth0 -m state --state NEW -m recent --update --seconds 60 --hitcount 15 -j DROP
```

なおKeep-Aliveが有効だと、一度確立したコネクションを使い回すため、上の制限には引っ掛かりません。そのため、接続を制限することができません。

セキュリティ対策 > Linux

SELinuxを利用する

手順

1. 設定の確認

2. 設定の変更

3. コンテキストの表示

4. ポリシー設定ツールのインストール

SELinuxは、Linuxのセキュリティを強化する**セキュアOS**のための実装です。CentOSやRed Hat Enterprise Linuxでは、SELinuxが標準で有効化されています。SELinuxはアクセス制御[注6]を集中管理し、ユーザやプロセスには必要最低限の権限しか与えません。そのため、不正侵入を受けても管理者権限を奪われにくく、被害の拡大を防ぎます。なお、SELinux機能を有効にすると2〜8%ほどのオーバーヘッドが発生し、パフォーマンスが損なわれます。

SELinuxは設定が複雑なため敬遠されがちです。そのため、インストール時に無効化することが多く、本書の第2章「インストール」でも、無効化を前提に解説していますが、SELinuxを有効化してもNginxを動作させることができます。また、一からポリシーを定義する必要はありません。

1. 設定の確認

現状のSELinuxの設定をsestatusコマンドで確認しましょう。

```
# sestatus
SELinux status:                 enabled
SELinuxfs mount:                /sys/fs/selinux
SELinux root directory:         /etc/selinux
Loaded policy name:             targeted
Current mode:                   enforcing
Mode from config file:          enforcing
Policy MLS status:              enabled
```

注6 http://nginx.com/resources/admin-guide/restricting-access/

```
Policy deny_unknown status:      allowed
Max kernel policy version:       28
```

上の例では、SELinuxのステータスはenabledになっており、有効化されているのがわかります。またポリシーセットは、CentOSやRed Hat Enterprise Linuxでデフォルトのtargetedが使用されています。以降の説明では、上記の設定を前提に解説します。

2. 設定の変更

設定を変更するには、/etc/sysconfig/selinuxファイルを修正します。変更を有効にするには再起動が必要です。

```
# This file controls the state of SELinux on the system.
# SELINUX= can take one of these three values:
#     enforcing - SELinux security policy is enforced.
#     permissive - SELinux prints warnings instead of enforcing.
#     disabled - No SELinux policy is loaded.
SELINUX=enforcing              ←──── モードの指定
# SELINUXTYPE= can take one of three two values:
#     targeted - Targeted processes are protected,
#     minimum - Modification of targeted policy. Only selected processes are ⤵
protected.
#     mls - Multi Level Security protection.
SELINUXTYPE=targeted           ←──── ポリシーセットの指定
```

targetedポリシーの使用時には、ターゲットとなるプロセスは制限されたドメイン内で実行され、ターゲット外のプロセスは制限のないドメインで実行されます。sshdやhttpdといったほとんどのネットワークサービスは制限対象になっており、Nginxはhttpd_tドメイン内で実行されます。Nginxのプロセスが攻撃者によって危険にさらされても、リソースへの不正アクセスや攻撃による損害はドメイン内に限定されます。

3. コンテキストの表示

SELinuxでは、プロセスには**ドメイン**、リソースには**タイプ**といったラベル（識別子）が付与されます。それらをもとに、プロセスがどのリソースに対してどのような操作ができるかというアクセス権限を設定します。コンテキストを表示すると、プロセスに付与されたドメインや、ファイルに付与さえたタイプを確

認することができます。たとえば、プロセスのコンテキストを表示するにはpsコマンドのオプションに-Zを、ファイルやディレクトリのコンテキストを表示するにはlsコマンドのオプションに-Zを付けて実行します。

```
# ps -aefZ | grep nginx
system_u:system_r:httpd_t:s0     root      3112     1  0 19:34 ?
00:00:00 nginx: master process /usr/sbin/nginx - c /etc/nginx/nginx.conf
system_u:system_r:httpd_t:s0     nginx     3113  3112  0 19:34 ?
00:00:00 nginx: worker process

# ls -lZ /etc/nginx
drwxr-xr-x. root root system_u:object_r:httpd_config_t:s0 conf.d
-rw-r--r--. root root system_u:object_r:httpd_config_t:s0 fastcgi_params
-rw-r--r--. root root system_u:object_r:httpd_config_t:s0 koi-utf
-rw-r--r--. root root system_u:object_r:httpd_config_t:s0 koi-win
-rw-r--r--. root root system_u:object_r:httpd_config_t:s0 mime.types
-rw-r--r--. root root system_u:object_r:httpd_config_t:s0 nginx.conf
-rw-r--r--. root root system_u:object_r:httpd_config_t:s0 scgi_params
-rw-r--r--. root root system_u:object_r:httpd_config_t:s0 uwsgi_params
-rw-r--r--. root root system_u:object_r:httpd_config_t:s0 win-utf
```

nginxデーモンや/etc/nginxにあるディレクトリやファイルなど、すでにhttpd_tタイプが割り当てられているのがわかります。設定ファイルやドキュメントルートのパスを変更したり、デフォルトの待ち受けポート番号を変更したりすると、管理の対象から外れます。そのため、ファイルにアクセスできなかったり、プロセスが起動できなかったりします。新たなファイルやリソースには、httpd_tタイプを割り当てるようにします。

4. ポリシー設定ツールのインストール

SELinuxの設定には、semanageやrestoreconといったコマンドを使用します。デフォルトではインストールされないため、CentOSやRed Hatの場合次の手順でインストールします。

```
# yum -y install selinux-policy-targeted selinux-policy-devel
```

セキュリティ対策 > Linux

待ち受けポートの変更 (SELinux)

コマンドライン

構文 `semanage port -{a|d} [-t type] [-p proto] port | port_range`

パラメータ	説明
-a	設定の追加
-d	設定の削除
-t type	タイプ (type) を指定
-p proto	プロトコル (udpまたはtcp) を指定
port	ポート番号を制定
port_range	ポート番号をレンジ指定

用例

Nginxのデフォルト待受ポート番号は、HTTPは80番、HTTPSは443番です。それ以外にも任意で指定でき、次の例は8008番に設定しています。

```
server {
    listen       8008;
    server_name  localhost;
...
}
```

> **注意** 待受ポート番号を変更するとSELinuxの管理外になり、起動できなくなる場合があります。

用例

たとえば、次のように10080番に設定してみます。

```
server {
    listen       10080;
    server_name  localhost;
...
}
```

すると、Nginx起動時に次のようなログを出力し、起動できなくなります。

```
5月 10 23:53:44 backend1.localdomain systemd[1]: Starting nginx - high
performance web server...
5月 10 23:53:44 backend1.localdomain nginx[3628]: nginx: the configuration
file /etc/nginx/nginx.conf syntax is ok
5月 10 23:53:44 backend1.localdomain nginx[3628]: nginx: [emerg] bind() to
0.0.0.0:10080 failed (13: Permission denied)
5月 10 23:53:44 backend1.localdomain nginx[3628]: nginx: configuration file
/etc/nginx/nginx.conf test failed
5月 10 23:53:44 backend1.localdomain systemd[1]: nginx.service: control
process exited, code=exited status=1
5月 10 23:53:44 backend1.localdomain systemd[1]: Failed to start nginx -
high performance web server.
5月 10 23:53:44 backend1.localdomain systemd[1]: Unit nginx.service entered
failed state.
```

10080番ポートへのバインドに、Permission deniedが原因で失敗しているのがわかります。また、SELinuxのログ（/var/log/audit/audit.log）を見ると、SELinuxにより起動が阻止されたのがわかります。

```
nginx" exe="/usr/lib/systemd/systemd" hostname=? addr=? terminal=? res=success'
type=AVC msg=audit(1431269624.680:269): avc:  denied  { name_bind } for
pid=3628 comm="nginx" src=10080 scontext=system_u:system_r:httpd_t:s0
tcontext=system_u:object_r:amanda_port_t:s0 tclass=tcp_socket
```

ログを見ると、httpd_tドメインのNginxプロセスが、管理外の10080番ポートを起動しようとしたためエラーとなっているのがわかります。

まず、Nginxのhttpd_tドメインが使用できるポート番号を確認します。次のようにsemanageコマンドの引数にport -lオプションを付けたものを実行し、使用できるポート番号を表示します。リストは膨大なため、grepコマンドでhttpdに関連するものだけを表示するようにします。

```
# semanage port -l | grep http
...
http_port_t                    tcp      80, 81, 443, 488, 8008, 8009, 8443, 9000
...
```

デフォルトのほかに、81／488／8008／8009／8443／9000を使用できるのがわかります。これに10080番を加えるには、semanageコマンドの引数にport -a -t タイプ -p tcp ポート番号をオプションに指定し実行します。

```
# /usr/sbin/semanage port -a -t http_port_t -p tcp 10080
```

以上の操作が完了すれば、Nginxを起動できるようになります。

セキュリティ対策 > Linux

ファイルアクセス制限の解除 (SELinux)

コマンドライン

構文 `semanage fcontext -{a|d} [-t type] file`

パラメータ	説明
-a	設定の追加
-d	設定の削除
-t type	タイプ (type) を指定
file	ファイルパス

用例

SELinuxが有効な場合、ルートドキュメントを変更すると、Nginxの起動には成功するものの、ドキュメントルートへのアクセスに失敗する場合があります。ドキュメントルートへのアクセスに失敗すると、クライアントには403 Forbiddenが返され、Nginxのエラーログには次のようなものが出力されます。

```
2015/05/10 19:30:09 [error] 3090#0: *2 "/var/htdocs/index.html" is forbidden
(13: Permission denied), client: 192.168.132.1, server: localhost, request:
"GET / HTTP/1.1", host: "192.168.132.133:80"
```

Permission deniedが原因でファイルへのアクセスに失敗しているのがわかります。また、SELinuxのログ (/var/log/audit/audit.log) を見ると、SELinuxによりアクセスが制限されたのがわかります。

```
type=AVC msg=audit(1431253808.643:189): avc:  denied  { getattr } for
pid=3090 comm="nginx" path="/var/htdocs/index.html" dev="dm-0" ino=960739
scontext=system_u:system_r:httpd_t:s0 tcontext=unconfined_u:object_r:var_
t:s0 tclass=file
```

ドキュメントルートや設定ファイルが置かれるディレクトリを変更した場合、SELinuxを設定し、ディレクトリやファイルに対しhttpd_sys_content_tラベルを付与します。続けてファイルへのタイプ設定を反映するよう、restoreconコマンドを実行します。

```
# /usr/sbin/semanage fcontext -a -t httpd_sys_content_t "/var/htdocs(/.*)?"
# /usr/sbin/restorecon -R /var/htdocs/
```

　上の実行例では、/var/htdocs配下の全ファイルに対し、httpd_sys_content_tラベルが付与されます。ほかのディレクトリを指定したい場合は、適宜変更します。

参照　ドキュメントルートを設定 P.126

セキュリティ対策 > Linux

使用可能なディレクトリの確認 (SELinux)

コマンドライン

構文 `semanage fcontext -l`

パラメータ	説明
-l	一覧表示

用例

ドキュメントルートとして使用可能なディレクトリは次の手順で確認できます。

```
# /usr/sbin/semanage fcontext -l | grep httpd_sys_content_t
/etc/htdig(/.*)?                                all files
        system_u:object_r:httpd_sys_content_t:s0
/opt/html(/.*)?                                 all files
        system_u:object_r:httpd_sys_content_t:s0
/srv/([^/]*/)?www(/.*)?                         all files
        system_u:object_r:httpd_sys_content_t:s0
...
```

設定ファイルを置くディレクトリにはhttpd_config_tタイプが使われます。デフォルトパスを変更した場合は、ドキュメントルートを変更したときと同じように、新しいディレクトリに対してタイプを付与するようにします。

Nginxの設定ファイルを置くディレクトリして利用可能なものは次の手順で確認できます。

```
# /usr/sbin/semanage fcontext -l | grep httpd_config_t
/etc/apache(2)?(/.*)?                           all files
        system_u:object_r:httpd_config_t:s0
/etc/apache-ssl(2)?(/.*)?                       all files
        system_u:object_r:httpd_config_t:s0
/etc/cherokee(/.*)?                             all files
        system_u:object_r:httpd_config_t:s0
/etc/httpd(/.*)?                                all files
        system_u:object_r:httpd_config_t:s0
/etc/lighttpd(/.*)?                             all files
        system_u:object_r:httpd_config_t:s0
...
```

セキュリティ対策 > Linux

マウントオプションの変更

コマンドライン

構文 `mount [-o option[,option]...] dir`

パラメータ	説明
option	マウントオプション
dir	ディレクトリ

用例

ドキュメントルートが置かれるパーティションをマウントする際に、**noexe/cnosuid/nodev**といったオプションを指定して、不正なファイルが実行されるのを防ぐことができます。それには、OSがインストールされているパーティションからドキュメントルートを切り離し、専用のパーティションを設ける必要があります。

専用パーティションを用意できたら、/etc/fstabを編集し、マウントオプションを設定します。次の設定例では、パーティションを/dev/sdb1、マウントポイントを/nginxとしています。ラベル名やUUIDでマウントする場合など、適宜修正してください。

```
/dev/sdb1       /nginx          ext4    defaults,nosuid,noexec,nodev 1 2
```

noexecは、ファイルの実行を禁止するマウントオプションです。不正アクセスにより悪意のあるファイルを作成されたとしても、ファイルの実行を禁止しておくことで、データの流出や外部への攻撃といった被害を防ぐことができます。

setuidは、suidやsgidビットの操作を禁止します。そのため、実行ファイルがあったとしてもsetuidバイナリの権限では動作せず、ユーザ権限で動作します。

nodevは、ファイルシステム上の特別なデバイスを無効にするためのマウントオプションです。

セキュリティ対策 > Linux

SYN flood攻撃対策

コマンドライン

構文 `sysctl -w net.ipv4.tcp_syncookies=value`

パラメータ	説明
-w	カーネルパラメータを変更
ipv4.tcp_syncookies=value	SYN cookiesを有効にする場合は1、無効にする場合は0を指定

iptablesを用いて、ステートフル性を確認した上でTCP 80番ポートへのアクセスを許可する方法は前述しました(P.227)。ステートフル性を確認することで、3ウェイハンドシェイクを満たさないパケットは破棄されます。しかしSYN→SYN/ACKを完了していながらデータを送信してこない場合、この手法は役に立ちません。そこで、**SYN cookies**を使用します。SYN cookiesを使用することで、ACKの中に含まれる確認応答番号を計算し、正しいセッションかどうか確認します。セッションの正当性を確認してから処理を行うことで、コネクションリソースが無駄に消費されるのを防ぎます。

用例

利用しているLinuxでSYN cookiesが有効になっているかどうかは、/proc/sys/net/ipv4/tcp_SYN cookiesファイルの内容で確認します。1となっていれば有効になっています。以下の手順で有効にできます。

```
# sysctl -w net.ipv4.tcp_syncookies=1
```

上記の方法では、サーバを再起動すると設定が消えます。再起動後もSYN cookiesを有効にするには、/etc/sysctl.confファイルを修正、追加します。

```
net.ipv4.tcp_syncookies=1          ←修正または追加
```

なお、SYN cookiesを有効にすると、パケット処理において多少オーバーヘッドが発生し、トラフィック次第でサーバリソースを消費する場合があります。

セキュリティ対策 > Linux

ブロードキャストpingに応えない
(Smurf攻撃対策)

コマンドライン

構文 `sysctl -w net.ipv4.icmp_echo_ignore_broadcasts=value`

パラメータ	説明
-w	カーネルパラメータを変更
net.ipv4.icmp_echo_ignore_broadcasts=value	ブロードキャストpingに応えないようにする場合は1、応える場合は0を指定

Smurf攻撃は、ターゲットにしたホストに対して、送信元ホストのアドレスを偽造したICMP Pingエコーを大量に送り付ける攻撃方法です。pingエコーを特定のホストではなくブロードキャストアドレスに対して送信した場合、そのネットワーク上のすべてのコンピュータから応答パケットが投げ返されます。Smurf攻撃はこれを悪用するため、対策するにはLinux側でブロードキャストpingに応えないようにします。

用例

```
# sysctl -w net.ipv4.icmp_echo_ignore_broadcasts=1
```

サーバの再起動後も設定を有効にするには、/etc/sysctl.confファイルを次のように修正または追加します。

```
net.ipv4.icmp_echo_ignore_broadcasts=1      ← 修正または追加
```

セキュリティ対策 > Linux

RFC1337に準拠させる

コマンドライン

構文 `sysctl -w net.ipv4.tcp_rfc1337=value`

パラメータ	説明
-w	カーネルパラメータを変更
net.ipv4.tcp_rfc1337=value	RFC1337に準拠する場合は1、準拠しない場合は0を指定

用例

次のようにして、**RFC1337**に準拠させると、TIME_WAIT状態のときにRSTを受信した場合、TIME_WAIT期間の終了を待たずにそのコネクションをクローズできるようになります。

```
# sysctl -w net.ipv4.tcp_rfc1337=1
```

サーバの再起動後も設定を有効にするには、/etc/sysctl.confファイルを次のように修正または追加します。

```
net.ipv4.tcp_rfc1337=1          ← 修正または追加
```

セキュリティ対策 > Linux

TIME-WAIT ソケットを高速にリサイクル

コマンドライン

構文 `sysctl -w net.ipv4.tcp_tw_recycle=value`

パラメータ	説明
-w	カーネルパラメータを変更
net.ipv4.tcp_tw_recycle=value	TIME_WAIT状態のコネクションを高速に再利用する場合は1、しない場合は0を指定

TIME_WAIT状態のコネクションを高速に再利用すると、TIME_WAIT状態を管理するためのキャッシュがオーバーフローするのを防ぎ、TIME_WAIT状態のコネクションを減らすことができます。

用例

```
# sysctl -w net.ipv4.tcp_tw_recycle=1
```

サーバの再起動後も設定を有効にするには、/etc/sysctl.confファイルを以下のように修正または追加します。

```
net.ipv4.tcp_tw_recycle=1        ← 修正または追加
```

セキュリティ対策 > Linux

DoS攻撃対策

コマンドライン

構文 `sysctl -w net.ipv4.tcp_fin_timeout=value`

パラメータ	説明
-w	カーネルパラメータを変更
net.ipv4.tcp_fin_timeout=value	最終FINパケットを待つ秒数を指定

用例

TIME_WAIT状態のコネクションが大量に残るような場合、最終FINパケットを待つ時間を短くすることで解消することができます。デフォルトは60秒です。15秒に短縮するには次のように設定します。

```
# sysctl -w net.ipv4.tcp_fin_timeout=15
```

サーバ再起動後も設定を有効にするには、/etc/sysctl.confファイルを次のように修正または追加します。

```
net.ipv4.tcp_fin_timeout=15     ← 修正または追加
```

セキュリティ対策 > Linux

Ping of Death（PoD）攻撃対策

コマンドライン

構文 `sysctl -w net.ipv4.icmp_echo_ignore_all=value`

パラメータ	説明
-w	カーネルパラメータを変更
net.ipv4.icmp_echo_ignore_all=value	全種類のPingに応答しない場合は1を、応答する場合は0を指定

Ping of Death（PoD）攻撃とは、悪意のあるPingパケットを大量に送り付けることで、サーバを停止させる攻撃手法です。攻撃にさらされた場合、緊急対応として一旦全種類のPingに応答しないようにします。

用例

```
# sysctl -w net.ipv4.icmp_echo_ignore_all=1
```

サーバの再起動後も設定を有効にするには、/etc/sysctl.confファイルを次のように修正または追加します。

```
net.ipv4.icmp_echo_ignore_all=1          ← 修正または追加
```

セキュリティ対策 > Linux

ICMPリダイレクトパケットを拒否する

コマンドライン

構文 `sysctl -w net.ipv4.conf.*.accept_redirects=value`

パラメータ	説明
-w	カーネルパラメータを変更
net.ipv4.conf.*.accept_redirects=value	ICMPリダイレクトパケットを拒否する場合は1を、拒否しない場合は0を指定。

ICMPリダイレクトパケットを送信することで、ルーティング情報を変更することができます。そのため、不正なICMPリダイレクトパケットによりネットワーク経路を強制的に変更され、パケットが盗聴や改ざんされるといった危険にさらされる可能性があります。ICMPリダイレクトパケットを拒否するには次のように設定します。

用例

```
# sysctl -w net.ipv4.conf.*.accept_redirects=0
```

なお、設定は全ネットワークインターフェースに対して行う必要があります。起動時には、次のようなシェルスクリプトを実行し有効化します。

```
#!/bin/bash
sed -i '/net.ipv4.conf.*.rp_filter/d' /etc/sysctl.conf
for dev in ls /proc/sys/net/ipv4/conf/
do
    echo "net.ipv4.conf.$dev.accept_redirects=0" >> /etc/sysctl.conf
done
```

セキュリティ対策 > Linux

IPスプーフィング攻撃対策

コマンドライン

構文 `sysctl -w net.ipv4.*.rp_filter=value`

パラメータ	説明
-w	カーネルパラメータを変更
net.ipv4.*.rp_filter=value	送信元ホストのIPアドレスが正しいかどうか確認する場合は1を、確認しない場合は0を指定。

送信元ホストのIPアドレスを偽装したパケットによる攻撃をspoofing（成りすまし）にちなんで、**IPスプーフィング攻撃**と呼びます。

用例

IPスプーフィング攻撃への対策としては、Linuxで送信元ホストのIPアドレスが正しいかどうか確認するようにします。

```
# sysctl -w net.ipv4.*.rp_filter=1
```

なお、設定は全ネットワークインターフェースに対して行う必要があります。起動時には、次のようなシェルスクリプトを実行し有効化します。

```
#!/bin/bash
sed -i '/net.ipv4.conf.*.rp_filter/d' /etc/sysctl.conf
for dev in ls /proc/sys/net/ipv4/conf/
do
    echo "net.ipv4.conf.$dev.rp_filter=1" >> /etc/sysctl.conf
done
```

セキュリティ対策 > Linux

ソースルーティングされたパケットを拒否する

コマンドライン

構文 `sysctl -w net.ipv4.conf.*.accept_source_route=value`

パラメータ	説明
-w	カーネルパラメータを変更
net.ipv4.conf.*.accept_source_route=value	SSRオプションが付いたパケットを受け入れる場合は1を、拒否する場合は0を指定。

ソースルーティングを使うと、中継ルータを指定することができます。これを悪用すると、送信元ホストのIPアドレスを詐称して送信先ホストとIP通信を行うことが可能になります。

用例

SSRオプションが付いたパケットを拒否することで、ソースルーティングされたパケットを無効化できます。

```
# sysctl -w net.ipv4.conf.*.accept_source_route=0
```

なお、設定は全ネットワークインターフェースに対して行う必要があります。起動時には、次のようなシェルスクリプトを実行し有効化します。

```
#!/bin/bash
sed -i '/net.ipv4.conf.*.rp_filter/d' /etc/sysctl.conf
for dev in ls /proc/sys/net/ipv4/conf/
do
    echo "net.ipv4.conf.$dev.accept_source_route=0" >> /etc/sysctl.conf
done
```

セキュリティ対策 > リダイレクト

HTTPSを強制する

return

server、location、if

構文❶ return *code* [*text*];

構文❷ return *code URI*;

構文❸ return *URI*;

パラメータ	説明
code	レスポンスコード
text	レスポンスボディテキスト
URI	リダイレクト先のURI

　Webサイトを安全に運用しようとHTTPSでサービスを立ち上げた場合、ユーザがhttps://で始まるURIを入力しないとアクセスできません。ユーザがURIを入力する際、スキーム名を入れるのは稀です。多くのユーザはホスト名しか入力しません。そのためHTTPSしかサービスしていないと、「サーバに接続できません...」といったメッセージが表示され、サーバが停止しているものとして誤解されます。そこで、ユーザがhttp://www.foo.com/または単にfoo.comと入力してWebサーバにアクセスすると、Webサーバ側でHTTPSを強制するようにします。それには、HTTPで受け付けたコネクションをHTTPSへリダイレクトするようreturnディレクティブを設定します。

```
return レスポンスコード (301) リダイレクト先の URI
```

用例

　次の設定では、サーバに対するHTTPリクエストに対し、レスポンスコード301とリダイレクト先のURIをレスポンスとして返します。URIの指定には変数の$hostと$request_uriを使って、リクエストURIのスキームをhttps://に書き換えるだけにしています。レスポンスを受け取ったクライアントは、リダイレクト先にアクセスします。

```
server {
    listen      80;                                 ← HTTPの設定
    server_name localhost;

    return 301 https://$host$request_uri;           ← HTTPSへリダイレクト
    ...
}

server {                                            ← HTTPSの設定
    listen      443 ssl;
    ...
}
```

なお、リダイレクトを使ったHTTPSの強制は、リダイレクトされるまでユーザは暗号化されない通信を行うことになります。そのため、中間者攻撃により悪意のあるサイトへ誘導される恐れがあります。

参照 HTTPSを強制する（HTTP Strict Transport Security） P.252

セキュリティ対策 > リダイレクト

HTTPSを強制する
(HTTP Strict Transport Security)

add_header

http、server、location、location内のif

構文 `add_header name value [always];`

パラメータ	説明
name	レスポンスヘッダ名
value	レスポンスヘッダの値
always	レスポンスコードに関わらずヘッダを追加(Nginx 1.7.5 以降)

　リダイレクトを使ったHTTPSの強制は、リダイレクトされるまでユーザは暗号化されない通信を行うことになり、中間者攻撃で悪意のあるサイトへ誘導される恐れがあります。そこで、ブラウザが自発的にHTTPS通信に切り替えるようにします。それには **HTTP Strict Transport Security (HSTS)** を利用します。ブラウザが初めてHTTPSでWebサイトにアクセスすると、サーバはStrict-Transport-Securityヘッダを付けてブラウザに返します。それを受け取ったブラウザはヘッダの内容を記録し、次回以降同じWebサイトにアクセスする際、自動的にhttps://を付加するようになります。

　なおHSTSに対して、Super Cookieによるトラッキング問題を懸念する声が上がっています。HSTSを導入する際は、こうした状況を考慮しておく必要があります。

用例

　NginxがHSTSに対応するには、add_headerディレクティブを使ってStrict-Transport-Security "max-age=31536000; includeSubdomains;"ヘッダを付けるようにします。オプションには、max-age=有効期間(秒)を指定します。HSTSを受け取ると、その有効期間中はHTTPをHTTPSに切り替えてアクセスします。さらにincludeSubdomainsオプションを加えると、サブドメインを含めてHTTPSを強制することができます。

```
server {
    listen       443 ssl;
    server_name  localhost;
    add_header Strict-Transport-Security "max-age=31536000; includeSubdomains";
    ...
}
```

curlコマンドでヘッダ情報を表示すると、Strict-Transport-Securityヘッダが付いているのが確認できます。

```
# curl -k -s -D- https:// サーバのアドレス / | grep Strict
Strict-Transport-Security: max-age=31536000; includeSubdomains;
```

なお、HSTSはブラウザに依存します。古いバージョンやモバイル端末のブラウザだと対応していないものがあります。また、クライアントがIPアドレスでアクセスしている場合もHSTSは有効になりません。「HTTPSを強制する（リダイレクト）」で解説した方式と合わせて実施するようにします。

参照　HTTPSを強制する P.250

セキュリティ対策 > 暗号化

DHパラメータを強固にする

ssl_dhparam

http、server

構文 `ssl_dhparam file;`

パラメータ	説明
file	DHパラメータファイル

TLS/SSL通信では、クライアントとサーバで暗号化に使用する鍵を共有します。鍵の共有方法は**暗号スイート**によって決まりますが、暗号スイートに**DH（ディフィー・ヘルマン）** を使用した場合、パラメータにより強固なものを使用することでセキュリティレベルを高めることができます。具体的には**SSLサーバ証明書**を作成した際の鍵長より大きなものを使用するようにします。最近は2048bitの鍵長でサーバ証明書を作成するのが一般的です。

DHパラメータを2048bit長で作成するには、次の手順でopensslコマンドを実行します。作成したパラメータファイルは、盗み見られないようオーナーやパーミッションを変更し、Nginxの設定ファイルがあるディレクトリに移動します（Nginxをソースからインストールした場合は/usr/local/nginx/conf）。

```
# openssl dhparam -out dhparam.pem 2048
（作成完了まで数分かかります）
# chown nginx dhparam.pem         ← オーナー変更（nginxはNginxデーモンのユーザ名）
# chmod 700 dhparam.pem           ← パーミッション変更
# mv dhparam.pem /etc/nginx/      ← Nginxの設定ファイルがあるディレクトリに移動
```

作成したDHパラメータファイルを読み込むよう、ssl_dhparamディレクティブを使ってNginxを設定します。

```
server {

    listen 443 ssl;
    ssl_dhparam /etc/nginx/dhparam.pem;   ← 作成したDHパラメータファイルを指定
    ....
}
```

セキュリティ対策 > 暗号化

暗号化プロトコルの設定

手順

1. 使用するTLS/SSLのバージョンを限定する
2. 使用する暗号スイートを限定する
3. サーバ側が指定した暗号スイートを優先する

1. 使用するTLS/SSLのバージョンを限定する（SSlv2、SSLv3を使用しない）

Nginxは、SSLv2、SSLv3、TLSv1といった暗号化プロトコルに対応し、さらにNginxのバージョンが1.1.13以降および1.0.12以降で、かつOpenSSLが1.0.1以降なら、TLSv1.1、TLSv1.2も使用できます。ただし、SSLv2やSSLv3は脆弱性が潜んでいるため、TLSv1以上を使うようにします。なお、Nginx 1.9.0以降、SSLv2やSSLv3は標準で無効化されています。

2. 使用する暗号スイートを限定する

HTTPSでセッションを確立し暗号化通信を行う過程では、複数の暗号化方式を用います。用いられる暗号化方式の組み合わせを**暗号スイート**と呼びます。TLS/SSL暗号化通信では、先にクライアント側が対応している暗号スイートを提示し、それに応じてWebサーバ側が対応している暗号スイートを選択します。セキュリティレベルを高めるには、暗号強度の高いものを選択する必要があります。

3. サーバ側が指定した暗号スイートを優先する

TLS/SSLのバージョンがSSLv3またはTLSv1以上なら、サーバ側で指定する暗号スイートを優先させることができます。強度の高い暗号スイートを強制するように設定します。

参照 TLS/SSLの設定 P.171

Column　Dockerの操作6 カスタムイメージの作成

　起動中のコンテナに変更を加えても、元のイメージには反映されません。コンテナが消失した場合に備え、Dockerにはイメージに書き戻す機能が備わっています。Nginxのコンテナをカスタマイズして新たなイメージを作成するには、次の手順を実行します。

```
1.NginxのDockerイメージをダウンロード（前パートの手順で既に実行ずみ）。
# docker pull nginx

2.コンテナを作成し起動。その際ホストのTCP 8080番をコンテナのTCP 80番にポー
  トフォワーディング（前パートの手順で既に実行ずみ）。
# docker run -d -p 80:80 nginx

3. コンテナIDを確認。
# docker ps
CONTAINER ID        IMAGE       ...
8acff7d1cae7        nginx       ...                  ← コンテナIDを確認

4. コンテナにログインしカスタマイズを実行。
# docker exec -it コンテナID /bin/bash
root@コンテナID:/# ....                               ← プロンプトが表示される

    スタートページ（/usr/share/nginx/html/index.html）を書き換える
    # cd /usr/share/nginx/html/
    # sed -i "s/Welcome to nginx/Welcome to Nginx Pocket Reference/" index.html
    # exit

5. カスタマイズしたコンテナをイメージに書き戻す。タグ名は「test1」
# docker commit コンテナID nginx:test1

6. 作成したイメージの確認
# docker images
REPOSITORY    TAG       IMAGE ID       CREATED         VIRTUAL SIZE
nginx         test1     d68aa86ead4d   10 seconds ago  132.8 MB   ← 書き戻したイメージ
nginx         latest    a486da044a3f   2 days ago      132.8 MB   ← 元のイメージ
 ...

7. 既存コンテナを停止。
# docker stop コンテナID

8. カスタマイズしたコンテナを起動。
# docker run -d -p 80:80 nginx:test1
```

Part 2 | リファレンス

第 15 章

運用／管理

この章では、Nginxの運用・管理として、ログ管理の方法、パフォーマンスチューニング、トラフィックコントロール、またミッションクリティカルな運用に必要なテクニックなどを紹介します。

運用／管理 > ログ管理

logrotateでログローテーションする

手順

1. 設定ファイルを/etc/loglotate.d/nginxに作成
2. 出力先ファイルを/var/log/nginx/*.logのように設定
3. 設定ファイルの設定

Nginx本体にはログローテーションのしくみがないため、別途ログローテーションを実装します。

> 参考 CentOS 7に公式rpmでNginxをインストールした場合は、設定ファイルと出力先ファイルは自動的に作成されます。

用例

次は、公式rpmの/etc/logrotate.d/nginxより、設定ファイルを抜粋したものです。

```
/var/log/nginx/*.log {
        daily
        missingok
        rotate 52
        compress
        delaycompress
        notifempty
        create 640 nginx adm
        sharedscripts
        postrotate
                [ -f /var/run/nginx.pid ] && kill -USR1 `cat /var/run/nginx.pid`
        endscript
}
```

cronによりlogrotateが起動され、ログローテーションが実施されます。logrotateの内容はデフォルトで表のように設定されています。

▼ logratateの内容

設定	内容
daily	日次でローテートする
missingok	ファイルがなくてもエラーにしない
rotate 52	52回分保持する
compress	圧縮する
delaycompress	1日分は圧縮せず、2日以上経過したものは圧縮する
notifempty	ファイルが空でないときに実行
create 640 nginx adm	ローテート時に新しいファイルを指定する権限・オーナーで作成
sharedscripts	ログすべて（デフォルトではaccess.logとerror.log）に対してまとめてpostrotateの処理を実施
postrotate	nginxに対してUSR1シグナルを送信

> **Column** logrotateの設定テスト
>
> logrotateの設定を変えたときに困るのが、テストに時間がかかることです。dailyなら翌日、weeklyなら翌週にならないと結果が確認できません。すぐに結果を確認したい場合は、手動で強制ローテーションさせることができます。
>
> ```
> logrotate --force /etc/logrotate.conf
> ```
>
> なお、前回実行日時を記録したファイルは、CentOS7では /var/lib/logrotate.status にあります。

運用/管理 > ログ管理

syslogでログ出力する

access_log

http、server、location、location内のif、limit_except

構文 `access_log syslog:server=address[,parameter=value] [format [if=condition]];`

パラメータ	説明
server	syslogサーバのアドレス。UNIXドメインソケットならunix:<ファイルパス>と記載
facility	syslogのfacility（デフォルト local7）
severity	syslogのseverity（デフォルト info）
tag	syslogのタグ（デフォルト nginx）

用例

access_logを用いて、Linuxで標準的なログ管理システムであるsyslogにログを出力できます。syslogサーバがlocalhostで、そのほかの設定はそのままの場合、次のようにします。

```
access_log syslog:server=localhost;
```

syslogポートを515に変更する場合は、次のようにします。

```
access_log syslog:server=localhost:515;
```

もしseverityをdebugに、tagをwebに、ログフォーマットをmainに変更する場合は次のようにします。なお、ここでseverityをdebugに指定しても、Nginxからの出力が詳細になるわけではありません。syslogにデバッグログを出力する方法は、次節で説明します。

```
access_log syslog:server=localhost:515,severity=debug,tag=web main;
```

参照 cookieの情報をアクセスログに出力する P.262

運用/管理 > ログ管理

syslogでデバッグログを出力する

error_log

main、http、stream、server、location

構文
```
error_log syslog:server=address[,parameter=value]
[debug | info | notice | warn | error | crit |
alert | emerg];
```

パラメータ	説明
server	syslogサーバのアドレス。UNIXドメインソケットならunix:＜ファイルパス＞と記載
facility	syslogのfacility（デフォルト local7）
severity	syslogのseverity（デフォルト info）
tag	syslogのタグ（デフォルト nginx）
debug ... emerg	ログ出力レベル。debugが一番詳細で、emergが一番簡略（デフォルト error）

error_logディレクティブを用いて、デバッグログをsyslogに出力できます。

用例

エラーログをUNIXドメインソケット/tmp/log.sockにログ出力レベルdebugで出力する場合は次のようにします。

```
error_log syslog:server=unix:/tmp/log.sock debug;
```

運用／管理 > ログ管理

cookieの情報をアクセスログに出力する

log_format

http

構文 `log_format name string ...;`

パラメータ	説明
name	ログフォーマット名（デフォルト combined）
string	ログフォーマット。複数行にわたって指定可能

クッキー（cookie）の情報をアクセスログに出力するには、log_formatディレクティブを用いてログフォーマットを指定します。ログフォーマットを作成したり、変更したりすることでアクセスログの出力内容を変更できます。デフォルトのcombinedで設定されているフォーマットは、次のとおりです。

```
$remote_addr - $remote_user [$time_local] "$request" $status $body_bytes_sent "$http_referer" "$http_user_agent"
```

クッキーの値を出力する場合、次のように指定することで出力できます（NAMEというキーのクッキーの値を示す）。

```
$cookie_NAME
```

用例

次の例では、log_formatディレクティブでcustomというフォーマットを定義しています。クッキーに格納されているuidの値を末尾に表示するように定義しています。

```
log_format custom '$remote_addr - $remote_user [$time_local] '
                  '"$request" $status $body_bytes_sent '
                  '"$http_referer" "$http_user_agent" "$cookie_uid"';
access_log /tmp/nginx-access.log custom;
```

設定できたらテストしましょう。curlを利用してCookieヘッダを付与したリク

エストを発行してみます。http://localhost/に対して、クッキーでuidにmyuidという値を設定し、リクエストを発行するには次のようにします。

```
$ curl -H "Cookie: uid=myuid" http://localhost/
```

リクエストを発行したあとにアクセスログを見ると、クッキーに設定した値、今回はmyuidが記録されます。

```
127.0.0.1 - - [14/Nov/2014:23:40:45 +0000] "GET / HTTP/1.1" 200 612 "-" "curl/7.29.0" "myuid"
```

ログフォーマットを指定することで次の値をログに出力することができます。

▼ ログフォーマット早見表

表記	意味
$bytes_sent	クライアントに送信したバイト数
$connection	コネクション番号
$connection_requests	コネクション内でのリクエスト番号
$msec	ログを書き込んだ日時(ミリ秒)
$pipe	リクエストがパイプライン化されていたらp、そうでなければ、(ドット)とログに出力
$request_length	リクエストの長さ(リクエスト行、ヘッダ、リクエストボディを含む)
$request_time	リクエスト処理の所要時間(ミリ秒)。クライアントから最初の1バイト目を受信してから、クライアントに最後の1バイトを送信し終わるまでの所要時間
$status	レスポンスのステータス
$time_iso8601	日時をISO 8601形式で出力
$time_local	日時をCommon Log Formatで出力
$sent_http_HEADER	レスポンスのHTTPヘッダHEADERの内容(レスポンスのContent-Lengthヘッダの値を記載するには$sent_http_content_length と設定)
$http_HEADER	リクエストのHTTPヘッダHEADERの内容(リクエストのUser-Agentヘッダの値を記載するには$http_user_agentと設定)
$cookie_NAME	cookieのNAMEの内容(user_idの値を記載するには$cookie_user_idと設定)

このほかにも、変数名を指定してsetやmapで設定した任意の変数を出力できます。

運用／管理 > ログ管理

ログ出力をバッファリングする

access_log

http、server、location、location内のif、limit_except

構文 `access_log path [format [buffer=size [flush=time]] [if=condition]];`

パラメータ	説明
path	ファイル出力先
buffer	ログ出力バッファのサイズ（デフォルト 64KB）
flush	ログ出力バッファに保持する最長期間

access_logディレクティブを用いてログ出力をバッファリングすることで、1行ごとではなく、まとまった単位でログの書き込み処理ができるようになります。これにより、ログ出力のためのディスク読み書き処理を効率化できます。

用例

次は、ログが1MBたまるか、または前回出力してから3秒以上経過した場合に出力（flush）する設定です。

```
access_log  /var/log/nginx/access.log main buffer=1m flush=3s;
```

出力状況の確認

ここでは、abコマンドで大量のアクセスをして、ログの出力状況を確認します。

```
$ ab -c 100 -n 30000 http://127.0.0.1/
```

確認コマンドは次のとおりです。**日時　ログファイルの行数　ファイル名**のように出力されます。

```
$ while true; do echo "`date +%H:%M:%S` `wc -l /var/log/nginx/access.log`" ;sleep 1; done
```

バッファリング無効の場合

次の例では、バッファリングを有効にしていません。

```
access_log  /var/log/nginx/access.log  main;
```

テストを09:41:00に開始し、09:41:06に完了しました。確認コマンドを実行すると、ログが随時書き込まれていることがわかります。

```
09:41:00 0 /var/log/nginx/access.log
09:41:01 3242 /var/log/nginx/access.log
09:41:02 8942 /var/log/nginx/access.log
09:41:03 14702 /var/log/nginx/access.log
09:41:04 20450 /var/log/nginx/access.log
09:41:05 25794 /var/log/nginx/access.log
09:41:06 30000 /var/log/nginx/access.log
09:41:07 30000 /var/log/nginx/access.log
```

バッファリング有効の場合

続いて、バッファリングを有効にします。

```
access_log  /var/log/nginx/access.log  main buffer=1m flush=3s;
```

テストを09:42:00に開始し、09:42:06に完了しました。ログの書き込みがバッファリングされ、まとめて書き込まれていることがわかります。

```
09:42:00 0 /var/log/nginx/access.log
09:42:01 0 /var/log/nginx/access.log
09:42:02 0 /var/log/nginx/access.log
09:42:03 11154 /var/log/nginx/access.log
09:42:04 11154 /var/log/nginx/access.log
09:42:05 22308 /var/log/nginx/access.log
09:42:06 22308 /var/log/nginx/access.log
09:42:07 22308 /var/log/nginx/access.log
09:42:08 30000 /var/log/nginx/access.log
09:42:09 30000 /var/log/nginx/access.log
```

参照　cookieの情報をアクセスログに出力する　P.262

運用／管理 > ログ管理

ログ出力時に圧縮する

access_log

http、server、location、location内のif、limit_except

構文 `access_log path format gzip[=level] [buffer=size] [flush=time] [if=condition];`

パラメータ	説明
path	ファイル出力先
gzip	圧縮レベル。1〜9。数値が大きいほど圧縮率が高い（デフォルト 1）
buffer	ログ出力バッファのサイズ（デフォルト 64KB）
flush	ログ出力バッファに保持する最長期間

　Nginxのaccess_logディレクティブは、ログ出力のタイミングでログを圧縮することができます。

　利用するためには、zlibモジュールを組み込む必要があります。zlibモジュールは、デフォルトの設定でコンパイルしていれば組み込まれています。zlibは、デフォルトで組み込まれるngx_http_gzip_moduleに必要とされるモジュールです。ngx_http_gzip_moduleを意図的に無効にしていない限り利用できます。

用例

　次は、前回出力してから3秒以上経過した場合に、デフォルトで設定されたレベル（=1）で圧縮して出力する設定です。圧縮してログ出力するためファイル名を.gzとしています。

```
access_log  /var/log/nginx/access.log.gz main gzip flush=3s;
```

　abコマンドで30,000回アクセスし、アクセスログを確認してみます。

```
$ ab -c 100 -n 30000 http://127.0.0.1/
```

　圧縮せずに出力したログと比較してみます。access_log /var/log/nginx/

access.log main;も設定しておくことで、access.logとaccess.log.gzの両方に同じログを出力することができるので、今回はこの方法で2箇所にログファイルを出力し比較してみます。

duコマンドを-skオプション付きで利用することで、サイズをKB単位で表示します。access.logが圧縮なし、access.log.gzが圧縮ありです。

```
$ du -sk /var/log/nginx/access.log*
2756    /var/log/nginx/access.log
28      /var/log/nginx/access.log.gz
```

未圧縮では、2756KBのファイルが28KBになっています。ファイルの中身を確認してみましょう。圧縮ありの場合は、catではなくzcatを使います。

```
$ cat /var/log/nginx/access.log | wc -l
30000
$ zcat /var/log/nginx/access.log.gz | wc -l
30000
$ diff <(cat /var/log/nginx/access.log) <(zcat /var/log/nginx/access.log.
gz) | wc -l
0
```

圧縮した場合としない場合を比較し、行数も内容も同一だということが確認できました。

参照	圧縮転送の設定	P.121
	cookieの情報をアクセスログに出力する	P.262

運用／管理 > ログ管理

バーチャルサーバのコンテキストを指定してログを分ける

access_log

http、server、location、location内のif、limit_except

構文 `access_log path [format [buffer=size [flush=time]] [if=condition]];`

　access_logディレクティブの設定を工夫して、バーチャルサーバごとにログ出力する方法を解説します。access_logディレクティブはhttp、server、location、location内のif、limit_exceptのどこでも利用できます。そのため、serverやlocationごとにaccess_logを定義することでファイルを別にすることができます。

用例

　バーチャルサーバごとにログの出力先を分ける場合、serverごとにaccess_logを定義します。次の例は、api.example.comへのアクセスは/var/log/nginx/api-access.logに、web.example.comへのアクセスは/var/log/nginx/web-access.logに記録する設定です。

```
server {
    listen       80;
    server_name  api.example.com;
    access_log  /var/log/nginx/api-access.log  main;
}
server {
    listen       80;
    server_name  web.example.com;
    access_log  /var/log/nginx/web-access.log  main;
}
```

　次のように、Hostを指定してアクセスしてみます。api.example.com用のアクセスログには2回、web.example.com用のアクセスログには1回のアクセスが記録されます。

```
$ curl -H "Host: api.example.com" http://localhost/
$ curl -H "Host: api.example.com" http://localhost/
$ curl -H "Host: web.example.com" http://localhost/
```

確認すると、確かに記録されていることがわかります。

```
$ tail /var/log/nginx/*-access.log
==> /var/log/nginx/api-access.log <==
127.0.0.1 - - [20/Jul/2015:02:35:37 +0000] "GET / HTTP/1.1" 404 168 "-"
"curl/7.29.0" "-"
127.0.0.1 - - [20/Jul/2015:02:35:40 +0000] "GET / HTTP/1.1" 404 168 "-"
"curl/7.29.0" "-"

==> /var/log/nginx/web-access.log <==
127.0.0.1 - - [20/Jul/2015:02:35:45 +0000] "GET / HTTP/1.1" 404 168 "-"
"curl/7.29.0" "-"
```

locationごとにログファイルをわけることもできるます。たとえば機能ごとにパスがわかれている場合には、機能ごとのログファイルを作成することができます。

次の例は、/module_a/、/module_b/ いずれも http://backend; にアクセスをプロキシするものの、アクセスログは個別に /moduel_a/ 用は /var/log/nginx/module_a-access.log、/moduel_b/ 用は /var/log/nginx/module_b-access.log に記録する設定です。

```
location /module_a/ {
    access_log /var/log/nginx/module_a-access.log;
    proxy_pass http://backend;
}
location /module_b/ {
    access_log /var/log/nginx/module_b-access.log;
    proxy_pass http://backend;
}
```

参照 cookieの情報をアクセスログに出力する P.262

運用／管理 > ログ管理

変数を利用してログを分ける

access_log

http、server、location、location内のif、limit_except

構文 `access_log path [format [buffer=size [flush=time]] [if=condition]];`

access_logディレクティブに定義するファイル名やファイルパスに変数を利用することで、ファイルを別にすることができます。

用例

api.example.comへのアクセスは/var/log/nginx/api.example.com-access.logに、web.example.comへのアクセスは/var/log/nginx/web.example.com-access.logに記録する設定です。

```
access_log   /var/log/nginx/${host}-access.log   main;
server {
    listen       80;
    server_name  web.example.com;
}
server {
    listen       80;
    server_name  api.example.com;
}
```

実際にアクセスします。

```
$ curl -H "Host: api.example.com" http://localhost/
$ curl -H "Host: api.example.com" http://localhost/
$ curl -H "Host: web.example.com" http://localhost/
```

次のようにして確認すると、ファイルが生成され出力されていることがわかります。

```
$ tail /var/log/nginx/*-access.log
==> /var/log/nginx/api.example.com-access.log <==
127.0.0.1 - - [20/Jul/2015:02:45:54 +0000] "GET / HTTP/1.1" 200 612 "-"
"curl/7.29.0"
127.0.0.1 - - [20/Jul/2015:02:45:56 +0000] "GET / HTTP/1.1" 200 612 "-"
"curl/7.29.0"

==> /var/log/nginx/web.example.com-access.log <==
127.0.0.1 - - [20/Jul/2015:02:45:57 +0000] "GET / HTTP/1.1" 200 612 "-"
"curl/7.29.0"
```

locationごとにログファイルをわけることもできます。たとえば、任意のHTTPヘッダごとにログファイルを個別のログファイルを作成することができます。

次はユーザエージェントの種類ごとにログファイルを作成する設定です。

```
map $http_user_agent $uatype {
    ~*(iphone|android) smartphone;
    ~*bot bot;
    default pc;
}

access_log /var/log/nginx/$uatype-access.log;
```

参照 cookieの情報をアクセスログに出力する ... P.262

運用／管理 > ログ管理

変数を指定してログ出力しない

access_log

http、server、location、location内のif、limit_except

構文❶ `access_log path [format [buffer=size [flush=time]] [if=condition]];`

構文❷ `access_log path format gzip[=level] [buffer=size] [flush=time] [if=condition];`

構文❸ `access_log syslog:server=address[,parameter=value] [format [if=condition]];`

access_logディレクティブでは、変数を指定して、真の場合のみログを出力することができます。変数conditionが真の場合にログを出力します。

用例

次の設定は、mapディレクティブを用いて.js、.cssにアクセスされた場合はログに記録しない例です。

```
map $uri $loggable {
    ~*\.(js|css)$ 0;
    default 1;
}

access_log /var/log/nginx/access.log main if=$loggable;
```

curlを利用してtest.html、test.css、test.jsをリクエストしてみます。念のため、最初と最後の2回test.htmlをリクエストし、アクセスログを表示することにします。これで、データ欠けではなく.jsと.cssのアクセスログが出力されていないことを確認できます。

```
$ curl http://localhost/test.html
$ curl http://localhost/test.css
$ curl http://localhost/test.js
$ curl http://localhost/test.html
```

実際に次のようにしてアクセスログを見ると、最初と最後のtest.htmlのみ出力されており、その間のtest.cssとtest.jsは出力されていないことが確認できます。

```
$ tail /var/log/nginx/access.log
127.0.0.1 - - [22/Nov/2014:21:31:23 +0900] "GET /test.html HTTP/1.1" 200 0
"-" "curl/7.29.0" "-"
127.0.0.1 - - [22/Nov/2014:21:31:30 +0900] "GET /test.html HTTP/1.1" 200 0
"-" "curl/7.29.0" "-"
```

参照	cookieの情報をアクセスログに出力する	P.262
	変数の設定	P.306

運用/管理 > ログ管理

特定ディレクティブでアクセスログを無効にする

access_log

http、server、location、location内のif、limit_except

構文 `access_log off;`

オプション	説明
off	出力しない場合はoffに設定

用例

access_logディレクティブにoffを指定することで、アクセスログを無効にします。次の例は、.js、.cssにアクセスされた場合、ログに記録しない設定です。locationディレクティブで設定します。

```
location ~* \.(css|js)$ {
    access_log off;
}
```

curlを利用してtest.html、test.css、test.jsをリクエストします。最初と最後にtest.htmlをリクエストしてアクセスログを表示しているので、データ欠けではなく.jsと.cssのアクセスログが出力されないことを確認できます。

```
$ curl http://localhost/test.html
$ curl http://localhost/test.css
$ curl http://localhost/test.js
$ curl http://localhost/test.html
```

アクセスログを見ると、最初と最後のtest.htmlのみ出力されており、その間のtest.cssとtest.jsは出力されていないことが確認できます。

```
$ tail /var/log/nginx/access.log
127.0.0.1 - - [22/Nov/2014:21:36:05 +0900] "GET /test.html HTTP/1.1" 200 0
"-" "curl/7.29.0" "-"
127.0.0.1 - - [22/Nov/2014:21:36:19 +0900] "GET /test.html HTTP/1.1" 200 0
"-" "curl/7.29.0" "-"
```

運用／管理 > 運用管理ツール

リソースモニタリング

stub_status

server、location

構文 `stub_status;`

リソースモニタリングのためのデータを取得する方法を解説します。リソースモニタリングにはngx_http_stub_status_moduleを使います。次のように設定すると、/statusにアクセスが来た場合にNginxのステータスを表示します。

```
location = /status {
    stub_status;
}
```

リソースモニタリングのURLにアクセスすると、次のようなレスポンスが得られます。

```
$ curl http://localhost/status
Active connections: 1
server accepts handled requests
 34 34 34
Reading: 0 Writing: 1 Waiting: 0
```

Active connections
現在のアクティブコネクション数（Waitingを含む）です。

server
acceptsは、受け付けた接続総数です。handledは取り扱った接続総数（通常はacceptsと同数となるが、リソース制限の制約などにより差が生じることがある）を示し、requestsは受け取った接続総数を示します。

Reading
現在のリクエストヘッダ読み込み中コネクションの数です。

Writing

現在のレスポンス書き込み中コネクションの数です。

Waiting

現在のidle（リクエスト待ち）コネクションの数です。

リソースモニタリングは、全世界に公開する必要はありません。リソース情報のURLに対して適切にアクセス制御を実施しましょう。

用例

ステータスモニタリングのURLに対してlocalhostからの接続のみを許可する設定は次のとおりです。

```
location = /status {
    stub_status;
    allow 127.0.0.0/8;
    deny all;
}
```

> 有償版のNGINX Plusでは、より詳細なステータスを出力できるngx_http_status_moduleが提供されています。

▼ Nginx Plus

運用／管理 > パフォーマンスチューニング

ファイルオープン数の上限を変更する

worker_rlimit_nofile

`main`

構文 `worker_rlimit_nofile number;`

パラメータ	説明
number	ワーカープロセスのファイルオープン数を設定

worker_rlimit_nofileディレクティブによって、ファイルのオープン数を設定します。この数値は、クライアントとの接続数だけでなくproxyとしてupstreamと接続する分も含みます。

用例

次の例では、ファイルオープンの上限を4096に設定しています。

```
worker_rlimit_nofile 4096;
```

運用／管理 > パフォーマンスチューニング

ワーカープロセスが利用するCPUや優先度を指定する

worker_cpu_affinity

main

構文 `worker_cpu_affinity cpumask ...;`

パラメータ	説明
cpumask	ワーカープロセスごとにどのCPUを利用するかを指定

worker_priority

main

構文 `worker_priority number;`

パラメータ	説明
number	ワーカープロセスの優先度（niceで指定する値）をいくつにするかを設定

worker_cpu_affinityディレクティブを用いて、ワーカープロセスが利用するCPUを指定し、worker_priorityディレクティブを用いて優先度を設定します。

用例

CPU3コアのサーバでワーカープロセス数を2に指定し、両方ともにCPU1を使うよう設定します。また、ワーカープロセスの優先度は10にします。

```
worker_processes 2;
worker_cpu_affinity 010 010;
worker_priority 10;
```

各ワーカープロセスのnice値（後のコラムで解説）を確認しましょう。まずは、ワーカープロセスのpid（プロセスID）を確認します。

```
[root@web ~]# ps aufx | grep ngin[x]
root      3812  0.0  0.1  48004  2008 ?       Ss   21:51   0:00 nginx:
master process /usr/sbin/nginx -c /etc/nginx/nginx.conf
nginx     4395  0.0  0.3  49716  3344 ?       SN   22:15   0:00  \_ nginx:
worker process
nginx     4396  0.0  0.3  49716  3344 ?       SN   22:15   0:00  \_ nginx:
worker process
```

nice値は、/proc/<pid>/statの19番目の値で確認できます。worker_priorityで指定したとおり10になっています。

```
[root@web ~]# pgrep --uid nginx nginx | xargs -I%% awk '{print $19}' /proc
/%%/stat
10
10
```

dstatコマンドを使って、CPUごとの利用率が確認できます。この設定で負荷をかけると、CPU1に偏っていることがわかります(CPU0はネットワーク通信のためのSoftirqで100%使いきっています)。

```
[root@web ~]# dstat -cf 1
-------cpu0-usage--------------cpu1-usage--------------cpu2-usage------
usr sys idl wai hiq siq:usr sys idl wai hiq siq:usr sys idl wai hiq siq
  0   0  99   0   0   1:  0   0  99   0   0   0:  0   0 100   0   0   0
  0   0 100   0   0   0:  0   0 100   0   0   0:  0   0 100   0   0   0
  0   0  75   0   0  25:  2  10  88   0   0   0:  0   0 100   0   0   0
  0   0   0   0   0 100:  9  45  44   0   0   1:  0   0 100   0   0   0
  0   0   0   0   0 100:  8  51  41   0   0   0:  0   1  99   0   0   0
  0   0   0   0   0 100:  8  49  42   0   0   0:  0   0 100   0   0   0
  0   0   0   0   0 100:  7  49  44   0   0   0:  0   0  99   1   0   0
  0   0   5   0   0  95:  6  48  46   0   0   0:  0   0 100   0   0   0
  0   0 100   0   0   0:  0   0 100   0   0   0:  0   0 100   0   0   0
  0   0 100   0   0   0:  0   0 100   0   0   0:  0   1  99   0   0   0
```

次に、1番目のワーカープロセスはCPU2を、2番目のワーカープロセスはCPU1を利用するように設定します。

```
worker_processes 2;
worker_cpu_affinity 100 010;
worker_priority 10;
```

CPU1に偏っていた負荷がCPU1とCPU2に分散しています(前回同様、CPU0はネットワーク通信のためのSoftirqで100%使いきっています)。

```
[root@web ~]# dstat -cf 1
------cpu0-usage----------------cpu1-usage----------------cpu2-usage------
usr sys idl wai hiq siq:usr sys idl wai hiq siq:usr sys idl wai hiq siq
  0   0 100   0   0   0:  0   0 100   0   0   0:  1   0  99   0   0   0
  0   0 100   0   0   0:  0   0 100   0   0   0:  0   0 100   0   0   0
  0   0  62   0   0  38:  0   0 100   0   0   0:  3  16  81   0   0   0
  0   0   0   0   0 100:  1   3  96   0   0   0:  6  44  49   1   0   0
  0   1   0   0   0  99:  8  49  41   0   0   1:  0   2  97   0   0   1
  0   0   0   0   0 100:  1   4  95   0   0   0:  6  47  48   0   0   0
  0   0   0   0   0 100:  3  14  83   0   0   0:  5  31  64   0   0   0
  0   0  17   0   0  83:  2  13  85   0   0   0:  2  27  69   1   0   0
  0   0 100   0   0   0:  0   0 100   0   0   0:  0   0 100   0   0   0
  0   0 100   0   0   0:  0   0 100   0   0   0:  0   0 100   0   0   0
  0   0 100   0   0   0:  0   0 100   0   0   0:  0   0 100   0   0   0
  0   0 100   0   0   0:  0   0 100   0   0   0:  0   0 100   0   0   0
```

　OS全体として考えると、ほかのプロセスがどのCPUを使うかの兼ね合いがあるため、細かく具体的に調整し過ぎると、利用するCPUが競合する可能性があります。worker_cpu_affinityの設定が意図どおり機能しているか、よく確認しましょう。

> **Column** nice値
>
> 　Linuxではプロセスごとに優先度を指定することができます。この指定がnice値です。nice値はreniceコマンドで変更することができ、通常-20 〜 19を指定します。値が大きい方が優先度が低く、つまりあまり実行されなくなり、値が小さいほうが優先度が高く、つまりたくさん実行されるようになります。ナイスであればあるほど自分は控えめになるという理屈のようです。

運用／管理 > パフォーマンスチューニング

大容量データ受信時のメモリ使用量を変更する

client_max_body_size

http、server、location

構文 `client_max_body_size size;`

パラメータ	説明
size	受け付けられる最大リクエストサイズ（デフォルト＝1MB）

　client_max_body_sizeディレクティブを用いて、リクエストボディの最大サイズを指定します。このサイズを超過すると、レスポンスは413（Request Entity Too Large）となります。0を指定すると無制限になります。

用例

　たとえば、2KBに制限する場合は次のように設定します。

```
client_max_body_size 2k;
```

　この状態で約10KBのファイルをアップロードすると、レスポンスコード413で拒否されます。

```
[root@web ~]# curl -v -X POST -F file=@logo.png http://localhost/
> POST / HTTP/1.1
> User-Agent: curl/7.29.0
> Host: localhost
> Accept: */*
> Content-Length: 9922
> Expect: 100-continue
> Content-Type: multipart/form-data; boundary=------------------------
e6a4de498186
>
< HTTP/1.1 413 Request Entity Too Large
< Server: nginx/1.7.9
< Date: Sat, 27 Dec 2014 15:23:41 GMT
< Content-Type: text/html
< Content-Length: 198
< Connection: close
```

運用／管理 > パフォーマンスチューニング

ファイルオープンキャッシュのサイズを変更する

open_file_cacheopen_file_cache_valid／open_file_cache_min_uses／open_file_cache_errors

http、server、location

構文❶ open_file_cache off | max=<N> [inactive=*time*];

構文❷ open_file_cache_valid *time*;

構文❸ open_file_cache_min_uses *number*;

構文❹ open_file_cache_errors on | off;

open_file_cacheパラメータ	説明
off	offを指定するとファイルディスクリプタをキャッシュしない（デフォルト off）
max	キャッシュ全体の数。溢れた場合はLRU（Last Recently Used）で使われていないものから削除される
inactive	キャッシュが無効になるまでの時間（デフォルト60秒）

open_file_cache_validパラメータ	説明
time	キャッシュを再検証するまでの時間

open_file_cache_min_usesパラメータ	説明
number	キャッシュを消さないようにする最低利用回数

open_file_cache_errorsパラメータ	説明
on	読み取りエラーをキャッシュする
off	読み取りエラーをキャッシュしない（デフォルト）

　ファイルオープンキャッシュを利用することで、ファイル配信時のディスクI/Oを削減し、処理性能を向上できます。キャッシュするのはファイルのサイズ、変更時刻、ディレクトリの有無です。open_file_cacheディレクティブのinactiveオプションに指定した時間内でopen_file_cache_min_usesディレクティブで指定した回数分だけキャッシュを消しません。読み取りエラーのキャッ

シュは、別途open_file_cache_errorsディレクティブで設定します。

用例

最大値を4096、6秒間キャッシュを利用する設定は次のとおりです。

```
open_file_cache max=4096;
open_file_cache_valid 6s;
```

straceコマンドでシステムコールを観察すると、キャッシュの読み込みは次の動作になっていることがわかります。

- キャッシュを利用しない：open（あれば+ fstat）
- キャッシュを利用する：まったくディスクアクセスしない
- open_file_cache_valid経過後：statで確認

file not foundになった場合にキャッシュするには、次のように設定します。このように設定すると、存在しないファイルにアクセスがあった場合にもキャッシュしてくれます。

```
open_file_cache_errors on;
```

このようなキャッシュを一般にネガティブキャッシュと呼びます。存在しない画像ファイルへのパスがうっかりサイトに設定され、システムの負荷が上がった場合、ネガティブキャッシュを活用することでシステムの負荷を下げることができるかもしれません。

運用／管理 > パフォーマンスチューニング

あらかじめ圧縮済みのデータをgzip転送する

gzip_static

http、server、location

構文 `gzip_static on | off | always;`

パラメータ	説明
on	圧縮転送可能なクライアントに対しては圧縮済みのファイルを送信する
off	圧縮転送可能なクライアントに対しても圧縮済みのファイルを送信しない（デフォルト）
alwayz	常に圧縮済みのファイルを送信する

gzip_staticディレクティブを用いてあらかじめ圧縮済みのファイルを用意しておくことで、転送時に圧縮するためのCPU処理負荷を削減できます。

用例

次のように設定します。

```
gzip_static on;
```

未圧縮ファイル/file.htmlと圧縮済みのファイル/file.html.gzをあらかじめ用意しておくことで、自動的に圧縮済みファイルを選択して送信してくれます。圧縮済みファイルはgzipコマンドなどを利用して作成します。

```
[root@web ~]# gzip -c file.html >file.html.gz
```

次のように圧縮済みファイルのみを用意しておき、圧縮転送未対応のクライアントに対してのみ展開して送信する応用的な方法もあります。ブラウザはほとんどが圧縮転送に対応しているため、Webサイトでディスク容量削減が必要であれば有効な設定です。

```
gunzip      on;
gzip_static always;
```

運用／管理 > パフォーマンスチューニング

クライアントとの接続をKeep-Aliveする

keepalive_timeout／keepalive_requests／keepalive_disable

`http、server、location`

構文❶ `keepalive_timeout timeout [header_timeout];`

構文❷ `keepalive_requests number;`

構文❸ `keepalive_disable none | browser ...;`

keepalive_timeoutパラメータ	説明
timeout	接続を維持する時間を設定。0で無効（デフォルト75秒）
header_timeout	指定した時間がヘッダに付与される（例：90sを指定するとKeep-Alive: timeout=90が付与される）

keepalive_requestsパラメータ	説明
number	1TCP接続で処理できる最大HTTPリクエスト数を設定

keepalive_disableパラメータ	説明
none	特定ブラウザでkeepaliveを無効にする設定をしない
browser	指定したブラウザでkeepaliveを無効にする（デフォルト msie6）

用例

HTTPプロトコルのkeepaliveを設定します。keepaliveを利用することでファイルごとにTCP/IP接続をせずに済むようになり、Webサイトの表示完了までの時間を短縮することが期待できます。古いInternet Explorerではkeepaliveを無効にすることがよくあり、Nginxではkeepalive_disableで設定します。タイムアウト90秒、1TCP接続で最大400HTTPリクエスト、msie6ではkeepaliveを無効にする設定は次のとおりです。

```
keepalive_timeout 90s;
keepalive_requests 400;
keepalive_disable msie6;
```

運用／管理 > パフォーマンスチューニング

スレッドプールによるチューニング

aio

http、server、location

構文 `aio on | off | threads[=pool];`

パラメータ	説明
on	非同期I/Oを有効にする
off	非同期I/Oを無効にする（デフォルト）
threads	スレッドを利用することでworkerをブロックしないようにする。プール名を指定可能（デフォルト＝default）

thread_pool

main

構文 `thread_pool name threads=number [max_queue=number];`

パラメータ	説明
name	スレッドプール名（デフォルト default）
threads	プールするスレッド数（デフォルト 32）
max_queue	プール内のスレッドがすべてbusyだった場合にキューイングする数（デフォルト 65536）

用例

aioディレクティブを用いたスレッドプールを利用することで、時間のかかるI/Oによりワーカープロセスが占有される状況を回避できます。locationディレクティブ内でも指定できるため、サイズの大きいファイルを特定の場所に配置し、そのディレクトリへのアクセスはスレッドプールを利用します。スレッドプールの設定は、thread_poolディレクティブを利用します。次の設定は、/files配下へアクセスがあった場合にスレッドプールを利用します。

```
location /files {
    aio threads;
}
```

運用/管理 > パフォーマンスチューニング

OCSP staplingによるSSL高速化

ssl_stapling/sl_stapling_verify/ssl_trusted_certificate

http、server

構文❶ `ssl_stapling on | off;`

構文❷ `ssl_stapling_verify on | off;`

構文❸ `ssl_trusted_certificate file;`

ssl_staplingパラメータ	説明
on	OCSP staplingを実施する
off	OCSP staplingを実施しない(デフォルト)

ssl_stapling_verifyパラメータ	説明
on	OSCPレスポンスを検証する
off	OSCPレスポンスを検証しない(デフォルト)

ssl_trusted_certificateパラメータ	説明
file	信頼できるCAの証明書のPEMファイルを指定

resolver

http、server、location

構文 `resolver address ... [valid=time] [ipv6=on|off];`

パラメータ	説明
address	ネームサーバのアドレス。複数指定した場合はRoundRobin
valid	Nginxが名前解決結果をキャッシュとして保持する期間(デフォルト=5分)
ipv6	ipv6でも名前解決をするかどうか(デフォルト=on)

　OCSP staplingでSSLを高速化することができます。OCSP(*Online Certificate Status Protocol*)とは、証明書の失効を確認するプロトコルです。OCSP staplingを利用することで失効確認処理がスムーズになり高速化が期待できます。

ssl_staplingを利用するときは、resolverディレクティブも併せて指定してください。OCSPレスポンダのホスト名を解決するために、resolverディレクティブで指定したネームサーバが利用されます。

また、ssl_trusted_certificateにルートCA証明書と中間証明書を結合したファイルを指定してください。

用例

次の設定は、OCSP staplingを有効にし、レスポンス検証も有効にします。certs/trusted.pemを証明書として利用し、名前解決には127.0.0.1を利用します。

```
ssl_stapling on;
ssl_stapling_verify on;
ssl_trusted_certificate certs/trusted.pem;
resolver 127.0.0.1;
```

> 参考 SSLサーバ証明書の中には、パブリックな認証局で発行されたものであっても、誤って発行されたものがあります。そうしたものは有効期限内であっても信頼できないため、失効したものとして扱う必要があります。TLS/SSLハンドシェイクが行われる過程では、SSLサーバ証明書が失効していなかどうかが確認されます。従来は**CRL**(*Certificate Revocation List*)と呼ばれる方法が利用されていました。CSRでは失効したサーバ証明書の全リストをCAからダウンロードする必要がありましたが、リストが増えるにつれ非効率になってきたため、現在は**OCSP**(*Online Certificate Status Protocol*)と呼ばれる方法で失効を確認することが一般的となっています。

運用／管理 > ミッションクリティカルな運用

無停止バージョンアップ

> **手順**
> 1. 新しいバイナリを配置
> 2. マスタープロセスにUSR2シグナルを送信
> 3. 古いほうのマスタープロセスをQUITで停止

プロセスの操作

Nginxはマスタープロセスにシグナルを送信することで、停止・リロードなどの操作ができます。マスタープロセスの操作は次のとおりです。

- TERM,INT：fast shutdown（即時停止）
- QUIT：graceful shutdown（通常停止）
- HUP：古いワーカープロセスをgraceful shutdownし、新しい設定でワーカープロセスを起動する
- USR1：ログファイルを開き直す
- USR2：実行ファイルをアップグレードする
- WINCH：ワーカープロセスをgraceful shutdownする

ワーカープロセスの操作は次のとおりです。

- TERM,INT：fast shutdown
- QUIT：graceful shutdown
- USR1：ログファイルを開き直す
- WINCH：デバッグ用にabnormal termination（debug_pointsが有効である必要あり）

NginxはマスタープロセスにUSR2シグナルを送信することで、無停止でバイナリバージョンアップができます。

1. 新しいバイナリを配置

まずは新しいバイナリを同じパスに配置します。Nginxが/usr/sbin/nginxにある場合、このファイルを新しいバージョンのファイルで上書きします。

```
[root@web ~]# cp /usr/sbin/nginx{,.old}
[root@web ~]# cp nginx /usr/sbin/nginx
```

このときのNginxのプロセスツリーは次のとおりです。

```
[root@web ~]# ps aufx | grep ngin[x]
root      1523  0.0  0.2  48128  2788 ?        Ss   08:35   0:00 nginx: 
master process /usr/sbin/nginx -c /etc/nginx/nginx.conf
nginx     2781  0.0  0.3  49840  3416 ?        S    09:12   0:00  \_ nginx: 
worker process
nginx     2782  0.0  0.3  49840  3660 ?        S    09:12   0:00  \_ nginx: 
worker process
nginx     2783  0.0  0.3  49840  3416 ?        S    09:12   0:00  \_ nginx: 
worker process
```

2. マスタープロセスにUSR2シグナルを送信

入れ替えの準備ができたら、マスタープロセスにUSR2シグナルを送信します。PIDファイルが/var/run/nginx.pidの場合、次のようにしてシグナルを送信します。

```
[root@web ~]# kill -USR2 `cat /var/run/nginx.pid`
```

killコマンド実行後は、プロセスツリーが次のようになります。

```
[root@web ~]# ps aufx | grep ngin[x]
root      1523  0.0  0.2  48128  2788 ?        Ss   08:35   0:00 nginx: 
master process /usr/sbin/nginx -c /etc/nginx/nginx.conf
nginx     2781  0.0  0.3  49840  3416 ?        S    09:12   0:00  \_ nginx: 
worker process
nginx     2782  0.0  0.3  49840  3660 ?        S    09:12   0:00  \_ nginx: 
worker process
nginx     2783  0.0  0.3  49840  3416 ?        S    09:12   0:00  \_ nginx: 
worker process
root      2798  0.0  0.3  47968  3724 ?        S    09:14   0:00  \_ nginx: 
master process /usr/sbin/nginx -c /etc/nginx/nginx.conf
nginx     2799  0.0  0.3  49680  3260 ?        S    09:14   0:00       \_ 
nginx: worker process
nginx     2800  0.0  0.3  49680  3508 ?        S    09:14   0:00       \_ 
nginx: worker process
nginx     2801  0.0  0.3  49680  3268 ?        S    09:14   0:00       \_ 
nginx: worker process
```

うまくいくとPIDファイルが更新され、PIDファイル/var/run/nginx.pidには新しいマスタープロセスのPIDが書き込まれます。古いマスタープロセスのPIDは/var/run/nginx.pid.oldbinに書き込まれます。

3. 古いほうのマスタープロセスをQUITで停止

うまくいったら古いマスタープロセスを停止しましょう。

```
[root@web ~]# kill -QUIT `cat /var/run/nginx.pid.oldbin`
```

実行後のプロセスツリーは次のとおりです。新しいマスタープロセスが独立しました。

```
[root@web ~]# ps aufx | grep ngin[x]
root      2798  0.0  0.3  47968  3724 ?        S    09:14   0:00 nginx:
master process /usr/sbin/nginx -c /etc/nginx/nginx.conf
nginx     2799  0.0  0.3  49680  3488 ?        S    09:14   0:00  \_ nginx:
worker process
nginx     2800  0.0  0.3  49680  3508 ?        S    09:14   0:00  \_ nginx:
worker process
nginx     2801  0.0  0.3  49680  3268 ?        S    09:14   0:00  \_ nginx:
worker process
```

この方法を応用すれば、無停止でバージョンアップできます。

運用／管理 > ミッションクリティカルな運用

安全性を考慮したSSLのバージョン・暗号スイート設定

ssl_protocols／ssl_prefer_server_ciphers／ssl_ciphers

http、server

構文❶ `ssl_protocols [SSLv2] [SSLv3] [TLSv1] [TLSv1.1] [TLSv1.2];`

構文❷ `ssl_prefer_server_ciphers on | off;`

構文❸ `ssl_ciphers ciphers;`

ssl_protocolsパラメータ	説明
SSLv2	SSLv2を有効にする（デフォルト＝無効）
SSLv3	SSLv3を有効にする（デフォルト＝無効）
TLSv1	TLSv1を有効にする（デフォルト＝有効）
TLSv1.1	TLSv1.1を有効にする（デフォルト＝有効）
TLSv1.2	TLSv1.2を有効にする（デフォルト＝有効）

ssl_prefer_server_ciphersパラメータ	説明
on	サーバ（Nginx）が提示した暗号スイートを優先する
off	クライアントが提示した暗号スイートを優先する（デフォルト）

ssl_ciphersパラメータ	説明
ciphers	SSLで利用する暗号スイートを指定（デフォルト＝HIGH:!aNULL:!MD5）

　これらのディレクティブによるSSLのバージョン・暗号スイート（暗号技術の組み合わせ方）設定は、Mozilla Wikiで紹介されているFirefox 1、Chrome 1、IE 7、Opera 5、Safari 1、Windows XP IE8、Android 2.3、Java 7以上に対応しており、クライアントに応じて切り替えることができます。デフォルトのままでも使用できますが、サーバ側で固定することもできます。

用例

　この設定は、Windows XPのIE6、Java 6をサポートしていません。2014年に公開された脆弱性の問題があり、これらのクライアントを含めて安全な接

続を提供できないため、次の設定をお勧めします。古いフィーチャーフォンも考慮すると、次の設定では接続できないクライアントが出てきます。安全でないSSL接続はそもそも意味がありませんので、安全な接続を提供することをお勧めします。

Security/Server Side TLS - MozillaWiki
https://wiki.mozilla.org/Security/Server_Side_TLS

ssl_protocolsディレクティブでSSLのバージョンを指定します。 SSLv2、SSLv3については脆弱性がありますので、利用しないほうが良いでしょう。プロトコルは複数指定でき、ここでは、TLS1.0 〜 1.2を利用するよう設定しています。 ssl_prefer_server_ciphersディレクティブで、サーバ側の指定する暗号スイートを利用するよう設定しています。これで意図せず脆弱な暗号スイートを利用することがないようにします。 ssl_ciphersディレクティブで、利用する暗号スイートを指定しています。問題のある暗号スイートは利用しないよう設定しています。

```
ssl_protocols TLSv1 TLSv1.1 TLSv1.2;
ssl_prefer_server_ciphers on;
ssl_ciphers 'ECDHE-RSA-AES128-GCM-SHA256:ECDHE-ECDSA-AES128-GCM-SHA256:
ECDHE-RSA-AES256-GCM-SHA384:ECDHE-ECDSA-AES256-GCM-SHA384:DHE-RSA-AES128-
GCM-SHA256:DHE-DSS-AES128-GCM-SHA256:kEDH+AESGCM:ECDHE-RSA-AES128-SHA256:
ECDHE-ECDSA-AES128-SHA256:ECDHE-RSA-AES128-SHA:ECDHE-ECDSA-AES128-SHA:
ECDHE-RSA-AES256-SHA384:ECDHE-ECDSA-AES256-SHA384:ECDHE-RSA-AES256-SHA:
ECDHE-ECDSA-AES256-SHA:DHE-RSA-AES128-SHA256:DHE-RSA-AES128-SHA:DHE-DSS-
AES128-SHA256:DHE-RSA-AES256-SHA256:DHE-DSS-AES256-SHA:DHE-RSA-AES256-SHA:
AES128-GCM-SHA256:AES256-GCM-SHA384:AES128-SHA:AES256-SHA:AES:CAMELLIA:
DES-CBC3-SHA:!aNULL:!eNULL:!EXPORT:!DES:!RC4:!MD5:!PSK:!aECDH:!EDH-DSS-DES-
CBC3-SHA:!EDH-RSA-DES-CBC3-SHA:!KRB5-DES-CBC3-SHA';
```

参照	使用する暗号スイートを設定する	P.180
	サーバ側が指定した暗号スイートを優先するには	P.182

運用/管理 > トラフィックコントロール

ngx_http_limit_conn_moduleを用いた接続数制限

limit_conn_zone

`http`

構文 `limit_conn_zone key zone=name:size;`

パラメータ	説明
key	接続制限する際に、接続を同一と見なすキー
zone	ゾーン名とサイズ（容量）を指定

ngx_http_limit_conn_moduleを用いて、指定したキーごとに同時接続数を制限します。

ngx_http_limit_conn_module
http://nginx.org/en/docs/http/ngx_http_limit_conn_module.html

同時接続数を制限するには、最初に、limit_zoneディレクティブでセッション状態を保存するキャッシュ領域を定義します。クライアントをIPアドレスで識別できるよう、制限の元になるキーには$remote_addrか、より効率よくキャッシュできる$binary_remote_addrを指定します。

用例

zone（ゾーン）は1MBあたり約16000接続を記録できます。

```
limit_conn_zone $binary_remote_addr zone=perip:10m;
```

> 参考：1クライアントあたりの同時コネクション数を制限することで、大量リクエストによるサービス停止を狙ったDoS攻撃を防ぐことができます。クライアント識別にはIPアドレスを用います。

運用/管理 > トラフィックコントロール

IPアドレスを指定して接続数を制限する

limit_conn

http、server、location

構文 `limit_conn zone number;`

パラメータ	説明
zone	利用するゾーン名を指定
number	最大許可接続数を指定

同時接続数を制限する典型的な方法は、ngx_http_limit_conn_moduleを用いて、接続元のIPアドレスをもとに設定することです。なお、制限が適用されるのは、リクエストの読み取りを完了したタイミングなので、リクエストヘッダを読み込みが終わるまでは制限が適用されません。Nginxでの動作を極力抑えたい場合には、iptablesなどのネットワークレベルのアクセス制御を併用するのが良いでしょう。

用例

IPアドレスあたり10接続まで許可する設定(約16万IPアドレスまで同時に取り扱い可能)は次のとおりです。

```
limit_conn_zone $binary_remote_addr zone=perip:10m;

server {
    ...
    limit_conn perip 10;
}
```

次の設定は、/download/のみ、IPアドレスあたり4接続まで許可します(約8万IPアドレスまで同時に取り扱い可能)。

```
limit_conn_zone $binary_remote_addr zone=perip:5m;

server {
    ...
    location /download/ {
        limit_conn perip 4;
    }
}
```

IPアドレスごとではなく、サーバ名ごとに接続数を制限して応用できます。サーバ名ごとに同時に1000接続まで許可する設定は次のとおりです。

```
limit_conn_zone $server_name zone=perserver:10m;

server {
    ...
    limit_conn perserver 1000;
}
```

必要なゾーン容量は、limit_conn_zoneディレクティブで指定するkey（キー）によります。64bit環境で計算すると、接続元IPアドレスをもとにする$binary_remote_addrの場合は1個あたり4バイト必要です。状態保持に1個あたり64バイト必要なので、1MBで約16000個弱保持できます。

なお、ゾーン容量が不足した場合にはすべてエラーレスポンス（デフォルトは503）になります。zoneはその都度cleanupされるため、古いデータが残る心配はありませんが、同時に接続する可能性があるzone容量を確保しておく必要があります。

運用／管理 > トラフィックコントロール

リクエストスループット制限

limit_req_zone

`http`

構文 `limit_req_zone key zone=name:size rate=rate;`

パラメータ	説明
key	接続制限する際に、接続を同一と見なすキー
zone	ゾーン名とサイズ（容量）を指定
rate	制限の程度を指定。単位はr/s（requests per second）、r/m（requests per minutes）などで指定

Nginxではngx_http_limit_req_moduleを使って、キーごとにリクエストのスループットを制限できます。

ngx_http_limit_req_module
http://nginx.org/en/docs/http/ngx_http_limit_req_module.html

用例

毎秒40の新規リクエストを受け付ける、oneという名前のzoneを定義します。zoneのサイズは10MBで、キーとして接続元IPアドレス（$binary_remote_addr）を利用します。

```
limit_req_zone $binary_remote_addr zone=one:10m rate=40r/s;
```

運用/管理 > トラフィックコントロール

接続元IPアドレスごとの同時リクエスト数を制限

limit_req

http、server、location

構文 `limit_req zone=name [burst=number] [nodelay];`

パラメータ	説明
zone	利用するゾーン名を指定
burst	最大同時受付可能数を指定
nodelay	nodelay（レスポンスを待たせるのではなく即時エラーとする）

前節で紹介したlimit_req_zoneディレクティブのkey（キー）に接続元IPアドレスを利用し、特定のIPアドレスからの時間あたりのリクエスト数を制限します。実装方式はleaky bucket（水漏れバケツ）方式で制御します。バケツに入る分だけリクエスト数を取り扱うことができるという、トラフィックなどのスループット制限ではよくある方式です。スループットを直接指定するのではなく、受付可能数を制限するイメージです。

まず、バケツの大きさ（＝同時に取り扱うことができるリクエスト数）を規定します。バケツがいっぱいになるまでは、同時にどれだけのリクエストが来ても大丈夫です。バケツからは一定の速度で水が抜けます。limit_req_zoneディレクティブのrateでバケツから水を抜く速度を設定します。

用例

同時に100リクエストの受け付けが可能で、毎秒40の新規リクエストを受け付ける設定は次のとおりです。

```
http {
    limit_req_zone $binary_remote_addr zone=one:10m rate=40r/s;
    ...
    server {
        limit_req zone=one burst=100 nodelay;
        ...
    }
}
```

40r/sの場合、1秒ごとに40リクエスト分の受付可能数をまとめて空けるのではなく、1/40秒に1リクエストだけ空けます。つまり、2r/s（1秒ごとに2リクエスト）の場合は0.5秒に1リクエスト分を空け、30r/m（1分ごとに30リクエスト）の場合は2秒に1リクエスト分空けます。

　nodelayオプションが指定されている場合は、burst分まで一気に受け付けて処理し、burstから溢れたらエラーレスポンス（503）を返します。以降はスループット設定に従い、受け付け可能数が空いたタイミングでリクエストを受け付けます。

　なお、nodelayがない場合はスループット設定に従い処理します。burst分までは受け付けたうえでレスポンスを待たせて（delay）順次処理します。同時受付数がburstから溢れたら以降はエラーレスポンス（503）になります。

参照 リクエストスループット制限 P.297

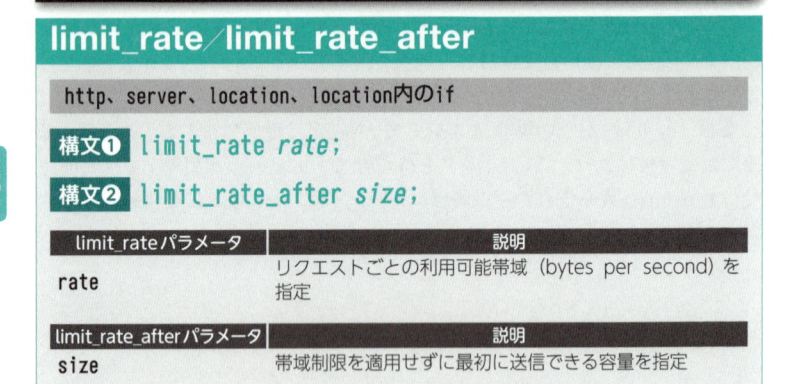

運用／管理 > トラフィックコントロール

帯域利用量制限

limit_rate／limit_rate_after

http、server、location、location内のif

構文❶ `limit_rate rate;`

構文❷ `limit_rate_after size;`

limit_rateパラメータ	説明
rate	リクエストごとの利用可能帯域（bytes per second）を指定

limit_rate_afterパラメータ	説明
size	帯域制限を適用せずに最初に送信できる容量を指定

Nginxでは、limit_rateディレクティブを使って帯域利用量を制限できます。limit_rate_afterディレクティブのsizeを指定することで、ストリーミングサービスなどの最初の読み込みとバッファ分の確保を高速にし、そのあとは低速にするという動作が実現できます。

用例

帯域制限をリクエストあたり200KB/sに設定し、最初の2MBは帯域制限なしで高速転送する例です。

```
limit_rate 200k;
limit_rate_after 2m;
```

Part 2 | リファレンス

第 16 章

応用テクニック

ここでは、環境変数の利用方法やSSIの使用方法などNginxの応用的なテクニックを解説します。

応用テクニック > 環境変数

環境変数を設定ファイル上で利用する

env

`main`

構文 `env variable[=value];`

パラメータ	説明
variable	利用する環境変数名と値を指定

ngx_http_perl_module（Perlモジュール）

`http`

構文 `perl_set $variable module::function|'sub { ... }';`

ngx_lua（Luaモジュール）

`server、server内のif、location、location内のif`

構文 `set_by_lua $res <lua-script-str> [$arg1 $arg2 ...];`

Docker[注1]やSupervisord[注2]との連携をする場合、設定ファイル上で環境変数を利用する機会は多いと思います。

Nginxの設定ファイル内で環境変数を利用するには、一手間必要です。envディレクティブと、Perlモジュール（ngx_http_perl_module）またはLuaモジュール（ngx_lua）を用いて、環境変数を利用できるようにします。

用例
環境変数の指定

Nginxは、デフォルトの動作として環境変数をOSから引き継がずリセットします。まず、envディレクティブで引き継ぎたい環境変数を指定し、リセットし

注1 https://www.docker.com/
注2 http://supervisord.org/

ないようにします。

envディレクティブでは、次のように変数名を指定します。複数の環境変数を利用するときは、envディレクティブを複数行書きます。

```
env MYVAR1;
env MYVAR2;
```

環境変数の読み込み

envディレクティブで環境変数が利用できるようになったら、perlモジュールまたはluaモジュールで環境変数を読み込み、Nginxの変数にセットします。perlモジュールは、perl_setディレクティブを用いて次のように設定します。

```
perl_set $myvar1 'sub { return $ENV{"MYVAR1"}; }';
```

luaモジュールは、set_by_luaディレクティブを用いて次のように設定します。

```
set_by_lua $myvar1 'return os.getenv("MYVAR1")';
```

利用方法

envディレクティブで環境変数MYVAR1を読み込み、Nginxの設定ファイル上でmyvar1として扱う設定は次のとおりです。myvar1は、利用する前にsetで初期化しておきましょう。

```
env MYVAR1;
...
http {
    ...
    server {
        ...
        set $myvar1 "";
        set_by_lua $myvar1 'return os.getenv("MYVAR1")';
    }
}
```

応用テクニック > SSI

SSIを活用した一部動的化

ssi

http、server、location、location内のif

構文 `ssi on | off;`

パラメータ	説明
on	SSIを有効にする
off	SSIを無効にする（デフォルト）

proxy_pass

location、location内のif、limit_except

構文 `proxy_pass URI;`

パラメータ	説明
URI	リクエスト先のURI

SSI（*Server Side Include*）を利用して、静的ページに動的要素を盛り込むことができます。

ssiディレクティブに加えて、Nginxのlocationコンテキストやproxy_passディレクティブと組み合わせることで、動的処理を別サーバなどにオフロード（委譲）することができます。

用例

次の例は、/parts/配下へのアクセスがあった場合、/parts/以下のURIを保持したままhttp://127.0.0.1:8080/配下にアクセスするNginxの設定です。ssiをonにしてSSIを有効化しています

```
location / {
    root    /usr/share/nginx/html;
    ssi on;
}
location ~* /parts/(.*) {
```

```
    proxy_pass http://127.0.0.1:8080/$1;
}
```

　ドキュメントルートに配置するHTMLの例は次のとおりです。 #include virtual= 〜で外部ファイルを読み込んでいます。

```
<!DOCTYPE html>
<html>
<head></head>
<body>
    <div id="ranking">
        <!--#include virtual="/parts/ranking" -->
    </div>
    <div id="list">
        <!--#include virtual="/parts/list" -->
    </div>
</body>
</html>
```

　静的ページをNginx上で取り扱うことで、キャッシュの活用やupstreamディレクティブを利用した負荷分散などが利用でき、かつ動的要素も一部利用できるようになります。

参照	転送先サーバの指定	P.137
	動的機能の対応	P.352

応用テクニック > 変数の応用

変数の設定

map

http

構文 `map string $variable { ... }`

オプション	説明
string	map処理の対象となる文字列
variable	マップ先の変数名
...	マップするルール

mapディレクティブを利用した変数の設定と活用方法を紹介します。Nginxではmapディレクティブを用いることで、ifを使わずに変数に値を設定できます。次のルールで設定します。

1. マスクなしの文字列一致
2. 最長後方一致
3. 最長前方一致
4. 正規表現一致
5. デフォルトの値(defaultで指定された値)

用例

次の例では、User-Agentをもとにデバイスの種類を判定し、デバイスごとにディレクトリを指定する設定をしています。

```
map $http_user_agent $uatype {
    ~*android.*mobile  "sp";
    ~*mobile.*android  "sp";
    ~*android          "tab";
    ~*iphone           "sp";
    ~*ipod             "sp";
    ~*ipad             "tab";
    default            "pc";
}
...
location / {
```

```
    root    /usr/share/nginx/html;
    try_files /$uatype/$uri $uri =404;
}
```

　任意のHTTPヘッダを指定できる$http_<name>と、任意のCookieを指定できる$cookie_<name>を併用すると格段に自由度が上がります。

> **参考** マッチのルールについて、www.example.comという文字列を判定するものとして、それぞれどのような場合にマッチするか考えてみます。
>
> - マスクなしの文字列一致：指定パターンがwww.example.comの場合にマッチ
> - 最長後方一致：指定パターンが*.example.comの場合にマッチ
> - 最長前方一致：指定パターンがwww.example.*の場合にマッチ
> - 正規表現：指定パターンが*.example.*の場合にマッチ

参照	変数	P.32
	cookieの情報をアクセスログに出力する	P.262

応用テクニック > 変数の応用

Virtual Document Rootを実現する

root

http、server、location、location内のif

構文 root *path*;

オプション	説明
path	ドキュメントルートのパス

　変数を利用することで、ApacheのVirtualDocumentRoot（バーチャルサーバを設定ファイル上に明確に定義せず、ディレクトリ名をFQDNと見なして処理する方法）に値する機能が簡単に実現できます。思いついてしまえば、簡単なしくみです。

用例

次のようにrootに$hostを適用します。

```
server {
    listen      80 default_server;
    ...
    location / {
        root   /usr/share/nginx/html/$host;
    }
}
```

Part 2 | リファレンス

第 17 章

トラブルシューティング

本章では、運用時のトラブル対応例、設定のデバッグ方法について解説します。

トラブルシューティング > 運用時のトラブル対応例

認証またはアクセス制御のいずれかを満たしたらアクセスを許可する

satisfy

http、server、location

構文 `satisfy all | any;`

パラメータ	説明
all	すべての認証を通過した場合
any	いずれかの認証を通過した場合

　satisfyディレクティブを用いて、BASIC認証**または**接続元のIPアドレス制限のいずれかを満たせば、アクセスを許可する方法です。allはすべての認証を通った場合、つまりBASIC認証のID・パスワードが正しく、**かつ**接続元IPアドレスが許可されているものである場合にアクセスできるようになります。anyはいずれかの認証を通った場合、つまりBASIC認証のID・パスワードが正しい、**または**接続元IPアドレスが許可されているものである場合にアクセスできるようになります。

用例

　/admin/配下にBASIC認証を設定し、自らのホストからアクセスする場合（APIなど）にBASIC認証を回避する設定は次のとおりです。

```
location /admin/ {
    satisfy any;

    allow 127.0.0.1;
    deny  all;

    auth_basic            "auth admin";
    auth_basic_user_file conf.d/htpasswd;
}
```

トラブルシューティング > 運用時のトラブル対応例

リクエストが途中で切断される

proxy_read_timeout

http、server、location

構文 `proxy_read_timeout time;`

パラメータ	説明
time	待つ時間を指定

バックエンドとHTTPで通信している場合で、バックエンドからのデータが途切れてしまうときは、proxy_read_timeoutを調整します。バックエンド（upstream）からのレスポンスが途中で切断されたり、タイムアウトになったりする場合、タイムアウトの設定を見直しましょう。

nginxには、〜_timeoutという設定がたくさんあります。タイムアウトの設定は、(proxy|fastcgi|scgi|uwsgi)_(connect|read|send)_timeoutを中心に確認しましょう。proxy|fastcgi|scgi|uwsgiは、それぞれバックエンドとの通信方法です。connect|read|sendは、connectが接続するまで、readがデータをバックエンドから読み取るときのデータとデータの間隔、sendがデータをバックエンドに送信するときのデータとデータの間隔でタイムアウトすることを表します。

用例

バックエンドからの応答を90秒待つ設定は次のとおりです。90秒間応答がなければ、タイムアウトします。

```
proxy_read_timeout 90s;
```

トラブルシューティング > 運用時のトラブル対応例

ヘッダが欠損する

ignore_invalid_headers

http、server

構文 `ignore_invalid_headers on | off;`

パラメータ	説明
on	無効なヘッダを無視する（デフォルト）
off	無効なヘッダを無視しない

underscores_in_headers

http、server

構文 `underscores_in_headers on | off;`

パラメータ	説明
on	ヘッダでのアンダースコア（_）を許可する
off	ヘッダでのアンダースコア（_）を許可しない（デフォルト）

クライアントから送信されているはずのヘッダがバックエンドのサーバまで届かない場合、ignore_invalid_headersディレクティブを確認してみましょう。これはデフォルトでonに設定されており、不正な（＝英数字ハイフン以外が使われている）ヘッダを無視します。

この設定では、アンダースコア（_）が使われているヘッダも無視されますが、アンダースコアを有効にしたい場合は、underscores_in_headersをonにすればignore_invalid_headersがonでもアンダースコア付きのヘッダをバックエンドに送信できます。underscores_in_headersは、デフォルトはoffで、アンダースコアを許可しない（invalidとする）設定になっています。

用例

ヘッダのアンダースコアを許容せず、正しいヘッダのみをバックエンドに送信する設定は次のとおりです。

```
ignore_invalid_headers on;
underscores_in_headers off;
```

正しいヘッダ（ただしアンダースコアは利用可）をバックエンドに送信する設定は次のとおりです。

```
ignore_invalid_headers on;
underscores_in_headers on;
```

すべてのヘッダをバックエンドに送信する設定は次のとおりです。

```
ignore_invalid_headers off;
```

> **参考** たとえば不正なヘッダ（ _ 以外の理由による）としてアンダースコアが利用された Underscore_Header を送信したときと、Invalid-Header?（?はヘッダに利用できない文字）送信したとき、それぞれの設定でバックエンドに送信できるかどうかは次のようになります。

▼ Underscore_Header を送信したとき

Underscore_Header を送信	underscore_in_headers を on	underscore_in_headers を off
ignore_invalid_headers を on	送信される (Underscore-Header)	送信されない
ignore_invalid_headers を off	送信される (Underscore-Header)	送信される

▼ Invalid-Header? を送信したとき

Invalid-Header? を送信	underscore_in_headers を on	underscore_in_headers を off
ignore_invalid_headers on	送信されない	送信されない
ignore_invalid_headers off	送信される (Invalid-Header?)	送信される

トラブルシューティング > 運用時のトラブル対応例

ロードバランサ配下のnginxに接続元IPアドレスが正しく取得できない

set_real_ip_from

http、server、location

構文 `set_real_ip_from address | CIDR | unix:;`

パラメータ	説明
address	Real IP変換を適用する接続元をIPアドレスで指定
CIDR	Real IP変換を適用する接続元をCIDRで指定
unix:	Real IP変換を適用する接続元をUNIXドメインソケットで指定

real_ip_header

http、server、location

構文 `real_ip_header field | X-Real-IP | X-Forwarded-For | proxy_protocol;`

パラメータ	説明
field	接続元IPアドレスに設定する値をもつフィールド（ヘッダ）を指定
X-Real-IP	X-Real-IPヘッダの値を接続元IPアドレスとして利用（デフォルト）
X-Forwarded-For	X-Forwarded-Forヘッダの値を接続元IPアドレスとして利用
proxy_protocol	PROXYプロトコルにのっとり、接続元IPアドレスを設定

用例

ngx_http_realip_moduleを用いて、ロードバランサ配下のNginxで接続元IPアドレスを取得・利用できるようになります。AWSのELBのようなクラウドサービスのロードバランサと併用する際に利用します。10.0.0.0/8からの接続は正規のロードバランサからの接続と判断し、X-Forwarded-Forヘッダの値を利用してReal IP変換を適用する（＝接続を信頼する）設定です。

```
set_real_ip_from  10.0.0.0/8;
real_ip_header X-Forwarded-For;
```

> **注意** proxy_protocolを利用する場合は、事前にlistenディレクティブでproxy_protocolオプションを有効にしておく必要があります。

トラブルシューティング > 運用時のトラブル対応例

文字化けする・CSSが適用されない

default_type/types

http、server、location

構文❶ `default_type mime-type;`

構文❷ `types { ... }`

default_typeパラメータ	説明
mime-type	デフォルトで利用するレスポンスのMIME type

typesパラメータ	説明
...	MIME typeと拡張子を指定

レスポンスが文字化けしたり、CSSが適用されなかったり、画像やPDFがうまくブラウザで表示できない場合には、default_typeディレクティブとtypesディレクティブを確認しましょう。

CentOSのNginx公式パッケージでは、typesディレクティブは/etc/nginx/mime.typesに記載し、includeディレクティブで一括読み込みしています。

用例

ブラウザで表示できない場合は、これらが無効になっていないか確認してみてください。

```
include      /etc/nginx/mime.types;
default_type application/octet-stream;
```

トラブルシューティング > 設定のデバッグ方法

リライトのデバッグ方法

rewrite_log

http、server、location、if

構文 `rewrite_log on | off;`

パラメータ	説明
on	ログ出力を有効にする
off	ログ出力を無効にする（デフォルト）

rewriteの動作をデバッグするには、rewrite_logディレクティブを用いるのが典型的な方法です。

用例

次のようにrewrite_logをonにすると、エラーログファイルにnoticeレベルでログが出力されます。

```
rewrite_log on;
```

変数出力を応用したデバッグ方法

前述のアクセスログへの変数出力を応用して、どのように設定が適用されているかを確認する方法があります。

アクセスログの末尾に、どのディレクティブが適用されたのかを出力してみましょう。アクセスログのログフォーマットの末尾に確認用の変数を出力します。変数は最初にsetで初期化しておき、各location内のsetで追記していきます。

```
log_format  main  '$remote_addr - $remote_user [$time_local] "$request" '
                  '$status $body_bytes_sent "$http_referer" '
                  '"$http_user_agent" "$http_x_forwarded_for" "$trace"';

...

set $trace "";
```

```
location ~* \.(css|js|swf|jpeg|jpg|png|gif|ico) {
    set $trace "$trace,location1";
}
location /maintenance/ {
    set $trace "$trace,location2";
}
location / {
    set $trace "$trace,location3";
    rewrite .* /maintenance/;
}
```

アクセスログは、次のように出力されます。

```
127.0.0.1 - - [29/Nov/2014:22:54:06 +0900] "GET / HTTP/1.0"
200 612 "-" "curl" "-" ",location3,location2"
```

1. location3 (location /)
2. location2 (location /maintenance/)

の順に遷移したことがわかり、とてもデバッグしやすくなります。

参照 rewriteがうまく適用できない ... P.321

トラブルシューティング > 設定のデバッグ方法

ifがうまく適用できない

手順

1. まずはserverかlocationで対応できないか検討する
2. try_filesで対応できないか検討する
3. mapで済ませられないか検討する
4. ifを使う

　Nginxにおいてifは鬼門です。できるだけ使わないようにしましょう。ifは内部的にlocationを作って動作するため、動作が非常にわかりづらいことにトラブルの原因があります。遷移をともなわない箇所（変数操作など）でifを使おうとすると、意図通りに動作しません。変数操作にはmapディレクティブを使いましょう。どうしてもifを使いたい場合、手順にある優先順で検討すると良いでしょう。

　たとえばwww.example.com（サブドメインwwwあり）にアクセスがきたときに、example.com（サブドメインなし）に転送するには次のように設定します。

```
server {
    ...
    server_name www.example.com;

    return 301 $scheme://example.com$request_uri;
}
```

　ファイルが存在する場合はそれを表示、存在しない場合はバックエンドに転送するには次のように設定します。

```
try_files $uri http://backend;
```

　このように極力ifを使わず設定しましょう。

参照 変数の設定 P.306

トラブルシューティング > 設定のデバッグ方法

locationがうまく適用できない

> **手順**
> 1. 正規表現パターンとプレフィックスなしで同じURIを指定している箇所がないか確認する
> 2. 意図せず前方一致しているlocationディレクティブがないか確認する

locationディレクティブは、次のプレフィックスを選択できます。

- 無指定（前方一致）
- =（完全一致）
- ~（正規表現）
- ~*（正規表現）
- ^~（前方一致）

基本動作は前方一致ですが、プレフィックスなしよりも正規表現パターンが優先されます。直観に反した動作をするので、注意してください。具体的には、次のようなlocationディレクティブがあった場合、/search/にアクセスするとlocation3が選択されます。

```
location /search/ {
    # location1
    ...
}
location /sea {
    # location2
    ...
}
location ~* /sea {
    # location3
    ...
}
```

次のようにlocation4がある場合は、/search/にアクセスするとlocation4

が選択されます。なお、/search/detailにアクセスするとlocation3が選択されます。

```
location /search/ {
    # location1
    ...
}
location /sea {
    # location2
    ...
}
location ~* /sea {
    # location3
    ...
}
location = /search/ {
    # location4
    ...
}
```

参照 locationパスの設定 P.49

トラブルシューティング > 設定のデバッグ方法

rewriteがうまく適用できない

手順

1. rewriteディレクティブのlastとbreakを確認する

rewriteディレクティブのフラグのうち、lastとbreakの動作の違いをきちんと押さえておきましょう。lastは、リライト先でのrewriteを再評価しますが、breakはリライト先でのrewriteを再評価しません。言い換えると、lastはそのときのリライト処理を抜け、breakはリライトモジュールを抜けるということです。たとえば次のように設定した場合、/1/logo.pngにアクセスすると、location1、location2、location3を経由してNginxは/logo.pngを読み込みます。

```
location / {
    root /usr/share/nginx/html;
}
location /1/ {
    # location1
    rewrite /1/(.*) /2/$1 last;
}
location /2/ {
    # location2
    rewrite /2/(.*) /3/$1 last;
}
location /3/ {
    # location3
    rewrite /3/(.*) /$1 last;
}
```

ここで、location2のlastをbreakに変更して/1/logo.pngにアクセスすると、location1、location2、location3まで行きますが、location3のrewriteは実施されず、nginxは/3/logo.pngを読み込みます。

```
location / {
    root /usr/share/nginx/html;
}
location /1/ {
    # location1
    rewrite /1/(.*) /2/$1 last;
}
location /2/ {
    # location2
    rewrite /2/(.*) /3/$1 break;
}
location /3/ {
    # location3
    rewrite /3/(.*) /$1 last;
}
```

Part 3 | 実践編

第 18 章

アプリケーションサーバとの連携

本章では、Nginxをアプリケーションサーバと連動して使う方法を紹介します。

アプリケーションサーバとの連携 > Webアプリケーション連携の概要

Webアプリケーション連携の概要

　Nginxは、静的ファイルの配信に特化したWebサーバプログラムです。そのため、Nginxを利用してWebアプリケーションを提供したい場合、アプリケーションサーバを別途用意し、Nginxとアプリケーションサーバを連携させる必要があります。

　ここでは次の連携について解説していきます。

- Nginx＋Apache（HTTP）
- Nginx＋php-fpm (FastCGI)
- Nginx＋php-fpm (UNIXドメインソケット)
- Nginx＋starman (HTTP)
- Nginx＋Unicorn (HTTP)
- Nginx＋Unicorn (UNIXドメインソケット)
- Nginx＋Gunicorn (HTTP)
- Nginx＋Gunicorn (UNIXドメインソケット)
- Nginx＋uwsgi (uWSGI)
- Nginx＋Tomcat (HTTP)
- Nginx＋Memcached

▼ Webアプリケーション連携の概要

```
                                 サーバ構成
                         ┌────────────────────────────────────────┐
                         │                                        │
                         │   UNIXドメインソケット or      Apache + mod_php or │
                         │                              php-fpm or          │
         HTTP            │  HTTP or FastCGI or uWSGI    starman or          │
 クライアント ─────→ Nginx ──────────────────────→   Unicorn or          │
                         │                              Gunicorn or         │
                         │                              uwsgi or            │
                         │                              Tomcat              │
                         └────────────────────────────────────────┘
```

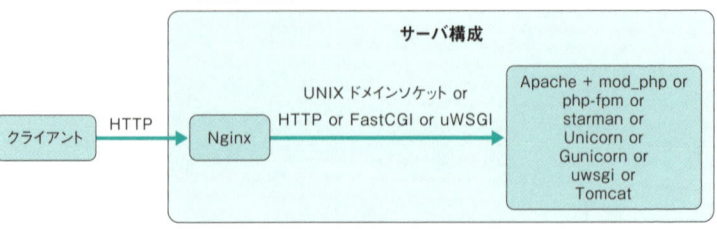

アプリケーションサーバとの連携 > PHPアプリケーションとの連携

Nginx + Apache (HTTP)

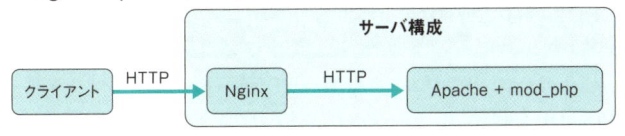

ここでは、NginxをPHPアプリケーションと連携して動作させる方法を紹介します。

mod_phpは、ApacheがPHPと連携するためのモジュールです。Nginxを前段に配置し、mod_phpが稼働するApacheを後段に配置する構成です。バックエンドサーバとしてApacheを利用します。NginxとApacheの間はHTTPで接続します。Apache + mod_phpは、LAMP (Linux Apache MySQL PHP) の愛称で呼ばれる定番の組み合わせです。

▼ Nginx + Apache (HTTP)

```
                    サーバ構成
クライアント ─HTTP→ Nginx ─HTTP→ Apache + mod_php
```

Nginxが静的ファイルの配信などを担い、PHPの実行にはApacheを利用できます。

ApacheとPHPのインストールと設定

Nginxはインストール済みの想定です。CentOS 7の場合、ApacheとPHPは次の方法でインストールできます。

```
yum install httpd php
```

Apacheの設定を変更し、ポートがバッティングしないようにします。/etc/httpd/conf/httpd.confのListenディレクティブで設定します。

```
Listen 8080
```

PHPを動作させる設定も必要です。CentOS 7の場合、PHPをインストールすると自動的に設定され、PHPが利用できるようになります。Apache用の設定ファイルは/etc/httpd/conf.d/php.confが次の内容で自動的に設置されます。

```
<FilesMatch \.php$>
    SetHandler application/x-httpd-php
</FilesMatch>
AddType text/html .php
DirectoryIndex index.php
```

PHPアプリケーションの準備

今回は、代表的なPHPアプリケーションとしてWordPress 4.1.1[注1]を/var/www/htmlに展開して、これを動かしてみます。

なお、WordPressのパーマリンクなどの設定を変更した場合は、Nginx側も設定の変更を必要とすることがありますので、適宜見直してください。

```
curl -kL https://ja.wordpress.org/wordpress-4.1.1-ja.tar.gz | tar zxf - -C /tmp
mv /tmp/wordpress/* /var/www/html/.
```

WordPressに必要なPHPモジュールやMariaDB[注2]（MySQL）をインストールします。MariaDBを起動し、データベースとアカウントを作成しておきます。

```
yum install mariadb-server php-gd php-mbstring php-mysql php-pspell php-xml php-xmlrpc
systemctl start mariadb
mysql -e "create database wp"
mysql -e "grant all on wp.* to wp@'localhost' identified by 'wp'"
```

バックエンドのApacheを先に起動します。

```
systemctl start httpd
```

Nginxの設定

ここでは次のようにNginxを設定します。

- Apacheを待ち受けさせている127.0.0.1:8080をバックエンドサーバ接続先に指定
- rootをApacheのドキュメントルートと同じパスに設定

注1　https://ja.wordpress.org/（日本語）
注2　https://mariadb.org/

- indexの先頭にindex.phpを指定し、ディレクトリ名でのアクセスはindex.phpへのアクセスに変換
- バックエンドサーバへのアクセスの際にHost、X-Real-IP、X-Forwarded-Host、X-Forwarded-For、X-Forwarded-Protoを付与するよう設定
- try_filesでドキュメントルート配下にファイルがあればNginxが配信（ただし、location /よりもlocation ~* \.php$のほうが優先されるため、拡張子phpのファイルはバックエンドサーバへ転送）
- proxy_passでバックエンドサーバへのアクセス方法を指定

```
upstream backend {
    server 127.0.0.1:8080;
}
server {
    root /var/www/html;
    index index.php index.html index.htm;

    proxy_set_header Host              $host;
    proxy_set_header X-Real-IP         $remote_addr;
    proxy_set_header X-Forwarded-Host  $host;
    proxy_set_header X-Forwarded-For   $proxy_add_x_forwarded_for;
    proxy_set_header X-Forwarded-Proto $scheme;

    location / {
        try_files $uri @app;
    }
    location ~* \.php$ {
        proxy_pass http://backend;
    }
    location @app {
        proxy_pass http://backend;
    }
}
```

参照	転送先サーバの指定	P.137
	バックエンドサーバにクライアントのIPアドレスを渡したい	P.139
	バックエンドサーバを指定する	P.145

Nginxの起動とHTTP接続

Apacheの設定ができたらNginxを起動します。

```
systemctl start nginx
```

この設定で、たとえば192.168.122.6で稼働するexample.comに対して、192.168.122.1からcurlでアクセスします。

```
curl http://example.com/
```

すると、バックエンドサーバのApacheには、次のようなリクエストヘッダが送信されます。Nginxのアドレス（127.0.0.1）ではなく、接続元クライアントのIPアドレスが確認できるようになっていることがわかります。

```
Host: example.com # クライアントからの接続の際に利用されたホスト
X-Real-IP: 192.168.122.1 ⏎
                # Nginx（127.0.0.1）ではなく接続元クライアントの IP アドレス
X-Forwarded-Host: example.com ⏎
                # クライアントからの接続の際に利用されたホスト
X-Forwarded-For: 192.168.122.1 ⏎
                # Nginx（127.0.0.1）ではなく接続元クライアントの IP アドレス
X-Forwarded-Proto: http ⏎
                # クライアントからの接続の際に利用されたプロトコルスキーム
```

アプリケーションサーバとの連携 > PHPアプリケーションとの連携

Nginx＋php-fpm (FastCGI)

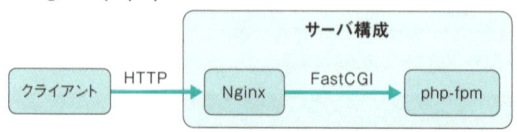

Nginxをフロントに配置し、静的ファイルを配信します。バックエンドにphp-fpmを配置し、Nginxとphp-fpmの間はFastCGIプロトコル（TCP）で接続します。

FastCGIプロトコルは、CGIプロトコルを拡張したシンプルなプロトコルです。php-fpmのfpmは、FastCGI Process Managerの略で、PHPをFastCGIで稼働させる実装の1つです。プログラムをメモリ上に保持することで処理の高速化を図っており、筆者の周囲では特に高負荷サイトでよく利用されています。CentOS 7の場合はyumでインストール可能です。

▼ Nginx＋php-fpm (FastCGI)

サーバ構成

クライアント —HTTP→ Nginx —FastCGI→ php-fpm

PHPアプリケーションのインストールと設定

Nginxはインストール済みの想定です。前節と同様に、PHPアプリケーションの例としてWordPress 4.1.1を利用します。WordPressを/opt/wordpressに展開し、これを動かしてみます。

なお、WordPressのパーマリンクなどの設定を変更した場合は、Nginx側も設定の変更を必要とすることがありますので、適宜見直してください。

```
curl -kL https://ja.wordpress.org/wordpress-4.1.1-ja.tar.gz | tar zxf - -C /opt/.
```

WordPressに必要なPHPモジュールやMariaDB（MySQL）をインストールします。MariaDBを起動し、データベースとアカウントを作成しておきます。

```
yum install mariadb-server php-gd php-mbstring php-mysql php-pspell php-xml php-xmlrpc
systemctl start mariadb
mysql -e "create database wp"
mysql -e "grant all on wp.* to wp@'localhost' identified by 'wp'"
```

php-fpmのインストールと設定

CentOS 7では、php-fpmを次の方法でインストールできます。

```
yum install php-fpm
```

php-fpmは、/etc/php-fpm.confと/etc/php-fpm.d/www.confで設定します。php-fpmの設定ファイルは分割されています。/etc/php-fpm.confがおおもとの設定ファイルで、内容は次のとおりです。

```
include=/etc/php-fpm.d/*.conf
[global]
pid = /run/php-fpm/php-fpm.pid
error_log = /var/log/php-fpm/error.log
daemonize = no
```

おおもとの設定ファイルから読み込まれる個別の設定ファイルは、デフォルトで/etc/php-fpm.d/www.confが配置されます。このファイルの内容は次のとおりです。

- listenで待ち受けアドレス・ポートを指定
- listen.allowed_clientsで接続許可する接続元を指定
- user動作ユーザを指定
- group動作グループを指定

```
[www]
listen = 127.0.0.1:9000
listen.allowed_clients = 127.0.0.1
user = apache
group = apache
pm = dynamic
pm.max_children = 50
pm.min_spare_servers = 5
pm.max_spare_servers = 35
slowlog = /var/log/php-fpm/www-slow.log
php_admin_value[error_log] = /var/log/php-fpm/www-error.log
php_admin_flag[log_errors] = on
```

バックエンドのphp-fpmを先に起動します。

```
systemctl start php-fpm
```

Nginxの設定

Nginxは次のように設定します。

- Apacheを待ち受けさせている127.0.0.1:9000をバックエンドサーバ接続先に指定
- rootをApacheのドキュメントルートと同じパスに設定
- indexの先頭にindex.phpを指定し、ディレクトリ名でのアクセスはindex.phpへのアクセスに変換
- FastCGI用の設定がまとめられているfastcgi_paramsファイルをincludeで読み込み
- FastCGI用の設定fastcgi_index、fastcgi_paramを追加
- try_filesでドキュメントルート配下にファイルがあればNginxが配信（ただしlocation /よりもlocation ~* \.php$のほうが優先されるため、拡張子phpのファイルはバックエンドサーバへ転送）
- fastcgi_passでバックエンドサーバへのアクセス方法を指定

```
upstream backend {
    server 127.0.0.1:9000;
```

```
}
server {
    root /opt/wordpress;
    index index.php index.html index.htm;

    include fastcgi_params;        # fastcgi 用の設定を追加
    fastcgi_index index.php;       # fastcgi 用の設定を追加
    fastcgi_param SCRIPT_FILENAME $document_root/$fastcgi_ ⏎
script_name;                       # fastcgi 用の設定を追加

    location / {
        try_files $uri @app;       # ファイルがあれば読み込み、なければ @app へ
    }
    location ~* \.php$ {           # php へのアクセスはバックエンドへ
        fastcgi_pass  backend;     # fastcgi_pass でバックエンドへの接続を設定
    }
    location @app {
        fastcgi_pass  backend;     # fastcgi_pass でバックエンドへの接続を設定
    }
}
```

設定できたらNginxを起動します。

```
systemctl start nginx
```

アプリケーションサーバとの連携 > PHPアプリケーションとの連携

Nginx + php-fpm（UNIXドメインソケット）

Nginxをフロントに配置し、静的ファイルを配信します。バックエンドにphp-fpmを配置し、Nginxとphp-fpmの間はUNIXドメインソケットで接続します。

▼ Nginx + php-fpm（UNIXドメインソケット）

```
                    サーバ構成
クライアント ─HTTP→ Nginx ─UNIXドメインソケット→ php-fpm
```

UNIXドメインソケットでの接続は同一サーバ内に制限されますが、TCP接続と比べて接続時のオーバーヘッドが少ないので、細かい大量のアクセスを処理する際に負荷の軽減を図ることができます。

php-fpmの設定

基本的な設定は「Nginx + php-fpm (FastCGI)」と同じですが、php-fpmの待ち受け部分、nginx.confのupstream部分だけ少し変更します。変更するファイルは /etc/php-fpm.d/www.conf です。次の設定をしています。

- listenでソケットファイルのパスを指定
- listen.allowed_clients は不要なのでコメントアウト (または削除)

```
[www]
listen = /var/run/php-fpm.sock
#listen.allowed_clients = 127.0.0.1
user = apache
group = apache
pm = dynamic
pm.max_children = 50
pm.min_spare_servers = 5
pm.max_spare_servers = 35
slowlog = /var/log/php-fpm/www-slow.log
php_admin_value[error_log] = /var/log/php-fpm/www-error.log
php_admin_flag[log_errors] = on
```

Nginxの設定

Nginxは次のように設定します。

- serverでUNIXドメインソケットを利用する

```
upstream backend {
    server unix:/var/run/php-fpm.sock;
}
server {
    root /var/www/html;
    index index.php index.html index.htm;

    include fastcgi_params;
    fastcgi_index index.php;
    fastcgi_param SCRIPT_FILENAME $document_root/$fastcgi_script_name;

    location / {
        try_files $uri @app;
    }
    location ~* \.php$ {
        fastcgi_pass  backend;
    }
```

```
    location @app {
        fastcgi_pass   backend;
    }
}
```

設定できたらphp-fpm、Nginxをリロードして設定を反映させましょう。

```
systemctl reload php-fpm
systemctl reload nginx
```

アプリケーションサーバとの連携 > Perlアプリケーションとの連携

Nginx + starman (HTTP)

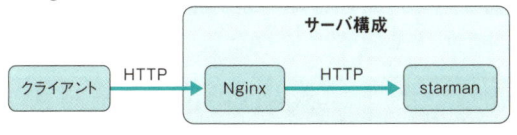

NginxをPerlアプリケーションと連携して動作させる方法を紹介します。

PSGIプロトコルはPerlのWebアプリケーションを稼働させるためのプロトコルです。PSGIに対応したWebアプリケーションサーバのstarman[注3]とHTTPで接続して、動かしてみましょう。例としてMovableType 6.1[注4]を動かしてみます。

▼ Nginx + starman (HTTP)

クライアント →HTTP→ Nginx →HTTP→ starman （サーバ構成）

今回はドキュメントルートを/opt/siteにします。http://localhost/ でWebサイトに、http://localhost/mt/ でMovableTypeにアクセスするように設定します。

Perlアプリケーションのインストールと設定

まずはMovableTypeをGitHubからダウンロードして解凍し、/opt/movabletypeに配置します。同時にドキュメントルートのディレクトリも作成しておきます。

注3 https://metacpan.org/release/Starman
注4 https://github.com/movabletype/movabletype

```
curl -kL https://github.com/movabletype/movabletype/archive/mt6.1.tar.gz | 
tar zxf - -C /opt/.
mv /opt/movabletype-mt6.1 /opt/movabletype
mkdir /opt/site
```

MovableTypeに必要なMariaDB（MySQL）をインストールし、起動します。続いて、必要なデータベース、ユーザを作成します。

```
yum install mariadb-server
systemctl start mariadb
mysql -e "create database mt"
mysql -e "grant all on mt.* to mt@'localhost' identified by 'mt'"
```

starmanをインストールするために、cpanmをインストールします。cpanmは正式名称をcpanminusと言います。CPANに登録されているプログラムを簡単にインストールするためのツールです。CentOS 7の場合、次のように進めます。

yumとcpanmを使ってstarmanとMovableTypeに必要なモジュールをインストールします。まずはcpanmをインストールします。

```
yum groupinstall "Development Tools"
yum install perl-ExtUtils-MakeMaker
curl -L http://cpanmin.us | perl - App::cpanminus
```

次にstarmanとMovableTypeに必要なライブラリをインストールします。

```
yum install openssl-devel mariadb-devel
cpanm Fatal Task::Plack XMLRPC::Transport::HTTP::Plack
cpanm CGI Image::Size File::Spec CGI::Cookie LWP::UserAgent DBI DBD::mysql
```

続いて、MovableTypeを設定・初期化します。/opt/movabletype/mt-config.cgに次のように記載します。もし前述のデータベース作成の段階で例と異なる設定をした場合は、以下のDBUser、DBPassword、DBHostの設定値を変更してください。

```
CGIPath     http://localhost/mt/
StaticWebPath     http://localhost/mt/mt-static

ObjectDriver DBI::mysql
Database mt
DBUser mt
```

```
DBPassword mt
DBHost localhost
DefaultLanguage ja
```

設定できたら、次のようにしてstarmanを起動します。

```
cd /opt/movabletype
/usr/local/bin/starman --daemonize mt.psgi
```

Nginxの設定

Nginxは次のように設定します。

- starmanを待ち受けさせている127.0.0.1:5000をバックエンドサーバ接続先に指定
- rootをドキュメントルートに設定
- バックエンドサーバへのアクセスの際にHost、X-Real-IP、X-Forwarded-Host、X-Forwarded-For、X-Forwarded-Protoを付与するよう設定
- proxy_passでバックエンドサーバへのアクセス方法を指定

```
upstream backend {
    server 127.0.0.1:5000;
}
server {
    root /opt/site;

    proxy_set_header Host                $host;
    proxy_set_header X-Real-IP           $remote_addr;
    proxy_set_header X-Forwarded-Host    $host;
    proxy_set_header X-Forwarded-For     $proxy_add_x_forwarded_for;
    proxy_set_header X-Forwarded-Proto   $scheme;

    location /mt/ {
        proxy_pass http://backend;
    }
    location /mt/mt-static/(.*) {
        alias /opt/movabletype/mt-static/$1;
    }
}
```

設定できたらNginxを起動します。

```
systemctl start nginx
```

ブラウザでhttp://localhost/mt/mt.cgiにアクセスすると、MovableTypeの画面が表示されます。もし、URLにlocalhostではなく別の名前を使う場合は、mt-config.cgiのCGIPathとStaticWebPathのlocalhostの部分を併せて変更してください。

アプリケーションサーバとの連携 > Perlアプリケーションとの連携

Nginx＋starman（UNIXドメインソケット）

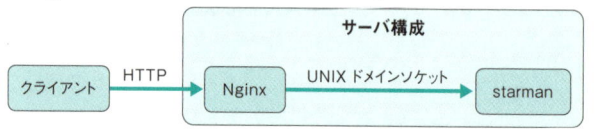

Nginxをフロントに配置し、静的ファイルを配信します。バックエンドにstarmanを配置し、NginxとstarmanのあいだはUNIXドメインソケットで接続します。

▼ Nginx＋starman（UNIXドメインソケット）

```
クライアント --HTTP--> Nginx --UNIXドメインソケット--> starman
                     サーバ構成
```

Nginxとstarmanの配置は同一サーバ内に制限されますが、接続のオーバーヘッドが少なく、少リソースで高速に動作します。

starmanの設定

基本的な設定は前節と同じですが、starmanの待ち受け部分、nginx.confのupstream部分を次のように少しだけ変更します。前節と同様に、Movable Type 6.1を/opt/movabletypeにインストールした場合の起動方法は次のとおりです。starmanの待ち受け部分の変更点として、Nginx（nginxユーザ）が読み書きできるようにstarmanをnginxユーザで起動しています。

```
cd /opt/movabletype
/usr/local/bin/starman --daemonize --user nginx --listen /var/run/starman.sock mt.psgi
```

Nginxの設定

Nginxは、serverディレクティブでUNIXドメインソケットを利用するように設定します。

- starmanを待ち受けさせている127.0.0.1:8080をバックエンドサーバ接続先に指定
- rootをApacheのドキュメントルートと同じパスに設定
- バックエンドサーバへのアクセスの際にHost、X-Real-IP、X-Forwarded-Host、X-Forwarded-For、X-Forwarded-Protoを付与するよう設定
- try_filesでドキュメントルート配下にファイルがあればNginxが配信（ただしlocation /よりもlocation ~* \.(cgi|pl)$のほうが優先されるため、拡張子cgi、またはplのファイルはバックエンドサーバへ転送）
- proxy_passでバックエンドサーバへのアクセス方法を指定

```
upstream backend {
    server unix:/var/run/starman.sock;
}
server {
    root /opt/site;

    proxy_set_header Host                $host;
    proxy_set_header X-Real-IP           $remote_addr;
    proxy_set_header X-Forwarded-Host    $host;
    proxy_set_header X-Forwarded-For     $proxy_add_x_forwarded_for;
    proxy_set_header X-Forwarded-Proto   $scheme;

    location / {
        try_files $uri @app;
    }
    location ~* \.(cgi|pl)$ {
        proxy_pass  backend;
    }
    location @app {
        proxy_pass  backend;
    }
}
```

設定ができたら、Nginxをリロードして設定を反映させましょう。

```
systemctl reload nginx
```

アプリケーションサーバとの連携 > Rubyアプリケーションとの連携

Nginx＋Unicorn (HTTP)

Ruby on RailsのWebアプリケーションを動かすときに定番のアプリケーションサーバであるUnicorn[注5]と動かしてみましょう。NginxとUnicorn間は、HTTP接続で動かしてみます。

▼ Nginx＋Unicorn (HTTP)

クライアント →HTTP→ Nginx →HTTP→ Unicorn （サーバ構成）

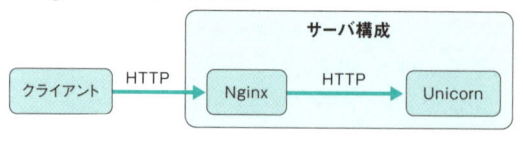

Rubyアプリケーションのインストールと設定

まずは次のようにして、Rubyの環境を整えます。

```
yum groupinstall "Development Tools"
yum install rubygems rubygem-bundler ruby-devel
```

今回はRuby on RailsアプリケーションのPropre例としてRedmine[注6]を/opt/redmineに展開し、動かしてみます。

```
curl -kL http://www.redmine.org/releases/redmine-2.6.3.tar.gz | tar zxf - -C /opt/.
mv /opt/redmine-2.6.3 /opt/redmine
```

まずは、準備としてMariaDB（MySQL）をインストール、起動しデータベースを作成します。同時に、Redmineのために必要なライブラリもインストールします。

```
yum install mariadb-server mariadb-devel ImageMagick-devel
systemctl start mariadb
mysql -e 'create database redmine;'
```

注5 http://unicorn.bogomips.org/
注6 http://www.redmine.org/

次に、RedmineとUnicornとこれらに必要なライブラリをインストールします。Unicornは、Gemfileに依存関係として記載した上で、bundlerを使ってインストールします。bundlerはRubyのライブラリなどの環境を構築するためのツールです。コマンドとしてはbundleになります。

```
cd /opt/redmine
echo 'gem "unicorn"' >> Gemfile
cp config/database.yml.example config/database.yml
bundle install --without development test
```

インストールできたら、データを初期化し初期データを読み込みます。

```
bundle exec rake generate_secret_token
RAILS_ENV=production bundle exec rake db:migrate
RAILS_ENV=production REDMINE_LANG=ja bundle exec rake redmine:
load_default_data
```

準備ができたら、Unicornを起動します。/opt/redmineで実行してください。

```
unicorn --daemonize --env production --listen 127.0.0.1:8080
```

Nginxの設定

Nginxは次のように設定します。

- try_filesでドキュメントルート配下にファイルがあればNginxが配信し、なければ、Unicornに問い合わせる

```
upstream backend {
    server 127.0.0.1:8080;
}
server {
    server_name .*;
    root /opt/redmine/public;
    location / {
        try_files $uri @app;
    }
    location @app {
        proxy_set_header Host                 $host;
        proxy_set_header X-Real-IP            $remote_addr;
        proxy_set_header X-Forwarded-Host     $host;
        proxy_set_header X-Forwarded-For      $proxy_add_x_forwarded_for;
```

（次ページへ続く）

```
        proxy_set_header X-Forwarded-Proto  $scheme;

        proxy_pass http://backend;
    }
}
```

設定できたらNginxを起動します。

```
systemctl start nginx
```

> アプリケーションサーバとの連携 > Rubyアプリケーションとの連携

Nginx + Unicorn (UNIXドメインソケット)

続いて、NginxとUnicorn間をUNIXドメインソケットで動かしてみます。

▼ Nginx + Unicorn (UNIXドメインソケット)

[図: クライアント →(HTTP)→ Nginx →(UNIXドメインソケット)→ Unicorn（サーバ構成）]

Unicornの設定

Unicornのインストールなどは前節と同じですが、起動の仕方が異なります。
--listenでファイルパスを指定することで、UnicornはUNIXドメインソケットで待ち受けします。

```
cd /opt/redmine
unicorn --daemonize --env production --listen /var/run/unicorn.sock
```

Nginxの設定

Nginx側はupstreamコンテキストのserverディレクティブを設定する際に、UNIXドメインソケットを指定してバックエンドと接続します。そのほかは前節と同じです。

```
upstream backend {
    server unix:/var/run/unicorn.sock;
                                # UNIX ドメインソケットを利用するよう変更
}
server {
    server_name .*;
    root /opt/redmine/public;
    location / {
        try_files $uri @app;
    }
    location @app {
        proxy_set_header Host              $host;
        proxy_set_header X-Real-IP         $remote_addr;
        proxy_set_header X-Forwarded-Host  $host;
        proxy_set_header X-Forwarded-For   $proxy_add_x_forwarded_for;
        proxy_set_header X-Forwarded-Proto $scheme;

        proxy_pass http://backend;
    }
}
```

設定ができたらNginxをリロードして設定を反映させましょう。

```
systemctl reload nginx
```

アプリケーションサーバとの連携 > Pythonアプリケーションとの連携

Nginx + Gunicorn (HTTP)

Gunicorn[注7]はPythonのWebアプリケーションフレームワークで、Django[注8]やFlask[注9]で構築したWebアプリケーションを動かすときに定番のアプリケーションサーバです。NginxとGunicornをHTTPで接続して動かしてみましょう。

注7 http://gunicorn.org/
注8 https://www.djangoproject.com/
注9 http://flask.pocoo.org/

▼ Nginx + Gunicorn (HTTP)

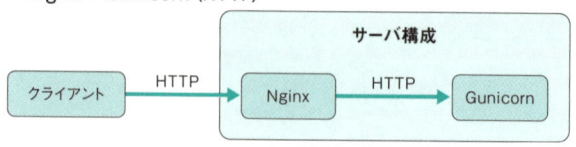

サーバ構成

クライアント → HTTP → Nginx → HTTP → Gunicorn

　ここでは、Django製のSNSアプリケーションであるbootcamp[注10]を動かしてみます。

Pythonアプリケーションのインストールと設定

　まずは、インストールするためにpipをインストールします。pipは、Pythonのライブラリを簡単にインストールするためのツールです。CentOS 7の場合、次のようにします。

```
yum groupinstall "Development Tools"
yum install epel-release
yum install python-pip python-devel
```

　次に、bootcampに必要なPostgreSQLとそのライブラリをインストールします。続いて、データを初期化して起動し、データベースを作成します。

```
yum install postgresql-server postgresql-devel
sudo -u postgres initdb -D /var/lib/pgsql/data
systemctl start postgresql
createdb -U postgres bootcamp
```

　次に、bootcampをダウンロードし、関連ライブラリをインストールします。Gunicornはこのとき同時にインストールされます。これはrequirements.pipの中にGunicornが依存関係として指定されているためです。

```
cd /opt
git clone https://github.com/vitorfs/bootcamp.git
cd /opt/bootcamp
pip install -r requirements.pip
```

　インストールが完了したら、bootcampの初期設定を行います。syncdbでDBの初期設定を行い、collectstaticで静的ファイルを/opt/bootcamp/staticfilesに収集します。

注10　https://github.com/vitorfs/bootcamp

```
cd /opt/bootcamp
cat <<FIN >.env
DEBUG=True
SECRET_KEY="${RANDOM}${RANDOM}${RANDOM}"
DATABASE_URL='postgres://postgres@localhost:5432/bootcamp'
FIN
python manage.py syncdb
python manage.py collectstatic
```

　設定が完了したらGunicornを起動しましょう。起動が成功すれば127.0.0.1:8000で待ち受けを開始します。

```
cd /opt/bootcamp
gunicorn --daemon bootcamp.wsgi:application
```

Nginxの設定

　Nginxは次のように設定します。/opt/bootcamp/staticfilesにある静的ファイルについてはNginxが配信し、ないものはGunicornに問い合わせる設定です。

```
upstream backend {
    server 127.0.0.1:8000;
}
server {
    proxy_set_header Host                $host;
    proxy_set_header X-Real-IP           $remote_addr;
    proxy_set_header X-Forwarded-Host    $host;
    proxy_set_header X-Forwarded-For     $proxy_add_x_forwarded_for;
    proxy_set_header X-Forwarded-Proto   $scheme;

    location / {
        proxy_pass http://backend;
    }
    location /static/(.*) {
        alias /opt/bootcamp/staticfiles/$1;
    }
}
```

　設定できたらNginxを起動します。

```
systemctl start nginx
```

アプリケーションサーバとの連携 > Pythonアプリケーションとの連携

Nginx + Gunicorn（UNIXドメインソケット）

ここでは、NginxとGunicorn間をUNIXドメインソケット接続します。

▼ Nginx + Gunicorn（UNIXドメインソケット）

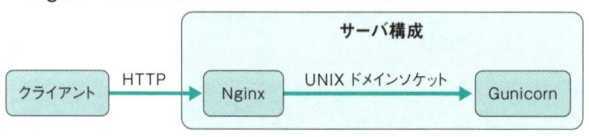

Gunicornの設定

Gunicornのインストールなどは前節と同じですが、起動の仕方が異なります。--bindでUNIXドメインソケットを指定することで、UNIXドメインソケットで待ち受けます。

```
cd /opt/bootcamp
gunicorn --daemon --bind unix:/var/run/gunicorn.sock bootcamp.wsgi:application
```

Nginxの設定

Nginx側は、upstreamコンテキストのserverディレクティブで指定する際にUNIXドメインソケットを指定します。ほかの設定は前節と同じです。

```
upstream backend {
    server unix:/var/run/gunicorn.sock;
                                # UNIXドメインソケットを利用するよう変更
}
server {
    proxy_set_header Host                $host;
    proxy_set_header X-Real-IP           $remote_addr;
    proxy_set_header X-Forwarded-Host    $host;
    proxy_set_header X-Forwarded-For     $proxy_add_x_forwarded_for;
    proxy_set_header X-Forwarded-Proto   $scheme;

    location / {
        proxy_pass http://backend;
```

```
    }
    location /static/(.*) {
        alias /opt/bootcamp/staticfiles/$1;
    }
}
```

設定ができたら、Nginxをリロードして設定を反映させましょう。

```
systemctl reload nginx
```

アプリケーションサーバとの連携 > Pythonアプリケーションとの連携

Nginx + uwsgi (uWSGI)

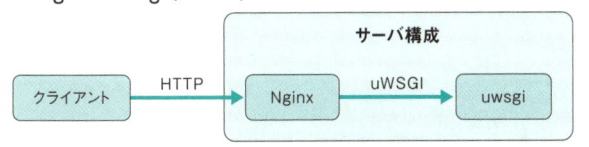

uWSGIプロトコルは、PythonのWebアプリケーションを稼働させるためのプロトコルです。uWSGIに対応したWebアプリケーションサーバのuwsgiとuWSGIで接続して、動かしてみましょう。ややこしいですが、uWSGIはプロトコルの名前で、uwsgiはWebアプリケーションサーバソフトウェアの名前です。

▼ Nginx + uwsgi (uWSGI)

クライアント ─HTTP→ Nginx ─uWSGI→ uwsgi
（サーバ構成）

Pythonアプリケーションのインストールと設定

まずはbootcamp用の環境を構築します。手順は「Nginx + Gunicorn (HTTP)」の節と同じです。pipとbootcampに必要なPostgreSQLとそのライブラリをインストールします。続いて、bootcampをダウンロードし、関連ライブラリをインストールします。DBの初期設定 (syncdb)、静的ファイルを収集 (collectstatic) します。

```
yum groupinstall "Development Tools"
yum install epel-release
yum install python-pip python-devel

yum install postgresql-server postgresql-devel
sudo -u postgres initdb -D /var/lib/pgsql/data
systemctl start postgresql
createdb -U postgres bootcamp

cd /opt
git clone https://github.com/vitorfs/bootcamp.git
cd /opt/bootcamp
pip install -r requirements.pip

cd /opt/bootcamp
cat <<FIN >.env
DEBUG=True
SECRET_KEY="${RANDOM}${RANDOM}${RANDOM}"
DATABASE_URL='postgres://postgres@localhost:5432/bootcamp'
FIN
python manage.py syncdb
python manage.py collectstatic
```

そのあとにuwsgiをpipでインストールします。

```
pip install uwsgi
```

uwsgiを起動します。

```
cd /opt/bootcamp
/usr/bin/uwsgi --uwsgi-socket :8080 --wsgi-file bootcamp/wsgi.
py --workers 4 --daemonize /var/log/uwsg.log
```

Nginxの設定

Nginxの設定は次のとおりです。

- locationコンテキストでuwsgi_passディレクティブを使ってバックエンドを指定

```
upstream backend {
    server 127.0.0.1:8080;
}
server {
    include uwsgi_params;
```

```
    location / {
        uwsgi_pass backend;   # uwsgi接続のため uwsgi_pass に変更
    }
    location /static/(.*) {
        alias /opt/bootcamp/staticfiles/$1;
    }
}
```

設定できたらNginxを起動します。

```
systemctl start nginx
```

アプリケーションサーバとの連携 > Javaアプリケーションとの連携

Nginx＋Tomcat (HTTP)

JavaのWebアプリケーションを動かすときに定番のアプリケーションサーバであるTomcat[11]とHTTPで接続して動かしてみましょう。

▼ Nginx＋Tomcat (HTTP)

```
                    サーバ構成
クライアント ─HTTP→ Nginx ─HTTP→ Tomcat
```

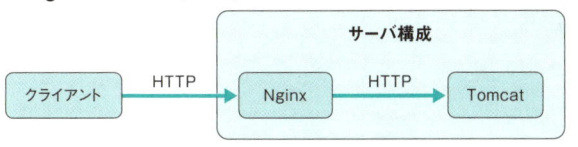

ここでは、GitHubクローンのgitbucket[12]を動かしてみます。

Javaアプリケーションのインストールと設定

まずは、JavaとTomcatをインストールします。CentOS 7の場合、次のようにします。Tomcatとの依存関係によりopenjdkがインストールされます。

```
yum install tomcat tomcat-* unzip
```

注11 http://tomcat.apache.org/
注12 https://github.com/takezoe/gitbucket

次に、gitbucketをダウンロードしてデプロイします。

```
cd /tmp
curl -kLO https://github.com/takezoe/gitbucket/releases/download/3.1/ ⏎
gitbucket.war
unzip -o /tmp/gitbucket.war -d /var/lib/tomcat/webapps/ROOT/.
```

準備ができたらTomcatを起動します。

```
systemctl start tomcat
```

Nginxの設定

Nginxは次のように設定します。

- warを展開した中にある静的ファイル置き場の/assets/をNginxが配信し、そのほかはTomcatに問い合わせる

```
upstream backend {
    server 127.0.0.1:8080;
}
server {
    root /var/lib/tomcat/webapps/ROOT;
    location / {
        proxy_set_header Host                $host;
        proxy_set_header X-Real-IP           $remote_addr;
        proxy_set_header X-Forwarded-Host    $host;
        proxy_set_header X-Forwarded-For     $proxy_add_x_forwarded_for;
        proxy_set_header X-Forwarded-Proto   $scheme;

        proxy_pass http://backend;
    }
    location /assets/(.*) {
        alias /var/lib/tomcat/webapps/ROOT/assets/$1;
    }
}
```

設定できたらNginxを起動します。

```
systemctl start nginx
```

アプリケーションサーバとの連携 > Memcachedとの連携

Memcachedとの連携

NginxのTCPプロキシ機能（streamモジュール）を利用して、Nginxを Memcached[13]のプロキシとして利用してみます。

▼ Nginx + Memcached

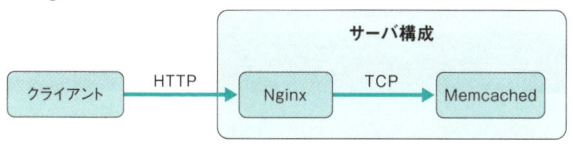

サーバ構成: クライアント →(HTTP)→ Nginx →(TCP)→ Memcached

Memcachedのインストールと設定

まずはMemcachedをインストールします。CentOS 7の場合、次のようにします。

```
yum install memcached
```

準備ができたらMemcachedを起動します。

```
systemctl start memcached
```

Nginxの設定

Nginxは次のように設定します。

- 11210ポートで待ち受ける
- リクエストを受け取ると127.0.0.1:11211に問い合わせる

注13 http://memcached.org/

```
stream {
    upstream backend {
        server 127.0.0.1:11211;
    }
    server {
        listen 11210;
        proxy_pass backend;
    }
}
```

設定できたらNginxを起動します。

```
systemctl start nginx
```

Part 3 | 実践編

第19章
Apache HTTPDからの乗り換えポイント

本章では、Apache HTTPDからNginxに乗り換える際のポイントを解説します。動的機能への対応や設定ファイルの移植などに注意が必要です。

Apache HTTPDからの乗り換えポイント > 乗り換え時の注意点

乗り換え時の注意点

ここでは、Apache HTTPD（以下Apache）からNginxに乗り換える際の注意点を紹介します。

動的機能の対応

ApacheからNginxに乗り換えるとき一番問題になるのは、動的機能への対応です。CGIやPHPなどと組み合わせる必要のない完全に静的なサイトであれば問題ないのですが、CGIやPHP（mod_php）などの動的機能はNginxで利用できません。

SSI（*Server Side Include*）はNginxでも対応していますが、現状ですべてのSSIコマンドに対応していません。次のコマンドには未対応です。

- exec
- fsize
- flastmod
- printenv

CGIやPHP（mod_php）を利用している場合は、Nginxをリバースプロキシとして利用し、バックエンドのサーバ（upstreamディレクティブで指定）に動的機能を任せる形になります。典型的な構成は、バックエンドのアプリケーションサーバとしてFastCGIかApacheを併用します。

> **参照** 動的コンテンツに対応 P.9
> SSIを活用した一部動的化 P.304

サードパーティモジュール

どうしてもNginxに動的な動作をさせたい場合、サードパーティモジュール使って機能拡張する方法があります。perlモジュール（ngx_http_perl_module）またはluaモジュール（ngx_lua）を利用します。

> **参照** ngx_luaモジュールを利用した動的な機能追加 P.366

コンテンツキャッシュのストレージ

Nginxのコンテンツキャッシュ機能において、キャッシュのストレージはディスクのみです。つまり、Apache 2.4におけるmod_cache_disk（Apache 2.2ではmod_disk_cache）相当のみが利用可能です。Apache 2.4におけるmod_cache_socache（Apache 2.2ではmod_mem_cache）に相当する実装はありません。

tmpfs

キャッシュをオンメモリで処理したい場合は、キャッシュの保存場所をtmpfsにすることでオンメモリ動作させることができます。

tmpfsはメモリを仮想的にディスクデバイスとしてマウントしたものです。デフォルトで搭載メモリの半分の容量を利用でき、CentOS 7は/dev/shm、Ubuntu 14.10は/runにマウントされています。tmpfsを利用する場合は、CentOS 7なら/dev/shmディレクトリを、Ubuntu 14.10は/tmpと同様の権限設定がされている/run/shmディレクトリを利用するのが良いでしょう。

allow、denyでのホスト名指定

Nginxの**allowディレクティブ**や**denyディレクティブ**には、ホスト名での指定ができません。どうしてもホスト名での指定が必要な場合は、ngx_http_rdns_module[1]などのサードパーティモジュールを検討してみてください。

なお、ホスト名での指定はセキュリティの観点から見て、あまり強度が高いとは言えないので、できるだけIPアドレスを指定するようにしましょう。IPアドレスからFQDN（*Fully Qualified Domain Name*）への解決をするDNS逆引きは、受け側サーバの管理者ではなく、アクセス元ネットワークの管理者がホスト名を任意に設定できるためです。

コンテンツレベルでの設定上書き

Apacheでは**.htaccess**を利用することで、コンテンツ管理者がコンテンツ内でApacheの設定を変更することができます。Nginxでは、サーバ管理者の作業なしにNginxの動作を変更する方法がありません。

nginx.confからincludeする形式にしてその都度Nginxをreloadするか、プ

---

[1] flant/nginx-http-rdns https://github.com/flant/nginx-http-rdns

ロキシ構成にしてバックエンドでApacheを利用し.htaccessをそのまま利用できるようにしましょう。

ログフォーマットの互換性

ログフォーマットは、log_formatディレクティブで任意に設定できるため、Apacheで利用していたフォーマットと揃えることができるでしょう。ただし、Apacheのログフォーマットでの%D（応答時間）は単位がマイクロ秒なのですが、Nginxの$request_timeは単位がミリ秒なので解析時には注意してください（$request_timeで1ミリ秒以下を指定した場合0.00となります）。

> 参照　アクセスログの書式を設定 P.115

CPU・メモリなどのリソース、キャパシティ

ApacheからNginxに変更する場合、サーバリソースとキャパシティの検討が必要です。静的コンテンツ配信のサーバをApacheからNginxに変更すると、Nginxのイベントドリブン実装が影響し、CPU利用率、メモリ利用量は少なくなります。

メモリ使用量

NginxとApacheで100並列アクセス（keepalive接続）した状態のメモリ使用量を確認しました。イベントドリブンなNginx、Apache（event mpm）の優位性が確認できます。

▼ 100並列アクセス時のメモリ使用量

サーバ	RSS	RSS-Shared	ワーカープロセス数
nginx 1.7.9	13656 KB	7772 KB	4
Apache 2.4 (prefork mpm)	353620 KB	22096 KB	100
Apache 2.4 (worker mpm)	66620 KB	31140 KB	11
Apache 2.4 (event mpm)	26544 KB	13556 KB	4

Nginxは、1接続あたりのメモリ使用量（*RSS：Resident set size*）が小さいことがわかります。Apache（特にprefork）の場合は、1接続あたりのメモリ

利用量（RSS-Shared）が大きいため、あえてkeepaliveをoffにすることでサーバ側のメモリリソースの逼迫を防ぐ設定をしました。Nginxの場合は積極的にkeepaliveを利用し、worker_connections、keepalive_timeout、keepalive_requestsを大きめに設定しても良いでしょう。

> **参照**
> 最大同時接続数の上限を変更する P.101
> Keep-Aliveでコネクションを再利用したい P.157

Apache HTTPDからの乗り換えポイント > 設定ファイルのコンバート

設定ファイルのコンバート

SSL中間証明書の設定方法

実際に設定ファイルを移植するときの注意点を紹介します。

ApacheとNginxでは、SSL中間証明書の設定方法が異なります。Apacheは、SSLCertificateChainFileディレクティブで設定していましたが、Nginxには中間証明書を設定するディレクティブがありません。Nginxでは、中間証明書はサイト用のSSL証明書と同じファイルに書き込みます。具体的には、サイト用のSSL証明書の下部に、次のように中間証明書を記載します。

```
-----BEGIN CERTIFICATE-----
...
-----END CERTIFICATE-----
-----BEGIN CERTIFICATE-----
...
-----END CERTIFICATE-----
-----BEGIN CERTIFICATE-----
...
-----END CERTIFICATE-----
```

Apache設定ファイルの秘匿

Apacheは、デフォルトの設定で.ht～ファイルには外部からアクセスできないようになっています。

```
<Files ".ht*">
    Require all denied
</Files>
```

　Nginxに移行した際に、.ht～ファイル（特に.htaccessや.htpasswd）が外部から意図せずアクセスできる状態にならないように気を付けてください。.ht～ファイルへのアクセスを拒否する設定は次のとおりです。

```
location ~* \.ht.*$ {
    deny all;
}
```

mod_rewriteの書き換え

　Nginxに移行する際に最も難しいのは、Apache設定ファイルのmod_rewriteを移植することです。Nginxに移植する際のポイントは、mod_rewriteのような手続き型ではなく、locationディレクティブなどを利用し、宣言型的な思考で記述することです。

　結果として極力ifを使わずに、serverディレクティブ、locationディレクティブ、try_filesディレクティブ、mapディレクティブを利用した記述方法になります。

> 参照　ifがうまく適用できない P.318

Apache HTTPDからの乗り換えポイント > 設定ファイル以外の変更

設定ファイル以外の変更

ApacheからNginxに変更する際、設定ファイルを書き換える以外にも注意点があります。忘れがちな点を紹介します。

ログローテーション

Apacheでrotatelogsプログラムを使っている場合は、ログローテーションのための外部設定は必要ありません。Nginxにはそのような付属プログラムはないので、cronでログローテーションする必要があります。

logrotate

Nginxでのログローテーションは、cronから起動されるlogrotateに任せることが多いです。nginx.orgが公式に配布しているrpmには、次のlogrotate設定ファイル（/etc/logrotate.d/nginx）が同梱されています。

```
/var/log/nginx/*.log {
        daily
        missingok
        rotate 52
        compress
        delaycompress
        notifempty
        create 640 nginx adm
        sharedscripts
        postrotate
                [ -f /var/run/nginx.pid ] && kill -USR1 `cat /var/run/nginx.pid`
        endscript
}
```

このようにcronでログローテーションを実施するか、もしくはログをsyslogで出力するようにしましょう。もし、cronによるApacheのログローテーションが残っている場合は、忘れずに停止しておきましょう。

> **参照** logrotateでログローテーションする ... P.258
> syslogでログ出力する ... P.260

Apacheのキャッシュデータ定期削除を止める

ディスクをストレージにしたコンテンツキャッシュをApacheで利用していた場合、htcachecleanやfind .. -deleteなどを利用してキャッシュデータを定期的に削除していたと思います。これらのしくみはNginxでは不要です。忘れずに停止しておきましょう。

Nginxでは、そもそも容量を指定して、キャッシュのzoneを作成します。容量が不足した際には、LRU（Last Recently Used）方式で自動的に古いものが削除され容量が確保されます。

> **参照** ngx_http_limit_conn_moduleを用いた接続数制限 ... P.294

Part 3 | 実践編

第20章

サードパーティモジュールの活用

ここでは、代表的なサードパーティモジュールとOpenRestyのインストールについて解説します。

サードパーティモジュールの活用 > サードパーティモジュール

3rdPartyModules

Nginxには数多くのサードパーティモジュールがあります。

3rdPartyModules (Nginx Community)
http://wiki.nginx.org/3rdPartyModules

Nginxは、ダイナミックリンクには対応していません。サードパーティモジュールを利用するときは、コンパイル時に組み込む必要があります。

サードパーティモジュールは、Nginx公式のパッケージに含まれていません。よく使われるサードパーティモジュールを同梱しパッケージングしたOpenRestyや、Ubuntuであればnginx-extrasパッケージを使用すると便利です。

OpenResty a fast web app server by extending nginx
http://openresty.org/

サードパーティモジュールの活用 > サードパーティモジュール

ngx_cache_purgeモジュールによるキャッシュの削除 (PURGE)

ngx_cache_purgeモジュールを利用するとキャッシュを削除(PURGE)できます。

FRiCKLE/ngx_cache_purge
https://github.com/FRiCKLE/ngx_cache_purge

商用版のNginxには、ワイルドカードを利用したキャッシュ削除機能がありますが、サードパーティモジュールであるngx_cache_purgeではワイルドカードは利用できません。

インストール

モジュールをインストールする前にNginxのビルドに必要なツール／ライブラ

リをインストールします。ngx_cache_purgeモジュール用に追加で必要なライブラリはありません。

```
sudo yum -y groupinstall "development tools"
sudo yum -y install readline-devel pcre-devel openssl-devel
sudo yum -y install tar
```

ngx_cache_purgeモジュールをダウンロードします。

```
curl -kL https://github.com/FRiCKLE/ngx_cache_purge/archive/2.3.tar.gz | tar zxf -
```

Nginxをダウンロードしてビルドします。./configureを実行するときに、ダウンロードしたngx_cache_purgeモジュールを--add-moduleオプションで指定するのがポイントです。

```
curl http://nginx.org/download/nginx-1.9.2.tar.gz | tar zxf -
cd nginx-1.9.2
./configure --add-module=../ngx_cache_purge-2.3
make
sudo make install
```

これでインストールは完了です。/usr/local/nginx配下にngx_cache_purgeモジュールがインストールされます。

キャッシュを削除するには、「削除用のURLを別に用意せず同じURLを用いてHTTPメソッドを指定する方法」と、「削除リクエストを受け付ける専用のURLを用意する方法」があり、いずれかの方法だけを実装してください。

削除用のURLを用意しない方法

別にURLを用意しない方法が手軽なのでお勧めです。設定とオプションは次のとおりです。コンテキストはhttp、server、locationです。

```
fastcgi_cache_purge    on|off|<method> [from all|<ip> [.. <ip>]];
proxy_cache_purge      on|off|<method> [from all|<ip> [.. <ip>]];
scgi_cache_purge       on|off|<method> [from all|<ip> [.. <ip>]];
uwsgi_cache_purge      on|off|<method> [from all|<ip> [.. <ip>]];
```

▼ ngx_cache_purgeモジュールのオプション（URLを用意しない場合）

オプション	説明
on	キャッシュ削除を有効にする
off	キャッシュ削除を無効にする
method	キャッシュ削除を指定したメソッドで利用可能にする
from all	接続元制限をしない
from ip	接続元制限をしたうえでアクセスを許可する接続元を指定

削除用のURLを用意する方法

削除用のURLを別に用意する場合は、次のように設定します。コンテキストはlocationです。

```
fastcgi_cache_purge <zone> <key>;
proxy_cache_purge   <zone> <key>;
scgi_cache_purge    <zone> <key>;
uwsgi_cache_purge   <zone> <key>;
```

▼ ngx_cache_purgeモジュールのオプション（URLを用意する場合）

オプション	説明
zone	キャッシュのゾーン名を指定
key	削除対象のキーを指定

使用方法

削除用のURLを別に用意しない場合、設定は次のとおりです。キャッシュを削除するには、127.0.0.1から対象URLに対してPURGEメソッドでアクセスします。

```
http {
    proxy_cache_path  /tmp/nginx_cache  keys_zone=one:10m;
    ...
    server {
        location / {
            proxy_pass        http://127.0.0.1:8080;
            proxy_cache       one;
            proxy_cache_key   $uri$is_args$args;
            proxy_cache_valid 200 301 304 308 404 1m;
```

```
            proxy_cache_purge PURGE from 127.0.0.1;
        }
    }
}
```

この設定では、http://127.0.0.1/testへのアクセスで生成されたキャッシュを削除します。次のようにPURGEメソッドで同じURLにアクセスします。

```
curl -X PURGE http://127.0.0.1/test
```

削除用のURLを別途用意する場合の設定方法は次のとおりです。proxy_cache_purgeで指定するキーがキャッシュする側（proxy_cache）のキーと完全に同一でないと、意図したキャッシュが削除できないので注意してください。

```
http {
    proxy_cache_path  /tmp/nginx_cache  keys_zone=one:10m;
    ...
    server {
        location / {
            proxy_pass        http://127.0.0.1:8080;
            proxy_cache       one;
            proxy_cache_key   $uri$is_args$args;
            proxy_cache_valid 200 301 304 308 404 1m;
        }
        location ~ /purge/(.*) {
            allow             127.0.0.1;
            deny              all;
            proxy_cache_purge one /$1$is_args$args;
        }
    }
}
```

この設定の場合、http://127.0.0.1/testへのアクセスで生成されたキャッシュを削除するには、次のように/purge/testにアクセスします。

```
curl http://127.0.0.1/purge/test
```

サードパーティモジュールの活用 > サードパーティモジュール

ngx_pagespeedモジュールを利用した最適化

ngx_pagespeedモジュールを用いてWebページを最適化することができます。

インストール

モジュールをインストールする前にNginxのビルドに必要なツール／ライブラリをインストールします。ngx_pagespeedモジュール用に追加で必要なライブラリはありません。

```
sudo yum -y groupinstall "development tools"
sudo yum -y install readline-devel pcre-devel openssl-devel
sudo yum -y install tar
```

ngx_cache_purgeモジュールをダウンロードします。

```
curl -kL https://github.com/pagespeed/ngx_pagespeed/archive/v1.9.32.2-beta.tar.gz | tar zxf -
curl -kL https://dl.google.com/dl/page-speed/psol/1.9.32.2.tar.gz | tar zxf - -C ngx_pagespeed-1.9.32.2-beta/.
```

Nginxをダウンロードしてビルドします。./configureするときに、ダウンロードしたngx_cache_purgeモジュールを--add-moduleで指定するのがポイントです。

```
curl http://nginx.org/download/nginx-1.9.2.tar.gz | tar zxf -
cd nginx-1.9.2
./configure --add-module=../ngx_pagespeed-1.9.32.2-beta
make
sudo make install
```

以上でインストールは完了です。/usr/local/nginx配下にngx_pagespeedモジュールがインストールされています。

使用方法

ngx_pagespeedモジュールを有効にするには、次のように設定します。HTML内のスペースを削除したり、コメントを削除したりできます。詳しくはngx_pagespeedのドキュメントを確認してください。自らのサーバからブラウザで/pagespeed_admin/にアクセスすると管理画面が表示できます。

```
pagespeed on;
pagespeed UsePerVhostStatistics on;
pagespeed StatisticsLogging      on;
pagespeed MessageBufferSize      10000;
pagespeed RewriteLevel           CoreFilters;
pagespeed EnableFilters          collapse_whitespace,remove_comments,
rewrite_css,rewrite_images,rewrite_javascript,trim_urls;

pagespeed FileCachePath /tmp/ngx_pagespeed_cache;
pagespeed LogDir        /tmp/ngx_pagespeed_log;

pagespeed StatisticsPath         /ngx_pagespeed_statistics;
pagespeed GlobalStatisticsPath   /ngx_pagespeed_global_statistics;
pagespeed MessagesPath           /ngx_pagespeed_message;
pagespeed ConsolePath            /pagespeed_console;
pagespeed AdminPath              /pagespeed_admin;
pagespeed GlobalAdminPath        /pagespeed_global_admin;
...
server {
   ...
   location ~ "\.pagespeed\.([a-z]\.)?[a-z]{2}\.[^.]{10}\.[^.]+" {
     add_header "" "";
   }
   location ~ "^/pagespeed_static/"      { }
   location ~ "^/ngx_pagespeed_beacon$"  { }

   location /ngx_pagespeed_statistics        { allow 127.0.0.1; deny all; }
   location /ngx_pagespeed_global_statistics { allow 127.0.0.1; deny all; }
   location /ngx_pagespeed_message           { allow 127.0.0.1; deny all; }
   location /pagespeed_console               { allow 127.0.0.1; deny all; }
   location ~ ^/pagespeed_admin              { allow 127.0.0.1; deny all; }
   location ~ ^/pagespeed_global_admin       { allow 127.0.0.1; deny all; }
}
```

サードパーティモジュールの活用 > サードパーティモジュール

ngx_luaモジュールを利用した動的な機能追加

　ngx_luaモジュールを利用することで、Nginxの拡張機能をLuaで書くことができるようになります。

　Luaのライブラリが利用できるため、RDBMSやNoSQLDBなどとの連動も簡単です。Nginxのモジュールを書く必要が出た場合に、ngx_luaを用いてluaを書くだけで済みます。モジュールを一から作成するよりもハードルが低く簡単です。

openresty/lua-nginx-module
https://github.com/openresty/lua-nginx-module

インストール

　モジュールをインストールする前にNginxのビルドに必要なツール／ライブラリをインストールします。ngx_luaモジュール用に追加で必要なLua（または、Luaプログラムが高速動作する実行環境のLuaJIT）もインストールします。

```
sudo yum -y groupinstall "development tools"
sudo yum -y install readline-devel pcre-devel openssl-devel
sudo yum -y install tar
sudo yum -y install lua lua-devel
```

　ngx_luaモジュールをダウンロードします。このとき、ngx_devel_kitモジュールも必要なのでダウンロードします。

```
curl -kL https://github.com/openresty/lua-nginx-module/archive/v0.9.16.tar.gz | tar zxf -
curl -kL https://github.com/simpl/ngx_devel_kit/archive/v0.2.19.tar.gz | tar zxf -
```

　Nginxをダウンロードしてビルドします。./configureするときに、ダウンロードしたngx_luaモジュールとngx_devel_kitモジュールを両方とも--add-moduleで指定するのがポイントです。

```
curl http://nginx.org/download/nginx-1.9.2.tar.gz | tar zxf -
cd nginx-1.9.2
./configure --add-module=../lua-nginx-module-0.9.16 --add-module=../ngx_
devel_kit-0.2.19
make
sudo make install
```

以上でインストールは完了です。/usr/local/nginx配下にngx_luaモジュールがインストールされています。

設定

利用可能なディレクティブをほんの一部紹介します。基本的には、content_by_luaディレクティブやset_by_luaディレクティブを利用し、Nginxの処理をフックして動作を変更していきます。

- init_by_lua
- init_worker_by_lua
- set_by_lua
- content_by_lua
- rewrite_by_lua
- access_by_lua
- header_filter_by_lua
- body_filter_by_lua
- log_by_lua

Nginx内部の変数を参照することもできるので、ドキュメントを読んでみてください。

使用方法

簡易なアクセスブロックの実装例を紹介します。レスポンスが200にならないアクセスを連続5回実施したIPアドレスからの接続を10秒間遮断 (403 Forbidden) する実装とします。

lua_shared_dictで、ワーカープロセス間で共有できるディクショナリを作成します。今回はアクセス遮断中のIPアドレスを格納するban_ipsと、アクセスの連続失敗を記録するfail_ip_countsを作成しました。ban_ipsにIPアドレスを登録して、アクセス遮断の判定をします。IPアドレスを登録する際に有効

期限を設定することで、一定時間のみの遮断を実現します。location /で入力時のアクセス遮断判定を実施し、遮断対象でなければlocation @siteに内部リダイレクトしています。location @siteではアクセスを処理し、戻り時のフィルタをheader_filter_by_luaで定義し、レスポンスコードに応じた処理を実施しています。

　Nginxのモジュールを一から作成するよりも、かなり簡単に実装できることがわかります。

```
lua_shared_dict ban_ips 10m;
lua_shared_dict fail_ip_counts 10m;
...
server {
    ...
    location / {
        content_by_lua '
            local ban_ips = ngx.shared.ban_ips;

            local val, _ = ban_ips:get(ngx.var.remote_addr);
            if val then
                ngx.exit(ngx.HTTP_FORBIDDEN);
            end
            ngx.exec("@site")
        ';
    }
    location @site {
        root   /usr/local/nginx/html;
        index  index.html index.htm;
        header_filter_by_lua '
            local ban_ips = ngx.shared.ban_ips;
            local fail_ip_counts = ngx.shared.fail_ip_counts;

            if ngx.status == 200 then
                fail_ip_counts:delete(ngx.var.remote_addr);
            else
                local newval, err = fail_ip_counts:incr(ngx.var.remote_addr, 1);
                if newval == nil then
                    fail_ip_counts:set(ngx.var.remote_addr, 1);
                else
                    if newval >= 5 then
                        ban_ips:add(ngx.var.remote_addr, true, 10);
                        fail_ip_counts:delete(ngx.var.remote_addr);
                    end
                end
            end
```

```
      ';
    }
}
```

サードパーティモジュールの活用 > OpenResty

OpenResty

ngx_luaモジュールを使う場合は、LuaJITとたくさんのライブラリを同梱したOpenRestyをNginxの代わりに利用するのが便利です。Luaは、RDBMSやNoSQLDBと連動するためのライブラリを同梱しています。Nginx + ngx_lua + MySQLや、Nginx + ngx_lua + Redisなどの構成で高機能なWebサーバが簡単に実現できます。

OpenResty
http://openresty.org/

ここでは、OpenRestyのインストール方法を紹介します。

CentOS 7にインストール

まずは、ビルドに必要なビルドツールやライブラリをインストールします。

```
sudo yum groupinstall "development tools"
sudo yum install readline-devel pcre-devel openssl-devel
sudo yum install tar
```

次にOpenRestyをダウンロードし、ビルド、インストールします。

```
curl -kl http://openresty.org/download/ngx_openresty-1.7.10.2.tar.gz | tar zxf -
cd ngx_openresty-1.7.10.2
./configure
gmake
sudo gmake install
```

以上でインストールは完了です。OpenRestyは/usr/local/openresty配下に、Nginxは/usr/local/openresty/nginx配下にインストールされます。

Ubuntu 14.10にインストール

まずは、ビルドに必要なビルドツールやライブラリをインストールします。

```
export PATH=$PATH:/sbin
sudo apt-get update
sudo apt-get install build-essential curl
sudo apt-get install libreadline-dev libncurses5-dev libpcre3-dev libssl-dev
```

次にOpenRestyをダウンロードし、ビルド、インストールします。

```
curl -kl http://openresty.org/download/ngx_openresty-1.7.10.2.tar.gz | tar ↵
zxf -
cd ngx_openresty-1.7.10.2
./configure
make
sudo make install
```

以上でインストールは完了です。OpenRestyが/usr/local/openresty配下に、Nginxは/usr/local/openresty/nginx配下にインストールされています。

索引

記号・数字

%エンコーディング……………………47, 48
.htaccess………………………………………353
\（バックスラッシュ）…………………………37
3rdPartyModules……………………………360

A

accept_filter………………………………………74
access_log
　…………117, 260, 264, 266, 268, 270, 272, 274
add_header
　………………81, 204, 205, 206, 207, 252
aio……………………………………………286
allow………………………………192, 199, 353
ApacheBench………………………………10
Apache HTTPD……………………………352
arg_name………………………………………33
arg_○○…………………………………………33
args………………………………………………33
auth_basic………………………………196, 199
auth_basic_user_file………………196, 199
Authority………………………………………46

B

backup……………………………………153
backlog……………………………………74

BASIC認証……………………………196, 310
bind………………………………………………74
binary_remote_addr………………………33
body_bytes_sent………………………………33
bootcamp…………………………………342
BSDライクライセンス………………………5
bytes_sent…………………………………33, 263

C

C……………………………………………………91
C10K問題…………………………………………4
Certification Authority……………………57
CMD…………………………………………………91
client_body_buffer_size…………………213
client_header_buffer_size………………213
client_max_body_size………………213, 281
combined……………………………………116
Common Name……………………………174
configure…………………24, 209, 215, 217
connection……………………………33, 263
connection_requests………………33, 263
Connectionヘッダ……………………………157
Content-Security-Policyヘッダ……………207
content_by_lua………………………………367
content_length………………………………33
content_type………………………………………33
Cookie……………………………………3, 262

371

cookie_name	33
CPU数	102
CPU負荷分散方式	143
crit	110
CRS（ModSecurity Core Rule Set）	225
CSR（Certificate Signing Request）	60

D

debug	110
default_type	114, 315
deferred	74
deny	104, 192, 199, 353
DH（ディフィー・ヘルマン）	254
Digest認証	196, 200
Django	341
Docker	128, 138, 161, 165, 203, 208, 230, 256
document_root	33
document_uri	33
DoS／DDoS攻撃	213

E

emerg	110
env	302
err（error）	110
error_log	110, 261
error_page	124, 212
events	40
expires	81

F

FastCGI	10, 328
FastCGI Process Manager	328
fastopen	74
Flask	341
flood攻撃	241
FQDN	308
Fragment	46
FRiCKLE	360

G

getconf	159
Gunicorn	341
gzip	121
gzip_static	284
gzipコマンド	284

H

host	33
hostname	33
Hostヘッダ	68
htpasswd	196
HTTP	2
HTTP Strict Transport Security（HSTS）	252
HTTP/1.1	4
HTTP/2	13
http_ssl_module	172
http_○○	33
HTTPS	56, 173, 250

HTTPS通信	190
HTTPSリクエスト	188
HTTPヘッダ	139
HTTPメソッド	195
HTTPレスポンス	78, 154, 204

I

ICMPリダイレクトパケット	247
if	194, 195, 318
ignore_invalid_headers	312
include	93, 113
index	127
info	110
ip_hash	148
iptables	227, 231
ipv6only	74
IPアドレス	72, 139, 192, 295
IPスプーフィング攻撃	248
is_args	33

K

Keep-Alive	157
keepalive	285
keepalive_disable	285
keepalive_requests	285
keepalive_timeout	120, 285

L

large_client_header_buffers	213
leaky bucket	298
least_conn	147
Legacy version	13
limit_conn	295
limit_conn_zone	294, 296
limit_rate	34, 300
limit_rate_after	300
limit_req	298
limit_req_zone	297
listen	122, 173
listenソケット	74
local	110
location	42, 49, 51, 52, 130, 319
log_format	115, 262
logrotate	258, 357
LRU（Last Recently Used）	358
lscpu	102

M

Mainline version	13
main	39
map	306
MariaDB	326
Memcached	349
MIMEタイプ	114
mod_php	325
mod_rewrite	356
ModSecurity	215, 217, 219
ModSecurityConfig	219
ModSecurityEnabled	219
mount	240

373

MovableType ······································ 333
msec ·· 34, 263

N

nginxコマンド ····· 86, 92, 97, 105, 106, 172
Nginx Plus ································· 12, 276
nginx.conf ·· 100
nginx_version ···································· 34
ngx_cache_purge ····························· 362
ngx_http_gzip_module ······················ 266
ngx_http_limit_conn_module ········ 294, 295
ngx_http_limit_req_module ··············· 297
ngx_http_perl_module ················ 302, 352
ngx_http_realip_module ···················· 314
ngx_http_stub_status_module ············ 275
ngx_lua ······························· 302, 352, 366
ngx_pagespeed ································· 364
nice値 ··· 278
notice ·· 110

O

OCSP ··· 287
open_file_cache_errors ····················· 282
open_file_cache_min_uses ················ 282
open_file_cacheopen_file_cache_valid · 282
OpenResty ································ 360, 369
OpenSSL ···································· 60, 180
opensslコマンド ······························· 63, 65

P

Path ··· 46
pcpu ·· 91
PCRE (Perl Compatible Regular Expressions)
··· 36, 70
Perl ··· 333
perl_set ··· 303
PGP鍵 ··· 18
PHP ·· 325
PID (pid) ·································· 34, 91, 111
Ping of Death ··································· 246
PINGチェック ···································· 136
pip ··· 342
pipe ·· 34, 263
PPID (ppid) ·· 91
priority ·· 91
proxy_buffer_size ······························ 160
proxy_buffering ································· 160
proxy_buffers ··································· 160
proxy_cache ································ 83, 166
proxy_cache_key ······························· 169
proxy_cache_path ························ 83, 164
proxy_cache_valid ···························· 170
proxy_max_temp_file_size ················ 162
proxy_next_upstream ························ 154
proxy_pass
················ 130, 133, 134, 137, 190, 304
proxy_protocol_addr ·························· 34
proxy_read_timeout ··························· 311
proxy_set_header ························ 139, 168

proxy_ssl_certificate	175
proxy_temp_path	162
psコマンド	90
Python	345

Q

Query	46
query_string	34

R

rcvbuf	74
realpath_root	34
real_ip_header	314
realm	197
Redmine	338
Referer	202
remote_addr	34
remote_port	34
remote_user	34
request	34
request_body	34
request_body_file	34
request_completion	34
request_filename	34
request_length	34, 263
request_method	34
request_time	34, 263
request_uri	34
resolver	288
return	250

rewrite	321
rewrite_log	316
RFC1337	243
RFC3305	45
RFC3986	47
root	126
RPMファイル	217
Ruby on Rails	338

S

satisfy	201, 310
scheme	34
SecAuditEngine	222
SELinux	232
semanage fcontext	237, 239
semanage port	235
sendfile	118
sent_http_○○	35
server	41, 141, 145, 151, 152, 153
server_addr	35
server_name	35, 123, 174
server_port	35
server_protocol	35
server_tokens	103, 210
service	87, 89
Session ID	177
set	35
setfib	74
set_by_lua	303, 367
set_real_ip_from	314

375

size	91
sl_stapling_verify	287
Smurf攻撃	242
sndbuf	74
sniff	205
SNI (Server Name Indication)	184
so_keepalive	74
Sorryページ	153
SPDY/3.1	13
specファイル	218
SRPM	217
SSI	9, 173, 186, 304, 352
SSL	56, 183, 184
ssl_certificate	187
ssl_certificate_key	175, 187
ssl_ciphers	180, 292
ssl_dhparam	254
ssl_prefer_server_ciphers	182, 292
ssl_protocols	292
ssl_session_cache	176
ssl_session_ticket_key	178
ssl_session_tickets	178
ssl_session_timeout	176
ssl_stapling	287, 288
ssl_trusted_certificate	287
SSLアクセラレーション	188
SSLサーバ証明書	57, 58, 62, 175, 254
SSL中間証明書	355
SSRオプション	249
Stable version	13
starman	333
startコマンド	95
start_time	91
status	35, 263
STIME	91
stub_status	275
SYN cookies	241
SYN flood	241
sysctl	241, 242, 243, 244, 245, 246, 247, 248, 249
syslog	260
systemctl	88
systemd	88

T

tasklistコマンド	96
TCP Load Balancing	13
TCP_CORKソケットオプション	119
tcpinfo_rtt	35
tcpinfo_rttvar	35
tcpinfo_snd_cwnd	35
tcpinfo_rcv_space	35
tcp_nopush	119
TCPチェック	136
TIME	91
time_iso8601	35
time_local	35, 263
TIME_WAIT	244
TLS	56

TLS/SSLセッション	176, 178
TLS/SSLハンドシェイク	56
tmpfs	353
Tomcat	347
TIME	91
TTY（tty）	91
types	315

U

UID（uid）	91
ulimit	102
underscores_in_headers	312
Unicorn	338
UNIXドメインソケット	331
upstream	146
URI	35, 44
URL	3
URLエンコード	47
URN	44
user	91, 108
utime	91
uWSGI	10, 345
uwsgi	345

V

valid_referers	202
VirtualDocumentRoot	308
vsize	91

W

WAF	219
warning（warn）	110
Webアクセラレーター	141
Webサーバ	2
Windows OS	25
WordPress	326
worker_connections	101, 112
worker_cpu_affinity	278
worker_priority	278
worker_processes	101, 109
worker_rlimit_nofile	277

X

X-Content-Type-Options	205
X-Forwarded-For	168
X-Frame-Options	204
X-XSS-Protectionヘッダ	206

Z

zlib	266

あ

アクセス制御	104, 310
アクセスブロック	367
アクセスログ	115, 117, 262, 274
圧縮	284
圧縮転送	121
アプリケーションチェック	136
アンカ	37

377

暗号化プロトコル……………………………255
暗号スイート……… 180, 182, 254, 255, 292

い

イベント駆動方式……………………………6
インストール…………………………………16
インデックス………………………………127

え

エスケープシーケンス……………………37
エラーログ………………………………110
エラーページ……………………………124

お

オーソリティ………………………………46
重み付けラウンドロビン方式………… 143, 146

か

環境変数……………………………………302
監査…………………………………………221

き

キープアライブ………………………120, 157
キープアライブタイムアウト………………120
キー名………………………………………169
キャッシュゾーン……………………164, 166
キャッシュデータ……………………………79
キャッシング………………………………164
キャッシングゾーン…………………………166
キャッシングロードバランサ………………166

キャプチャ…………………………………70

く

クエリ………………………………………46
クッキー……………………………………262
クッキー・パーシステンス方式……………149
組み込み変数………………………………115
クライアントサイドキャッシング……………78
クレデンシャル………………………………46
クロスサイトスクリプティング……… 205, 206
クロスサイトトレーシング…………………195

こ

国際化ドメイン名……………………………48
コネクション数………………………………231
コネクション保持数…………………………158
コマンドプロンプト…………………………95
コメント……………………………………30
コンテキスト…………………………… 28, 268
コンテンツスイッチング……………………143

さ

サードパーティモジュール……………352, 360
サーバサイドキャッシング……………… 78, 82
サーバ情報……………………………103, 212
サーバ名……………………………………174
サービス管理コマンド………………………92
最終FINパケット……………………………245
最少コネクション方式………………… 143, 147
最少トラフィック方式………………………143

最速応答時間方式 143
最大コネクション 112
最大試行回数 151
サブネットアドレス 193

し

指定子 91
シンプルディレクティブ 28

す

ステートレスプロトコル 3
スループット 298
スレッドプール 14, 286

せ

正規化 49
正規表現 36, 50
セキュアOS 232
セッション維持方式 148
セッションタイムアウト 177
接続数 294, 295
接続元IPアドレス 314
設定ファイル 93, 105, 113, 355

そ

ソースアドレス・アフィニティ・パーシステンス方式 148, 149
ソースファイル 212
ソースルーティング 249

た

帯域利用量 300
タイムアウト 151, 311
ダウン検知 154
単位 31
ダンプ 106

ち

直リンク 202

て

デーモン 95
ディスクバッファ 162
ディレクティブ 28, 100
デバッグログ 261
転送先サーバ 137

と

動的化 304
同時接続数 101
ドキュメントルート 94, 126, 237, 239

な

名前付きlocation 54
名前ベース 69

に

二条項BSDライセンス 5
認証局 57
認証情報 46

379

ね

ネスト ……………………………………… 53, 94

の

ノンブロッキング・非同期I/O …………… 7

は

バージョン情報 …………………… 19, 210
バーチャルサーバ
　……………… 68, 123, 183, 184, 186, 268
パーティション ………………………… 240
パケットフィルタリング ………………… 227
パス ………………………………… 46, 94
パス評価 …………………………………… 51
パスフレーズ ……………………………… 59
バックアップ …………………………… 153
バックエンドサーバ ……… 133, 139, 145, 152
バッファサイズ ……………………… 159, 160
バッファリング ……………………… 161, 264

ひ

非表示文字 ………………………………… 37
秘密鍵 ……………………………… 59, 60, 175
ビルトイン変数 …………………………… 32

ふ

ファイルアクセス制限 …………………… 237
ファイルオープン ………………………… 277
ファイルオープンキャッシュ …………… 282
ファイルディスクリプタ …………………… 7

フェールオーバ ………………………… 156
フォワードProxy ………………………… 131
負荷分散 ……………………………… 133, 143
フラグメント ……………………………… 46
プレフィックス …………………………… 50
ブロードキャストping …………………… 242
プロセスID ……………………………… 96, 111
プロセス数 ……………………………… 102
ブロックディレクティブ ………………… 28
プロトコル ………………………………… 3

へ

ヘッダ ………………………………… 168, 312
ヘルスチェック ………………………… 136
変数 ………… 32, 270, 272, 306, 308, 316

ほ

ポート …………………………………… 235
ホスト名 ………………………………… 123
ホットリンク …………………………… 202

ま

マウント ………………………………… 240
マウントオプション …………………… 240
マスタープロセス ……………………… 289
待ち受けポート ………………………… 235

む

無停止バージョンアップ ……………… 289

め

メタ文字 ………………………………………… 36
メモリ使用量 ………………………………… 281, 354

も

文字クラス ……………………………………… 38
文字化け ……………………………………… 315
モジュール ……………………………… 9, 23, 209
文字列 …………………………………………… 32

ゆ

ユーザエージェント ………………………… 194
ユーザ権限 …………………………………… 108
優先順位方式 ………………………………… 143

ら

ラウンドロビン方式 ………………………… 143

り

リクエスト数 ………………………………… 298
リクエストスループット …………………… 297
リクエストボディ …………………………… 281
リソースモニタリング ……………………… 275
リバースProxy ……………………… 8, 131, 188
リライト ……………………………………… 316

れ

レスポンスコード ……………………… 125, 170
レスポンス送信 ……………………………… 118

ろ

ロードバランサ ………………… 8, 134, 141, 314
ロギングレベル ……………………………… 110
ログ …………………………………………… 115
ログ管理 ……………………………………… 260
ログ出力 ……………………………………… 262
ログフォーマット ………………… 260, 262, 354
ログローテーション …………………… 258, 357

わ

ワーカープロセス ………… 101, 108, 109, 278
ワイルドカード ………………………… 69, 187

381

■著者紹介

鶴長 鎮一（つるなが しんいち）
愛知県犬山市出身。岐阜大学在学中から地元ISPの立ち上げに携わり、大学院卒業後にISPベンチャーのCTOに就任。紆余曲折を経て現在は通信会社に勤務。インフラ構築に従事しながらオープンソース系技術の社内エバンジェリストとして活動中。＠IT、Software Design誌（技術評論社）、日経Linuxへの寄稿をはじめ、著書に「MySQL徹底入門 第3版」（翔泳社・共著）、「サーバ構築の実際がわかる Apache［実践］運用／管理」（技術評論社）ほか多数。

馬場 俊彰（ばば としあき）
株式会社ハートビーツ 技術統括責任者。静岡県の清水出身。電気通信大学の学生時代に運用管理からIT業界入り。MSPベンチャーの立ち上げを手伝ったあと、中堅SIerにて大手カード会社のWebサイトを開発・運用する。Javaプログラマを経て現職。在職中に産業技術大学院大学に入学し無事修了。現在インフラエンジニア・技術統括責任者として多数Webシステムの運用監視管理に従事。

■お問い合わせについて

本書の内容に関するご質問につきましては、下記の宛先までFAXまたは書面にてお送りいただくか、弊社ホームページの該当書籍のコーナーからお願いいたします。お電話によるご質問、および本書に記載されている内容以外のご質問には、一切お答えできません。あらかじめご了承ください。
また、ご質問の際には、「書籍名」と「該当ページ番号」、「お客様のパソコンなどの動作環境」、「お名前とご連絡先」を明記してください。

●宛先
〒162-0846
東京都新宿区市谷左内町 21-13
株式会社技術評論社 雑誌編集部
「Nginxポケットリファレンス」係
FAX：03-3513-6173

●技術評論社Webサイト
http://book.gihyo.jp

お送りいただきましたご質問には、できる限り迅速にお答えをするよう努力しておりますが、ご質問の内容によってはお答えするまでに、お時間をいただくこともございます。回答の期日をご指定いただいても、ご希望にお応えできかねる場合もありますので、あらかじめご了承ください。
なお、ご質問の際に記載いただいた個人情報は質問の返答以外の目的には使用いたしません。また、質問の返答後は速やかに破棄させていただきます。

エンジンエックス
Nginxポケットリファレンス

2015年10月25日 初版 第1刷発行

著　者	鶴長　鎮一 馬場　俊彰	●編集・DTP	株式会社 トップスタジオ
発行者	片岡　巌	●カバーデザイン	（株）志岐デザイン事務所 （岡崎 善保）
発行所	株式会社技術評論社 東京都新宿区市谷左内町 21-13 電話　03-3513-6150　販売促進部 　　　03-3513-6170　雑誌編集部	●カバーイラスト	吉澤 崇晴
印刷・製本	日経印刷株式会社	●担当	高屋 卓也

定価はカバーに表示してあります。

本書の一部または全部を著作権法の定める範囲を越え、無断で複写、複製、転載、あるいはファイルに落とすことを禁じます。

©2015 鶴長鎮一、株式会社ハートビーツ

造本には細心の注意を払っておりますが、万一、乱丁（ページの乱れ）や落丁（ページの抜け）がございましたら、小社販売促進部までお送りください。送料小社負担にてお取替えいたします。

ISBN978-4-7741-7633-8 C3055
Printed in Japan